i

为了人与书的相遇

树之生命木之心

木のいのち木のこころ

作者－西冈常一、小川三夫、盐野米松

译者－英珂

卷

广西师范大学出版社
·桂林·

图书在版编目(CIP)数据

树之生命木之心 /（日）盐野米松著；英珂译．

—— 桂林：广西师范大学出版社，2016.9（2016.11 重印）

ISBN 978-7-5495-8682-0

Ⅰ. ①树… Ⅱ. ①盐… ②英… Ⅲ. ①建筑艺术 – 介绍

– 日本 Ⅳ. ① TU-863.13

中国版本图书馆 CIP 数据核字 (2016) 第 192253 号

广西师范大学出版社出版发行

桂林市中华路22号　邮政编码：541001

网址：www.bbtpress.com

出 版 人：张艺兵

全国新华书店经销

发行热线：010-64284815

山东鸿君杰文化发展有限公司印刷

开本：850mm × 1168mm　1/32

印张：20.375　字数：246千字

2016年10月第1版　2016年11月第2次印刷

定价：88.00元

如发现印装质量问题，影响阅读，请与印刷厂联系调换。

目 录

《树之生命木之心》序

宗教建筑在人类文明史上占有最重要的一席。东方的佛教建筑与西方的基督教、伊斯兰教建筑具有本质上的不同，即木制建构与石制建筑在理念上的天壤之别。前者注重架构之美，尽可能将建筑骨骼暴露在外，以示木与石或砖的质感区别；而后者的骨骼隐藏于体内，从外观上无从寻找，继而形成整体无差别的展示。

世界五大建筑体系（一说七大建筑体系），远东的木制建构以独特存世。木制建构的好处是取材容易，搭建速度快，易修复；缺点是保存不易，尤其惧火，一旦灾难形成，一切必须重新建造。因此，历史上许多著名建筑我们都没能得以见到，见到的都是文献上语焉不详的文字记载。

相对而言，宗教建筑寿命最长。中国境内现存的唐宋建筑，几乎全是寺庙及佛塔。保持千年以上原汁原味的屈指可数，体量最大的是山西省应县境内的辽代木塔，塔高67.31米，八方五层，内设暗层，实为外五内九，除首层为重檐，以上各层均为单檐；整个塔用料3000立方米，无钉无铆，纯木榫卯建构，支撑其千年不倒，堪称奇迹。这种大木作本是国人看家本领，惜近百年来在水泥钢架建筑中已悄然远去。

邻国日本，却有人将其手艺保存至今。本书详尽地从多角度记录了西冈常一及小川三夫的手艺与精神。手艺都是通过人一代又一代传承的，这其中不能偷懒，也无捷径能走，还必须耐住性子，不被利诱，这需要有理想，并且是几乎达不到的理想。换言之，理想越远或不可实现，现实就越接近理想。

用传统手艺建造宗教建筑还需要一颗虔诚的心，面对完整的建筑和面对一片空地都是同样的感觉。在有与无之间，那个看不见又能感受到的是精神，可大部分人看见的是苦海泛舟，不知何时才能到达彼岸。所以西冈常一和小川三夫以及他的门徒们必须净化心灵，把建造庙宇当作人生的修行，与这个日益世俗的社会抗争，在有无之间做出心甘情愿的选择。

木制建构的核心在于榫卯。榫卯结构巧妙地将散木汇集成完整不可分割的建筑。历史上无论中国还是日本，以今天我们可见的历史遗存，中国北京的紫禁城宫殿群，日本奈良正仓院的东大寺，都将历史范本置于世人眼前，让后人体会木质建构那迷人的美丽。这种美丽包含了人与自然的充分和谐，包含了人驾驭自然的能力，还包含了东方民族充满哲学意味的美学追求。不论东方人还是西方人，当你站在这样的建筑面前，遐想那些崇山峻岭中的参天大树，历经长途跋涉，又假以工匠之手，最终成为人类的文化财富之时，你才知伟大是由渺小堆积而成的，在树木与建筑之间，有一种东西叫手艺。

手艺是人类赖以生存的独特技能。工业化革命无意中连番抹杀人类至少五千年积攒下的手艺。工业化一度让手艺变得越来越没有价值，它以量产抹杀个性取得懵懂时人类的功利好感。手艺在不知不觉中一点点地消亡，当人类发现这个问题之时，传统的手艺都已进入濒危阶段，亟待抢救。

本书为此做出了一番努力。它以一个客观的旁观者眼光，充满热情地介绍着发生过的一切。让一个远离现代人视线的历史悄悄地往回走了几步，我们似乎在早晨的层层雾霭中模模糊糊地看见一个影子，尽管看得不甚清晰，但已明显看见它的身影，听见它的声音，闻见了它的气息，这一切其实就是我们祖先的灵光。

不论中国还是日本，在木制建筑的精髓中一脉相承，日本建筑的唐风，延续千年以上未变，为我们保留了一段辉煌的历史；我们却历经辽宋金元明清，反而离唐风远去，但木制建构的理念一直伴随我们，让我们今天有幸看见历朝历代的建筑遗存。

这一切，我们首先要感谢手艺，更要感谢那些在手艺之下的知名的和不知名的工匠，手艺一定会在手艺人手中释放出光芒，这光芒不仅驱除了黑暗，还照耀着千秋。

是为序。

马未都

2016 年 6 月 23 日

导 语

我第一次跟西冈常一栋梁[1]见面是在1985年1月21日。那时候我正在一家户外杂志上做连载，想到了做一个介绍宫殿大木匠的选题。在奈良的药师寺[2]写经道场的后身有一个简易的寺庙奉公所，门口悬挂着一块上边写着"奉公所"的牌子，显得挺庄严。但房子本身就是一个带简易洗手间的临建房屋，一楼是画图纸用的房间，二楼像是办公室的

---

[1] 栋梁：日语中对最高级别木匠的称谓。

[2] 药师寺：位于日本奈良市西京。是日本法相宗大本山之一，南都七大寺之一。公元680年，天武天皇为了祈求皇后病体早日康复，在藤原京建造了以药师如来为本尊的寺院。但是，寺院尚未完成，天武天皇却不幸去世，继位的持统天皇、文武天皇继续建造寺院，大约于698年建造完成。其后由于都城迁至平城京，寺院于718年迁至现在的地点。昭和中期，借着白凤伽蓝复兴之机，从1976年的金堂复兴开始，重建昔日的伽蓝。西冈常一1970年按照古代建筑方法复原建造了被大火毁掉的西塔。本书注释均为译者注。

样子。我去的时候西冈栋梁正在那里画图纸。从最初的准备阶段到连载结束，整整两年的时间，我就在这个简易的房屋里陆陆续续地对他进行了采写。

西冈栋梁出生于 1908 年 9 月 4 日，我见到他的那个时候，他已经七十六岁高龄了。他总是穿一件蓝染布做的大襟工作服，下身总是一条熨烫得很平整的裤子，工作服里边是一件带领子的衬衫，系着领带，精神非常矍铄。房间的一角摆放着一套简易的会客用的沙发，每一次采访我们就坐在那里聊天。西冈栋梁的声音浑厚、透彻，说话的时候语气坚定。他给我讲述自己在对飞鸟（592—710）和白凤时代（645—710）的建筑进行解体大修理和重建的时候所获得的知识，关于地质的调查和古代材料的管理，以及对工具的研究，还包括作为宫殿大木匠世代传承下来的口诀、作为栋梁的用人方法。也讲述由他经手的那些古建，是如何靠他的观察研究，一点点地被构建、复原起来，这些都是他现场的实际经验，他的讲述丰富而精彩。

在他的话里，既没有推测，也没有来自别人的理论和说明。所有的内容都是他自己的亲身经历。他的话不光是作为宫殿大木匠从实践中获得的技艺和各种工具的用法，更涉及作为栋梁的人心把握、木头的特性乃至自然观和社会观。从他嘴里说出来的大和语言 [1] 非常动听，因此原定一年十二期的连载，后来延长到十八期才结束。

这期间，西冈栋梁无数次地为我做向导，游走于药师寺和法隆寺 [2] 的伽蓝 [3] 中。走在药师寺的伽蓝中，他还是那身装束，但是手里一定会拿着一把曲尺。因为每一个木造建筑物的边缘和接口都是体现一个木匠水平的标志，他经常会随手量一量测一测。

在法隆寺的门前跟他相约碰面的时候，只见他头戴贝雷帽，脚穿皮鞋，手拎皮包，长大衣外围着围巾，打扮得十分洒落。

正如他的言谈举止，他是一个对自己要求很严格的人。坐如钟的品行是他的人生准则。我做的那个连载的选题叫"向树学习"。连载结束以后，也就是 1988 年，连载的内容经过整理后出版了单行本。那以后又过了五年，西冈栋梁就离开了第一线，他说终于有时间静下来整理自己人生最

---

[1] 大和语言：奈良方言。

[2] 法隆寺：又称斑鸠寺，位于日本奈良生驹郡斑鸠町，佛教木结构寺庙，据传始建于 607 年。寺内保存有自飞鸟时代以来的各种建筑及文物珍宝，被指定为国宝·重要文化财产的文物约一百九十类合计两千三百余件。西院伽蓝是世界上最古老的木构建筑群。法隆寺建筑物群和法起寺共同在 1993 年以"法隆寺地区佛教建造物"之名义列为世界文化遗产。

[3] 伽蓝：即佛寺。

后的记录了。就在这时候，草思社提出让我继续对他进行采写并希望再出一本书，但是我自以为对他的采写在那两年多的时间里已经做得很全面了，因此在最初的时候我对这个意向并不是太上心。

但是，在上一本书中，唯独有一点是让我心存遗憾的，就是没有记录下同为宫殿大木匠的西冈栋梁的祖父常吉、父亲楢光以及到常一一代的这三代宫殿木匠的技法和传承是如何延续下来的。同时，我也很想见见他唯一的弟子小川三夫，听听他的经历。在上一次的采写中，我曾经向西冈栋梁提过这样的要求，但每一次他都把话头岔开了。直到后来我才了解到，因为西冈栋梁知道自己的徒弟小川讨厌这样的场合，于是他故意躲开了话题。

我跟草思社提出的条件是，只要小川三夫能出来接受采访，这个采写我就可以接。这个条件得到了草思社的理解和协助，于是我又一次开始了对西冈师徒的采写。这一次由于小川的同席，有些内容重新得到了验证。小川也觉得这是一次难得的亲自聆听师父故事的机会。师徒二人几乎从没有机会这么长时间地在一起说过话。

就这样，1991 年，我又一次开始往返于东京和奈良之间。栋梁已经八十四岁高龄，离开了工作的第一线，偶尔还会去奉公所露个面。采写就在西冈栋梁家的客厅进行。西冈栋梁每周还要去两次医院，夏天挑选凉快的时候，冬天挑选温暖的时候。这期间，他需要住院检查的时候，考虑到住院的无聊，我就去他的病房继续我们的采写。他说即使自己不在了，自己的技术已经有人继承了，药师寺伽蓝的图纸已经完成了全部的制作，没有什么遗憾了。在他身上已经完全看不到曾经那个超级严格的大木匠"法隆寺的鬼木匠西冈常一"的影子，正相反，在跟我的谈话中，他总是感怀着过去而娓娓道来。

同席而坐的小川谈到了师父和自己，以及与师父不同的培养徒弟的方法，这些内容后来继《树之生命木之心（天卷）》之后，以《树之生命木之心（地卷）》为名出版了。

1993 年 12 月 9 日，为了祝贺西冈栋梁获得政府授予的文化功劳奖章[1]，也为了纪念师徒二人的采写录同时发行，举行了盛大的庆祝宴会。

在出席宴会的人士祝辞之后，西冈栋梁在小川的搀扶下，站到了讲坛上，"我今天能得到这个奖章，是托大家的福，

---

[1] 文化功劳奖：由日本文部科学大臣授予，为在文化领域做出杰出贡献的人所颁发的奖励。授予式在每年 11 月 3 日文化日当天，于皇居"松之间"举行，并由天皇亲自授予。功劳者将终生获得每年三百五十万日元（约十八万人民币）的年金。

感谢大家"。他只做了很简短的感谢致辞。

　　同月 26 号在法隆寺附近的酒楼，连同西冈栋梁的全部家人、小川三夫以及鵤工舍的徒弟们，大家举办了忘年会。西冈栋梁给每一位孙徒弟写下了一张留言，而且写给每一个人的话都不同。"有你们大家继承我的技术，我很放心，今后就多多拜托了"，他说这话的时候特别开心，那个表情我到今天还记忆犹新。师父跟徒弟以及孙徒弟能有这样一个机会真好。

　　那以后又过了一年，1994 年 12 月 8 日，我带着收录了采写孙辈徒弟的《树之生命木之心（人卷）》的书去奈良看他，那是我最后一次跟他见面。第二年，1995 年 4 月 11 日，西冈常一在八十六岁的时候离开了这个世界，病因是前列腺癌。一位真正意义上终身坚守信念、技艺精湛的法隆寺最后的栋梁离去了。

　　在西冈栋梁过世七周年的时候，这个三册一套的版本终于问世。这也是一个不可思议的因缘吧。

盐野米松

2001 年 3 月

西冈常一复原了古代宫殿木匠的工具——枪刨

西冈常一在药师寺西塔前

西冈常一的话

（日文版出版前言）

我家世世代代都是奉公于奈良法隆寺的木匠。人们通常管我们这样的人叫做"法隆寺木匠"或"斑鸠寺工"。我家从祖父那一辈开始就是法隆寺的栋梁，一直到我这辈都是这么延续下来的。我从一生下来，周围看到的人都是木匠。我的祖父西冈常吉，他的弟弟籔内菊藏，我的父亲西冈楢光，我，还有我的弟弟西冈楢二郎，都是宫殿木匠。除此之外，在我生活的奈良西里地区还居住着众多各行各业的手艺人，所以我从很小的时候开始，就是看着他们的工作和生活长大的。

身为木匠，我有幸参与了法隆寺的解体大修复，法轮寺三重塔的重建，药师寺的西塔、中门、回廊以及整体伽蓝的重建，跟众多手艺人一起经历了这些难得的修建过程。

　　现在社会发展了，电脑普及了，我们生活在一个非常便利的时代。很多事情都可以靠机械来解决，就连一毫米的几分之一都能在一瞬间完成，技术是多么了不起啊。如今，这样的机械也来到了我们木匠的世界中，它让我们的工作变得方便了很多。

　　但是，这些机械的到来却让很多手艺人消失了。机器和电脑取代了手艺人祖祖辈辈传承下来的技术和智慧，因为它们已经开始代替我们制作东西了。

　　现代社会什么都是科学第一，一切都被数字和学问所置换了，教育的内容也因此而发生了变化。都说这是一个注重"个性"的时代，而在我们这些手艺人看来，现代人的生活是被框在一个规格统一的模子里的，用的东西、住的房子、穿的衣服、教育孩子的方法、思考问题的方式都是一样的。

　　我自己是靠手艺吃饭的人，也跟很多活计好的手艺人一起工作过。让我感受最深的就是我们手艺人的工作是机器所不能替代的。要想成为一个好的手艺人，需要长时间的修炼过程，没有近路也没有快道，只有一步一步地埋头往前走。这跟在学校的学习不同，它不是光靠脑子死记硬背、死读书来完成的。这种修炼不是很多人一起学习同一样东西，并以同样的速度记住的过程。它的过程是需要靠自己慢慢地体会和积累，靠继承祖辈们传承下来的技艺和智慧来完成的。所有的活计，从基础开始，不弄懂每一步到底是怎么回事是不可能进入下一步的。因此无论你做什么都会遇到最基础的问题，无论你中途退出还是以他物取而代之，最后还是需要你自己去解决所有的问题，没人能帮得上你，这就是我们手艺人的工作。

我是从事修建古代建筑的木匠。法隆寺建造于一千三百年前，到现在还保持着跟初建时一样的优美形态。我在这当中领教了各业种的先人们的智慧和技能。那些技能和思考无一不是伟大的，是应该世世代代继续传承下去的。因为那里边凝聚了日本的文化，以及作为日本人继承下来的技能和智慧。这些技能和智慧不是能靠机械和电脑来继承的。尽管数据能被输入机器，机器也会告诉我们结果，即便中途有不懂的地方也能找到答案，但是，我们人，特别是作为我们手艺人，是不行的。对于面前每一块不同的材料，在找出它们彼此不同的同时，更要找出如何有效地使用它们的方法。这是靠多年的经验和直觉来判断的。但是，不知道从什么时代开始，人们开始认为这种传统的方法太陈旧、太封建，于是开始用机器和自动化的设备来取代先人们坚持了上百年甚至上千年的做法。机器成了无所不能的万能。

在我们宫殿木匠的工作中，打交道最多的应该是扁柏树。这种树就跟人一样，每一根都不同。建造宫殿的时候，需要我们对每一棵树的癖性了如指掌，在这个基础上再把它们用在适合它们的地方。那样的话，千年的扁柏就能成就千年的建筑。这一点法隆寺给了我们最好的印证。

在建造法隆寺的整个过程中坚守的正是这种活用树木的智慧。这种智慧可不是靠数据来计算的，更没有用文字记载下来的文献，因为这个智慧是不能用语言表达的。它是靠一双手传递到另一双手中的"手的记忆"。在这"手的记忆"中，是已经传承了一千三百年的智慧。

在这个传承的过程中，有一种叫作"师徒制度"的传统，师父带徒弟一传一的修炼方法。这是一种既不省时更不省力的方法。这种方法被认为陈旧，正在被时代所抛弃。

但是，手艺人的技能和直觉是学校里教不了的，是靠人与人、师父跟徒弟一起生活、一起做活，才能体会得到的。

我八十五岁离开自己的工作现场。回想自己几十年来所走过的路，我要在这本书里讲述我的"技能"和"直觉"，还有培养徒弟的经历。我这一辈子都在跟扁柏和古建打交

道，我要说的话一定离不开树木。我希望我说的能对大家
有所帮助。

西冈常一

平成五年十一月吉祥日

前 篇

什么是"宫殿木匠"

经常被人问到宫殿木匠跟普通木匠的区别到底是什么，那我就先说说这个。

宫殿木匠就是为寺庙做事的木匠，也就是建造大型古建筑的木匠；普通的木匠是建造我们居住的房屋的木匠。其实这两种木匠除了所盖的建筑大小不同以外，技术上没有什么特别的差别。当然，使用的工具或多或少会有些不同，差别也不是太大。只是其中有些特殊的像枪刨[1]、镡凿、手斧这些古老的工具平常都会放在我们的工具箱中，有时候

[1] 枪刨：古代传承下来的一种木工用的手刨，形如细剑。

干活也会用得到，除了这些，还有一些比如台刨那样的工具也会用。仅此而已。我们在加工材料的时候也会用到电刨。像切割、雕刻、组合这些工序其实跟一般木匠的工作没有什么特别的差别。

非要列举宫殿木匠跟一般木匠的区别，那也许应该是在心理层面上的。建造民宅的木匠，关注更多的可能是每建一座房子大概需要多少费用。而我们建寺庙的宫殿木匠因为建造的是要把佛像请进来的伽蓝，就不是建一座需要多少钱那么简单的概念了。法隆寺木匠的口诀中有一个口口相传的是"没有对神佛的敬仰，就没有资格言及社殿的伽蓝"。也就是说，如果没有对佛的敬仰之心，是没有资格参与任何佛寺的事物的。所以光想着挣钱的话是当不了宫殿木匠的。

我今年八十五岁了，干了几十年的宫殿木匠，还没盖过一间民宅，就连自己住的房子也是请民宅木匠盖的。盖民宅总要涉及用多少钱、多长时间、匠人们自己能挣到多少钱这样最实际的问题。我是跟着我的祖父学徒长大的，从小他就教育我，说出来也许不好听，"人一旦钻进钱眼儿里去了，心也就被污染了"。也正因为如此，我们祖祖辈辈都有自己的农田，寺庙里没有工作的时候自己还可以靠种田养活一家人吃饭。

我生活的（奈良）西里地区是宫殿木匠和手艺人聚居的地区。这些人都是为法隆寺奉公做事的。从前这里居住着泥瓦匠、锯木匠、材料匠和我们这样建宫殿的木匠。现在这个地区就我一个人还在做这个工作了。明治维新时期曾经大搞"废佛毁释"的运动，让很多人都丢了饭碗。那之前这些人都是依仗着法隆寺吃饭的。说起来我住的这个地区连土地都是属于法隆寺的。明治维新时，分出来一部分给匠人们居住，匠人们就在这里继承着祖业。有时候法隆寺的瓦坏了，泥瓦匠马上就去给修好了。有时候餐桌坏了，家具木匠也马上去给修好了。为了方便随时都可以修理，材料也都准备得利落和及时，老的材料都被修理和整理好。

如今这些工种都归工务店[1]接手和管理了。现在，如果寺庙的什么地方出了问题，还是会叫我们去修理，但是材料已经没有提前备好了的了。这要是在从前的话，材料通常是来自寺庙后山的森林，如果有人想买山里的木料，也只能卖掉一小部分，一定还要保留大部分。把木料干燥处理以后等维修的时候用。哪棵树能用在哪根柱子上，哪个

---

[1] 工务店：承接建筑工程的公司。

又能用在哪里，我们心里都是有数的，会看着那些材料考虑将来怎么用它们这些问题。有的木料要晾上三年、五年甚至十年才能用。我们平常脑子里思考得最多的就是寺庙当下的事情和将来的事情。因为那是我们的工作。

现在，"宫殿木匠"这个称呼好像已经很自然了，我们自己也习惯了这个称呼。明治维新以前，我们这样的人不叫宫殿木匠，而是叫"寺社番匠"。"废佛毁释"时期，不能出现"寺"字，所以就把"寺"字去掉了。但是光叫"社大工"[1]又不好听，所以就叫了"宫大工"，也就是宫殿木匠的意思。

作为宫殿木匠，我们的工作内容首先是要会看能建伽蓝的地相。伽蓝里边有佛塔、佛堂和寺院的回廊。就拿法隆寺来说吧，宫殿木匠首先要考虑在哪个位置、哪个方位和如何建造大雄宝殿、佛塔和讲堂。我们宫殿木匠的口诀中有这样的话："营造伽蓝要选四神相应的地相"、"不建堂塔要先建伽蓝"。我们首先要考虑的就是如何来建伽蓝。

决定了这个以后，就可以开始设计呀、估算呀、选料等等。这个也是有口诀的，比如不买木材而直接把山买回来。

---

[1] "社"即寺庙，"大工"即指木匠。

自己要用的木料要亲自到山里去看了以后再买，口诀是这样告诫我们的。

建造伽蓝的时候，要先听听寺家的要求再开始建造。如果是重建先前的伽蓝，那要先查查原来的伽蓝是什么样。挖挖土看看原来的柱子是怎么立着的，原来的屋顶是怎样的，这些都是要考虑的。为了这个，既要了解土壤的特性，也要有一些地质学和考古学的知识。尤其是寺庙，还要了解这个寺庙是什么宗派的，它的教义是什么，等等。

但是再怎么说，关于宫殿木匠跟民宅木匠的最大区别，我想还是在材料的选择和使用上吧。民宅是用来让人居住的，是实用的建筑。而伽蓝是用来供人们礼佛参拜的，它使用的材料一定是很粗大的。古代日本的伽蓝使用的木料都是扁柏。在《日本书纪》[1]中就有着明确的记载"建宫殿要用扁柏"。如果没有扁柏是建不成像法隆寺那样世界一流的木造建筑的。

扁柏是非常好的木料，耐湿、品相好、香气足，而且还容易加工。在法隆寺，现在还有一千两百年前的扁柏木料，

---

[1] 《日本书纪》：奈良时期的编年体史书。全书用汉字写成，记录从神代到持统天皇时代的历史，共三十卷。

完好无损，用刨子轻轻地刨一下表面还会散发出好闻的香味。

关于扁柏的话题我会在"怎么管理木料"的内容中再仔细讲解。我们跟一般木匠在材料的使用上的确有很大的不同，那就是，宫殿木匠只用扁柏，而且我们用的木料都是巨大的，宫殿木匠在使用这些有着巨大年轮的木头的时候，最重要的还需要具备能够理解这些木头的匠人之心。所以我们根本没有时间，也没有精力去考虑盖一平方米的房子需要多少钱这么具体细微的琐事。我们必须要把全部的精力都放在宫殿的建设上，这才是我们作为宫殿木匠的用心所在。如果没有这样的用心，怎么可能完成法隆寺和药师寺那种大寺庙的建造呢？

让树更长久地生长

我觉得，从前的木匠和今后的木匠会在选择木料上出现决定性的差别。宫殿木匠的口诀中有："建造堂塔的用材，不是买木料而是去买一座山。"

飞鸟时代和白凤时代的宫殿木匠，在建造寺庙的时候都是由栋梁亲自到山里去选材。口诀中还有："木料要按照

做成柱子的扁柏

西冈常一在药师寺工地现场

它实际生长的方向使用。"长在山南面的树虽然细但是很坚硬，而北面的虽然粗大但是软弱，通常背阴处生长起来的树木比较弱，因此，树木的性格也是各自不同的。通常，到了山里，我们会一边走走看看，一边在心里合计，这棵树这种情况应该用在哪儿，那棵树向右拧着所以要找一棵向左拧着的一起用。这是作为栋梁最重要的工作之一。

现在这个工作已经基本交由木材公司代为完成，你只需要告诉他们你想要的木料的尺寸就可以了。根据木头的材质而适当地使用它们已经越来越少，也越来越不容易了。如果你的眼睛能分辨出木头的性质，你就能判断它是什么样的木头。现在有这个眼力的人也越来越少了。

如今，这么重要的环节已经被细化了，都是因为大家想更方便更快捷。想又快又好地完成一项工作并不是坏事，但是，如果只求快捷而不讲究具体情况，就会出现弊害了。

木材的制造技术在今天已经相当进步了，即便是歪歪扭扭的树材也能被加工成很直很顺溜的木料。如果是在过去，想让木料变得笔直，首先得好好识别是什么树材才行。现在的木匠比起我们那个年代要难做多了。因为，加工木料的人在制材的过程中已经把树材的癖性都掩盖掉了，要想从木料上看出原树材的癖性那得需要多么厉害的眼力呀。

为了了解木头的性格，需要进山里去观察树木。但是现在为了不让某一根木头的性格太过突出，都改用合成板材了。这样从表面上就更看不出来某一棵具体的树的癖性了。树木原本拥有的癖性和个性都被抹杀掉了。

但是，这些癖性和个性其实没什么不好，只是使用方法的问题而已。使用有个性的木料确实不是一件容易的事，但是如果用好了，那它可是非常好的材料。这一点就跟用人一样。越是有个性的，生命力也是越顽强的；相反的，没什么个性又温顺的树木，生命力也会很弱，耐用年数也不会长久。

对于宫殿木匠而言，能够看透木料的个性，同时还能有效地使用它们，那就意味着能让你所建造的寺庙既牢固又持久。如果忽视了树材的个性，让所有的木料都均等化，从表面上看也许会提高工作效率，而且木匠们也确实不需要具备能看出树木个性的能力，也不需要这方面的训练，那估计就连才入行的没有经验的木匠也能马上进入工作状态。但是，身为手艺人，本来就是要求手既要巧又要快。他们在长年的劳作中培养出了这种能力，锻炼出了这个本领。现在的人却要求更快的效率，甚至要求连活动房屋都能接受，只要快就行。这样一来，从前使用手工工具的各个工种都要改用机械化来完成了，而机器的进步也会随着竞争的激烈而越来越快。木料的癖性早就不再被重视了。将那些还没干透的木料在精密机器上进行削整，它们很快就会收缩。刚加工完的看上去笔直的木料不久就会弯曲。即使是这样，他们也说没问题。

挑选材料的人会提出，只用好用的和好看的，那些扭曲的、有个性的都不要，因为他们不知道怎么用那些有个性的。这样一来那些真正好用的、有个性的木料也就自然而然地越来越少了。他们认为"不好用"的木料都被认为是没用的而被扔掉，照这种做法下去的话，有多少资源也不会够用的。木匠们慢慢地不再具有识别木料癖性的能力了，因为没有这个需要了，也就没有必要修炼这种能力了。一个靠木头为生的木匠不懂得木料的癖性，这怎么能行呢？

另外，作为需求方，当然是希望越快越好，越便宜越好。再增加百分之二十的预算就能使这个建筑再多保持两百年之久，但是需求方不愿意再多出那百分之二十的费用。能不能多维持两百年，好像跟他没多大关系。如果挑选上千年的树材来建造一个建筑的话，那么建出来的房子也一定能保持一千年。用一百年的树材就只能维持一百年。但是对于他们来说无所谓。因为人们已经忘记了"长久"与"长生"的意义和重要性。

从前，我祖父那辈人在建造新的寺庙的同时，一定要栽种下新的树苗。通常情况下，我们盖的房子至少能维持两百年吧？而两百年后，当时种下的树苗正好长成材了，那样的话就可以用它们再来建造新的房子。那个时代，人们的思想意识中都有两三百年这样的时间概念。但是现在的人们已经没有这种时间的观念了。他们只顾眼前的事物，什么都是越快越好。从前讲的是"关注自然、关注森林"，有规律地利用森林，有规律地维护森林，有规律地栽培树种，就会获得取之不尽、用之不竭的资源。树的资源不同于铁和石油，挖完了也就没有了。只要不断地有人种树，资源就是取之不尽的。就在不久的从前，我们的先人们还懂得不能肆意地使用资源，要有效地发挥和利用树材的个性，毫无浪费地使用它们。这样简单而理所当然的事情现在反而很难做到了。

要很好地不浪费地使用树材。碰到有独特个性的树材，只要我们很好地使用它们，它们也一样会让建筑牢固而经久耐用。我们正是为了这些才让传统的技术继承下来，让木匠的口诀没有失传。看事物的本质，应该拥有更长远的眼光和思考。现如今的时代，竟然让"用过即扔掉"的浪费主义成了主流文化。

树的两个生命

我已经谈过很多关于扁柏的话题。我这辈子从一开始学徒就是跟树打交道。从树的身上所学到的东西是我一生的财富。我要是说我自己除了了解树，其他什么都不知道的话，你一定觉得非常可笑。扁柏，是我们宫殿木匠成天打交道的树材。因为有了扁柏，才有了日本的木造建筑。也因为有了扁柏，日本才可能保留下来世界最古老的木造建筑。

在日本文化中，树材起了很重要的作用。《日本书纪》中就曾经有这样的记载："建造宫殿就要用扁柏。"就像造船要用杉木和楠木、造棺要用罗汉松一样，这些都在其中有记载。

那个时代的日本人对扁柏的特性已经了如指掌了，因此法隆寺、药师寺都是用扁柏建造的。但是当时代变迁，扁柏出现了短缺，很多建筑就改用榉木作为材料了。榉木难觅的年代就用铁杉，到了江户时代（1603—1867）基本上都用铁杉了。但是这些树材都远比不上扁柏，所以近代的建筑反而都没有太长久。我在做解体维修的时候看到了铁杉，知道它们不可能让一座建筑维持很久。

　　法隆寺和药师寺的建筑结构，都是跟佛教一起从中国大陆传到日本的。但是中国大陆实际上是不用扁柏的，虽然有跟它近似的，但那不是扁柏。扁柏是日本特有的树种。也正因为如此，《日本书纪》中才会有"建造宫殿要用扁柏"那样的记载。说明那个时代日本人已经在用扁柏造房子，并且已经充分了解扁柏的优良特性了。扁柏这个树材有品位，香气好，用它所建的房屋能持久，这一点，日本人在那个年代就已经熟知了。

　　常有人说，日本的建筑是从大陆学来的。出云大社[1]在古代是现在的三倍那么大。因为从卑弥呼的时代（159—247）就开始搭建栅栏，因此对于使用木头还是积累了一定的经验的。日本跟佛教有关的建筑，特别是屋檐的曲线应该是从大陆学来的，但是对于木材的了解，日本人自古已经有了。

　　扁柏不仅经久耐用，对于我们木匠来说它确实也是很好用的木头，凿子、刨子在它身上都很好用。这跟松树一点都不一样。用手斧削一削，削下来的木屑会很自然地卷

---

[1]　出云大社：位于岛根县出云市。占地两万七千平方米，是日本最古老的神社之一，也是日本唯一一个被冠有"大社"之名的神社。供奉的神是被称为"国中第一之灵神"的大国主神。

曲起来。而从松树削下来的木屑是弯弯曲曲的，而且木屑会这一下那一下地乱跑。在这一点上榉木也一样，都属于不太好用的树材。

其实扁柏也不仅仅是因为它癖性温顺、软韧和好用。在它们还是新木料的时候，往里边钉钉子，很容易就钉进去了。但是时间长了，木质会收紧，钉进去的钉子就连拔都拔不出来了，五十年后就更拔不出来了。非要硬拔的话，弄不好钉子头还会弹飞出来呢。这都说明扁柏是相当结实的树，这是我的经验。

其实，我年轻的时候看过不少中国的木造建筑，但有些并不完全是木造。他们先把柱子立起来，然后在柱子跟柱子之间不是砌土墙，而是用砖垒起一面墙来。而在柱子之间用木板先造一个芯墙，再把掺了稻草的泥浆涂抹在上边，这种做法是我们日本人想出来的。这之前的日本式建筑，就是在地上挖一个坑，立一根柱子，这种建筑方式被称为"掘建式"。后来才有了把柱子立在基石上的做法。用"掘建式"的方法，柱子很快就会烂掉，尤其是最下边的木头和紧挨着地面的木头最容易烂掉。用"掘建式"建房子的时候，木匠们最有感触的就是，如果没有扁柏是不行的。因为扁柏最能耐湿。正因为后来有了基石式的建造方法，才让法隆寺的柱子支撑了一千三百年都完好无损。当然了，即使扁柏很结实又有韧性，光依赖木料也是不可能维持上千年之久的，这里边还有很多巧妙地使用扁柏的技术和智慧。如果是"掘建式"的建法，就像那些木头做的电线杆一样，都不可能保持很长时间，充其量也就能支撑二三十年吧。用于电线杆的木头为了防腐都还要在它接近地面的部位涂抹上很多煤焦油，但即使那么处理也依然维持不了三十年。关于这个，我会在后边讲到飞鸟时代（593—710）的人的伟大智慧。

还是先说说《日本书纪》吧。那个时代的人们对于树的超凡智慧在《日本书纪》第一卷中就有明确记载："素盏呜尊曰：'韩乡之岛，是有金银。若使吾儿所御之国，不有浮宝者，未是佳也。'乃拔须髯散之，即成杉。又拔散胸毛，是成桧。尻毛是成柀，眉毛是成橡樟。已而定其当用，乃称之曰：'杉及橡樟，此两树者，可以为浮宝。桧可以为瑞宫之材。柀可以为显见苍生奥津弃户将卧之具。夫须噉八十木种，皆能播生。'于时，素盏呜尊之子，号曰五十猛命，妹大屋津姬命，次枛津姬命，凡此三神，亦能分布木种，即奉渡于纪伊国也。然后，素盏呜尊，居熊成峯而遂入于根国者矣。"[1]

这就是《日本书纪》中关于树木播种的记载。

日本正是依照这个记载，遵守着这个传统，自古以来，在建造寺庙的时候都会取材于扁柏。这里还有一个重要的信息，林子中能吃的树籽多达八十余种。在稻米尚未出现的神代时期，树籽曾经是能填饱肚子的重要食粮。但是，当时的人们为了让山林变得郁郁葱葱，他们省下自己作为食粮的树籽，而把它们留给山林，现在的人们却没有这种意识和精神。

建造大型的佛堂寺庙，需要高大的扁柏树材。比如，现在正在重建的药师寺的伽蓝，就需要两千年左右的扁柏。原木的直径要达到两米左右，高要十五米到二十米左右。这样的尺寸，只有树龄在两千年以上的树木才有可能达到。木曾县是全日本最著名的扁柏产地，这里年龄最老的树也就五百年，五百年的树是建不了伽蓝的，虽然够粗，但是

---

[1] 大致意思为，相传素盏鸣尊神说："韩之岛国有金银。若我们想要防御他国，没有船只是不便的。"说完，即拔了胡须撒向天空，它们随即变成了杉树。又拔了胸毛撒向天空，它们随即变成了扁柏。拔了臀毛变成了丝柏。拔了眉毛变成了樟树。每一种树木都有着各自不同的使命。"杉树和樟树可以造船，扁柏可以造瑞宫，丝柏可用来为现世的人做寝棺。为此，我们要广泛地播种。"素盏鸣尊的御子被命名为五十猛神，其妹大屋津姬命，次妹抓津姬命。只有这三个神仙可以分布木种，祭奉于纪伊国中。随后，素戈鸣尊登上熊成峰，终于到达了根国。

长度不够。

　　距现在两千六百多年，是我们称为"神代"的远古时期。

　　生长于这个时期的树材在日本已经找不到了。找遍了全世界也只有在台湾还能找到。在台湾，走进树龄两千年以上的原始林，那才让人吃惊呢。站在两千年以上的大树面前，你不会觉得那是树了，就好像站在神面前一样。不由得让人想向它们合十行礼。不光是我会这样，凡是了解扁柏这种树的癖性，了解它的尊严的人都会这样。扁柏的寿命一般能达到两千五百年到三千年之间，而杉树是一千年，松树是五六百年。

　　我说树的生命有两个。一个是我前面说的它们生长在山林中的寿命，还有一个，就是当它们被用于建筑上的耐用年数。

　　说到扁柏的耐用年数，我们经常会拿法隆寺来作例子。法隆寺兴建于公元607年，在公元670年的时候遇到了一场大火，整个伽蓝全被烧毁了。具体是哪一年开始重建的没有明确记载，但是，至少应该是在公元692年以前，也就是说距今已经有一千三百年的历史了。

　　其中五重塔是在昭和十七年（1942年），大雄宝殿是在昭和二十年（1945年）的时候进行过解体大维修。从它建造完成到解体维修，这期间从没修过。寺里每一座建筑的解体维修都用了将近十年的时间。法隆寺就这样保持了一千三百年的岁月啊。了不起吧？

它已经不单纯是一个建筑了。你看五重塔的椽头，它们都在朝向天上的同一条直线上，经过了一千三百年都没有丝毫的改变。所以说它绝不仅仅是一个单纯的佛塔。

更令人惊叹的是，在经过了上千年以后，那些用在上边的木料居然还活着。当我们把压在塔顶的瓦掀开，去掉上边的土，慢慢地露出木头以后，用刨子轻轻刨一下房顶被压弯曲了的木料，还会有扁柏特有的香气散发出来，这说明扁柏的生命力超级顽强。

扁柏就是这样一个树种。因此就特别需要我们木匠在使用它们的时候，要最大限度地让它的生命得以延长。如果是千年的树，那你至少要让它再活千年，否则对不起这样的树。因此，要切实地了解树的癖性，还要特别学习如何更好地活用它们的方法。

这个道理其实不仅仅限于寺庙和伽蓝的建造，建造民宅时也一样。一般的民宅，柱子至少都要支撑六七十年吧，也就是说我们建的民宅通常都应该有六七十年的寿命。如果你建的房子只能撑二十年，过了二十年，房子拆了木料扔了，那日本的树木不是就越来越少了吗？让树木的耐久年限跟它的生长年龄一样长，是我们作为人类对待大自然责无旁贷的使命。只有有了这样的胸怀，树木的资源才不会中断。

树是大自然孕育的生命，它不是物，而是有生命的。我们人也是有生命的，人和树木都是大自然中的一分子。我们木匠要做的是跟树木对话，让它成为具有生命力的建筑材料。

当树的生命和人的生命相结合，才会诞生出具有生命力的建筑来。飞鸟时代的先辈们早就知道这个道理。

古代的木匠们早就知道扁柏的生命力是何等的顽强。他们运用智慧，活用了扁柏的这一优点，于是世界最古老的木建筑法隆寺诞生并且流传了下来。这就是法隆寺与药师寺告诉我们的道理。

础石的重要性

小时候，祖父经常训练我怎么使用庙里的础石，法隆寺的大柱子都是立在这种石头上的，因为它是一座宫殿的基础，所以叫"础石"。小时候我经常跟在木匠后边看他们干活，祖父喊我，跑过去一看，那里放着好多大石头。爷爷指着它们说，你看看，如果要把柱子立在这个上边的话，石头应该怎么摆放，柱子又应该立在石头的什么位置？

还是小孩子的我马上去找表面平坦的石头，觉得那样的石头才能让柱子立得稳当，当然立在正中间最好。等祖父忙完手里的活计过来，问我想好了没有，我就很有自信地告诉他我的想法。然后他就笑了，说，那怎么行，你再去好好看看中门的柱子是怎么立着的。于是我就跑去看中门的柱子。

是的，对于我来说法隆寺就是一本活着的教科书，我所有的知识都是在现场学的。遇到不懂的，就在寺庙的院子里转几圈，然后，答案基本上就找到了。这个习惯到现在都没变。但我还是达不到飞鸟时代匠人们的水平。作为宫殿木匠的最基础的知识和智慧都是在这个院子里学到的。

我会看着这些建筑感慨，它们怎么会建造得这么牢固啊，居然都已经一千三百年了。他们的想法一定跟我不一样。但是到底哪里不一样呢？础石是怎么立的？依我那时候的年纪，我只知道柱子是不能立在石头的正中央的。我常常被动地去看实物，也常常被骂。不知不觉中就养成了像这样去寺庙里找答案的习惯。

看过中门的柱子之后，再去找祖父，告诉他自己观察到的柱子和石头的关系。

这时候祖父才第一次告诉我："石头的重心并不在正中央，而是在最粗的地方。如果看到表面光滑平整，然后把柱子立在上边，那整个建筑所有的重心都会到石头的那个部位上，那样的话石头是否能承受得了呢？开始也许还看不出来，但是时间长了，这个建筑一定会慢慢地倾斜，因为础石会倾斜。础石是无论整个建筑发生了什么，它都应该保持姿势不变的。即使建筑被烧毁了，础石还应该在那里纹丝不动。"

把柱子立在础石上，看似简单，却非同寻常。需要在立柱的地方先挖一个小坑，然后在里边埋下碎石。随后铺上黏土，再把础石放在那里。础石的安放也是有讲究的，因为柱子要放到重心的位置上，因此，需要先把础石固定好。础石固定好了才好立柱。

现在都是用水泥来做基础固定，从前都是用自然中的石头来固定的。现在只需要把表面弄平整，把柱子立上，然后用专业的大钉子进行固定就完事了。从前可是不行的，因为都是用大自然中的石头来固定的，而每一块石头的表面又都不一样。因此要用圆规或者"杼"[1]在石头凹凸的表面做记号，然后根据这些凹凸的不同，对柱子进行切削。这是一项很费时费力的工作。

但也正因为用了这样的方法，法隆寺才矗立了一千三百年。

如果只是为了省事的话，那么用水泥抹平地面，或者把石头切平铺在地面上就可以了。而且处理石头的技术古代也是有的，把石头弄平整，然后铺在地上也是可以做到的。但是古代匠人没有那样做。他们克服了各种困难，找来各种完全不同的自然石，然后去切割柱子的底部，为了让柱子严丝合缝地立在这些碎石头上。因为只有这样才能让柱子立得更稳更长久。

每一根柱子都是有自己的个性的，强度也都各自不同。它们怎么可能立在一样的石头上？房子晃动的时候所发出的力量怎么可能一样？因为如果地震来了，所有的柱子是会一起晃动的。现在的建筑中，最基础的部位一般都是用大铆钉来固定的，晃动起来也都是朝着同一个方向，就像军人行进时那样。柱子在底部不可能有丝毫"游走空间"[2]。

---

[1] 杼：织布的工具。多为竹片或金属薄片，用来整理经线，穿梭纬线。

[2] 游走空间：指柱子没有被固定死，而是在碎石之间游走。

在这种状态下，被柱子所支撑着的上部的整个建筑就开始慢慢地承受不住了，越往上会晃得越厉害，最终房子就会倒塌。

但是，立在自然石头上的柱子，由于它们底部的朝向每一根都是不同的。即使地震来了，房子晃动起来，但是柱子上各自所承受的力量是不同的。最主要还是因为柱子本身没有被铆钉固定死。因此，即使晃动起来，它们会有若干的位置移动。一旦晃动停止了，柱子很快就能复位。这种"游空"的立柱方法是可以化解地震所带来的摇晃的。

这可不是靠数据计算得出来的，因为不可能根据晃动的方向来计算柱子的安置方向，每一根柱子所承受的强度都不同，而且石头的晃动模式也各自不同。法隆寺以它经历了一千三百年依然这般坚固，证实了古人的这个方法是坚不可摧的。

日本的木造建筑，因为础石而经久不衰，绝不仅仅是为了不让柱子腐朽才将它们立在石头上这么简单。

触摸树的感觉

不光是础石有这么多的说道。如果我们木匠的技艺，能简单地写在纸上、画在画上就能说清楚，那该多省事。

但是不可能啊，我们的技术必须要靠自己亲自去实践了、体会了才能掌握。你不真真实实地去抚摸它们的树体、去闻它们的味道，是不可能真正地了解它们的。而这些又是不可能单纯地靠简单的口诀，更不可能从书本上学来的。宫殿木匠要用大的树材建造大的殿堂佛阁，所以要切实地了解树材的实质，否则是不可能建造佛殿的。

树材是活的，不可能像钢筋和水泥那样很容易地整齐划一并且一成不变。钢筋和水泥不会收缩，同时耐久性和强度也都均等，这样的材料，它的数据是很容易被计算出来的。但是，现在越来越多的人，对待树材也像对待钢筋水泥那样，这可是大错特错了。

用手摸摸它的身体、闻闻它的味道，你就会发现它们每一棵都不尽相同，每一棵都有个性，也正因此，它们每一棵的用法都不同。如果你不了解这个，还怎么能说自己是个木匠呢？而这个可不是一下子就能掌握的。

大家一闻扁柏的味道就知道它是什么树吧。松树也一样，还有其他的，像榉木、铁杉、丝柏这些，也都有着它们独特的味道。

即便同是扁柏，由于生长的地域不同，颜色、香气，甚至手摸上去的感觉都会不同。一二百年的扁柏和上千年的扁柏，即便是同树种，连味道都会不同，摸上去的感觉也完全不同。

因为它们活生生地长在森林里，会随着年龄的增长而生长出不同的风格。扁柏的树皮通常是棕色的，但是随着年龄的增长，树皮会变成银灰色，熠熠发光。同时，树皮的表层还会长出苔藓。站在它的面前，那种敬畏之心会油然而生。

当然，年龄大的树，虽然看上去很大很粗壮，但也不乏树干中间是空洞的情况，这种树虽然粗壮但是看上去却很年轻。而且这种树的树干上通常会长出很多枝干，营养都被这些枝干吸收，并没有集中在主干上，因此叶子看上去很嫩很年轻。上了年纪的树，如果树干营养吸收得集中又好的话，叶子看上去都是发蔫发黄的，那可不是因为树本身衰老了而变黄的。因此选择这种树来作原料的话，建出来的房子会很有风格和品质。

重建药师寺的时候，我们到处寻找千年的古树，但是日本已经找不到了。我们特地去了台湾。那里居然还有两千多年的扁柏。如果是两千年前的话，也就是说，它们比一千三百年前建造法隆寺的时代还要早。经过了两千年的岁月，它们居然还活在那里，你说这有多棒。所以我们建造药师寺大雄宝殿的时候，用的就是这些两千年的树材。

把一根异常粗大的树劈为四瓣，正好就是大雄宝殿的四个柱子。那可真是一棵了不起的树啊，摸上去的感觉也完全不一样。它带给人的那种安心感，真能让你感受到它巨大的能量。这种感受是无法用语言来表达的。你必须亲自看它、抚摸它、感受它才能记住它。

"技艺"这东西，不是说你手上的功夫有多棒就厉害。技艺，来自你自身的灵感和对事物判断的直觉，而这些是需要在无数的经验中慢慢磨出来的。

向飞鸟时代的木匠学习

扁柏虽然耐久性强，但是如果使用不当的话依然不能持久。日本在古代很长一段时间里一直沿用的是把柱子直接立在地里的"掘建式"这样简单的营造法，这种营造法建造出来的建筑，即使是再好的扁柏也不可能长久维持。

法隆寺和药师寺的东塔之所以能维持上千年的历史，完全是那个时代工匠们智慧的体现。

现在的人们崇尚科学，认为从前的东西古老，知识过时，不够精准，因此都不把这些智慧放在心上。我觉得这是不对的。之前不是有专家说水泥是半永久的材料吗？现在的人也都这么认为吧？因为科学家和专业人士都这么说了，谁能不信呢？于是，出现了大量的用水泥建造的房屋。但是，我不这么认为。水泥的材料是由石灰、沙子和水组成的吧？我不认为这样的一种结合体能够让建筑维持长久。最多能够维持三百年就已经是很好的材料了，哪有那么容易，即使是加入了钢筋也不可能成为半永久性的。就在前不久，还有学者认为，为了保持建筑的长久应该在古建的修复中使用钢筋。

通常，大多的人都会坚信新的事物是正确的。但是，古老的东西也有好的。日本自明治维新以来，丢掉了很多宝贵的东西，过度地强调学问而忽视了经验。这一点到现在依然没有改变。

但是，我们现代人的技艺根本无法赶上一千三百年前飞鸟时代建造了法隆寺的工匠们。飞鸟时代的匠人们靠他们的智慧总结出了树材的活用方法。耐性的长与短，取决于树木在成为建筑材料时的活用方法。那是成为建材以后的树的另一个生命。当它们被用于建筑中，用来支撑一个庞大的建筑时，它作为建筑材料的另一个生命就开始了。

飞鸟时代的匠人，不但要了解每一棵树的个性并很好地活用它们，同时还必须要了解日本这个国家的风土。他们要建的，是能够对应日本风土的建筑。在刮风下雨、既热又寒、冰霜、地震这些无所不有的自然环境下，他们希望自己建造的房子能维持上千年。当然，那个时代的工匠，在建造当初未必意识得到自己要建的是一个能够耐住千年的建筑。但是他们一定相信，只要认真一丝不苟地建造，这个建筑就一定能耐久。

我常说我们日本的古建都来自中国大陆，但是又有所不同，相比较大陆的古建，你会发现，日本建筑的檐端部分都比较长。虽说中国曾经是日本古建的原点，但是在中国，像法隆寺这样古老的木造建筑已经几乎看不到了。

山西佛宫寺的八角五重塔[1]是中国国内目前唯一一座保

---

[1]　山西佛宫寺的八角五重塔：位于山西省朔州市应县城西北佛宫寺内，亦名应县木塔、释迦塔。建于辽清宁二年（公元1056年），金明昌六年（公元1195年）增修完毕，是中国现存最高最古的一座木构塔式建筑，与意大利比萨斜塔、巴黎埃菲尔铁塔并称"世界三大奇塔"。释迦塔塔高六十七点三一米，底层直径三十点二七米，呈平面八角形。全塔耗材红松木料三千立方米，两千六百多吨，纯木结构、无钉无铆。

存完好的木塔。它建造的时间相当于日本的平安时代[1]。因此，在中国已经无法找到法隆寺和药师寺建造伽蓝时作为范本的古建了。

把应县的木塔跟日本的古建相比较，有个很有意思的发现，我要说一说。

佛宫寺可以说是中国现存最大的木造建筑，看图片和图纸就能发现树材切割得很粗大，榫卯的构造也很雄浑，可以看出跟法隆寺、药师寺属一脉相承之作。但是，这么大型的古建要建在日本是无法想象的。

佛宫寺的五重塔直径是七十五尺八寸，高二百零八尺，初重[2]的面积是一百四十八坪。[3]

而法隆寺五重塔的高度只有一百零八尺，初重的面积也只有十二点五坪。虽然不是八角形的但也是五重塔。从面积上看佛宫寺塔是法隆寺塔的十一点八四倍。但是，虽然面积相差很大，佛宫寺塔的高度却仅是法隆寺塔的高度的一点九三倍。这样看来，佛宫寺五重塔是属于又粗又低，

---

[1] 平安时代：从794年桓武天皇将首都从奈良移到平安京（今京都）开始，到1192年源赖朝建立镰仓幕府一揽大权为止的四百年。894年，日本废止遣唐使后，发展了日本独特的国风文化。

[2] 初重：塔的最底层。

[3] 坪：日本传统计量系统尺贯法的面积单位，1坪约等于三点三平方米。

而法隆寺五重塔是又细又长。中国的五重塔看起来粗壮一些，日本的看起来更偏纤细。

除了法隆寺的五重塔以外，日本还有一处八角的三重塔，在长野县小县郡的别所，有一个安乐寺。这里的塔就是按照佛宫寺建造的，只是没有五重而是三重。

这个塔的直径是十三尺五寸二分，高是六十一尺五寸五分。从平面面积来看，佛宫寺塔是它的十一倍，高是三点三八倍。因此能看出佛宫寺五重塔是多么雄壮威武。

但是，我要说的是这两个塔的形状，相对于平面的面积，它们在檐端的长度上有很大的不同。佛宫寺塔的平面面积是一百四十八坪，檐端的面积是一百零七坪，占百分之七十二点三。

再看同样是八角的法隆寺的"梦殿"，平面的面积是三十一点八坪，但是檐端的面积却是四十八点二坪，占了百分之一百五十二，也就是说檐端居然是建筑平面面积的一点五倍。安乐寺三重塔的这个比例是大约四倍之多，而法隆寺的五重塔已经达到了四点三倍。

遗憾的是，在中国除了佛宫寺以外已经很少看得到更古老的木造建筑了。从佛宫寺的五重塔我们能看出来，它们的塔檐是很短的。那也就是说我们的祖先，飞鸟时代的

上：安乐寺三重塔

中：塔身内侧的木结构

下：东大寺 Shizhao/ 摄

法隆寺五重塔 Nekosuki/ 摂

匠人们的确是将中国的寺庙作为范本，但中国寺庙的房檐都是短的。

房檐短，这跟中国的风土有关。中国是大陆性气候，雨水少，又因为很多建筑是石造和砖造的，因此不需要太长的房檐。但是我们飞鸟时代的祖先在以中国建筑为范本的同时，建造出来的法隆寺的房檐居然是整个建筑的四倍，你觉得这是怎么回事呢？

一个建筑，房檐越长越难建造，因为房檐越长屋顶就会越重，支撑屋顶的椽子也会越长。这样一来，问题就出来了，怎么才能支撑得住房檐呢。不可能单纯地延长房檐。况且，延长房檐是有很大的风险的。但是他们竟然冒着风险，而且还不是延长一点，竟然使檐端面积增加到四倍之多。

我觉得这一点正说明了飞鸟时代匠人们的智慧和他们对于树材的态度。

飞鸟时代的人最了解自己生活居住的日本的自然环境，他们深知身为大自然之中一分子的自己更需要什么样的建筑。

日本风土的气候特点是雨水多、潮湿，于是工匠们考虑到把屋檐延长可以防雨，把建筑的基础加高可以防止来自地面的湿气。他们不再建造自古以来的传统"掘建式"建筑了，而是吸收了来自中国大陆的"础石式"的建造方法。

这是因为飞鸟时期的匠人们真是太了解自己国家的自然风土了，这是在大陆建筑的基础上的一次创造。

我们现代的人需要从飞鸟时期的匠人们身上学习很多智慧，包括木结构，他们关于木料使用的智慧真是了不起啊。也正因为他们的智慧，才让法隆寺的七个伽蓝都完好地保留到了今天，药师寺的东塔也保持至今，别忘了那可是它们创建当初的样子啊。因此那个时代的工匠们的智慧通过这样的建筑足以得到证明了。何况这些建筑不仅仅是保留下来了，还结实地屹立在我们的面前。它们的美在今天都没有任何的改变。

但遗憾的是，飞鸟时代匠人的智慧并没有得到延续。飞鸟时代的建筑让我们看到的是坚实的美，而白凤时代 [1] 的建筑让我们看到的是成熟的美。这些保留至今的建筑都是伟大的建筑。但是到了天平时代（710—794）能保留下来的就只有作为国分寺总寺的东大寺 [2] 的转害门了。南大门重

---

[1] 飞鸟时代：约始于公元 593 年，止于迁都平城京（今奈良）的 710 年。在艺术史上，惯以大化改新（645 年）为界，将之断为飞鸟时代和白凤时代。

[2] 东大寺：位于平城京以东，是南都七大寺之一，也是日本全国六十八所国分寺的总寺院，距今约有一千二百年的历史。741 年圣武天皇下诏仿中国寺院建筑结构兴建。因为建在首都平城京以东，所以被称作东大寺。曾于 1180 年和 1567 年两次遭兵火，经历代多次修缮。中国唐代高僧鉴真和尚曾在这里设坛授戒。

建于镰仓时期（1185—1333），安置大佛的大雄宝殿是元禄时期（1688—1703）修建的。

当时在全国上下修建的众多的国分寺至今已经一个都没有了，只留下了伽蓝的遗迹，很不可思议吧？当然这其中一个主要原因是被战火烧掉了。还有一个原因就是，当时全国最优秀的工匠都被集中到建造作为国分寺总寺的东大寺那里去了。地方上的国分寺缺少优秀的工匠，因此，营造工艺上出现了欠缺。当然也许还因为是天皇下的圣旨要求各地都兴建国分寺，各地都突击赶建，于是从用料到技术都不够完善，质量也就得不到保障了。工匠们没有充分的时间严守"按照树材的习性构建"这样的宫殿工匠应该遵守的口诀。

一个建筑，它一定要经得起大自然的风霜雨雪才行，因此在构造上要非常严谨才对。飞鸟时代的建筑在构造上是非常了不起的。如果用人来比喻的话，那个时代的建筑就是横纲[1]级的。相扑的横纲不就是除了全身那仅有的一根布带，什么装饰都没有，还能气势威严地站在那里吗？那个气势让人看上去就很有威力和感召力。古代的建筑，匠人们在结构

----

[1] 横纲：日本相扑的最高级。

它们的时候，会考虑让木头的前端伸到柱子的外边，以支撑屋檐的重量，这也构成了日本独特的建筑美。但是随着时代的变迁，人们开始遗忘这个祖先留下来的传统的主体结构，而更多地在装饰上下功夫了。因为这样做了，就会被推崇为对新生事物的追求。人们开始扔掉曾经的审美。

法隆寺工匠的口诀中有一条就是"不要遗忘建造伽蓝的基础"，那正是在告诉我们佛塔、大殿本应该是什么形状，木材本应该怎么挑选、怎么用。那里边是无数匠人的经验积累起来的智慧，是栋梁的心得。那都是飞鸟时代的工匠们留给我们的宝贵遗产啊。

老料是宝

老料是什么？老料就是你摸上去，它是温暖的、柔软的。我们做解体维修的时候，会接触到不同时代的材料。从前的人对于木材的用法，以及对待木材的态度，包括思考问题的方法，都能通过材料看得到，这个是很有意思的事情。在木材的用法上，先代匠人的绝妙之处是现代工匠难以望其项背的。

我们在修缮古建的时候，会进到法隆寺和药师寺的塔

身之中，塔的内侧与外部不同，进到里边之后它的结构就
会一目了然了。从外边看上去无论多么光鲜亮丽的建筑，
一进到里边，你会看到大量的木料重叠在一起，但这些木
料都是经过计算而重叠在一起的。为了支撑塔身的重量，
首先要削出木料的棱，从这些棱子上边就能看到古代工匠
们是如何对待材料的了。那些有癖性的树材也都被很好地
活用在了上面，它们有的往左拧，有的往右歪，但都被很
有效地用在了塔的木构之中。

　　这些寺庙自创建以来，适逢大的时代就会有大规模的
解体维修。而每到这个时候，你就会看到当时的工匠用了
什么样的木材，他们又是怎样对待建筑的，时代不同，这
些也都不同。

　　随着时代的推进，你会发现，越是接近现代，工匠们
的思想越是变得不纯净。"如何最大限度地使用和发挥扁柏
的特性"，这样的用心已经没有了，已经完全无视祖先用长
年的经验积累起来的智慧，以及对待木构建筑的态度。经
他们的手营造的建筑，也变成只注重装饰而忽视实际品质
的中看不中用的建筑。日本古建中用到的树材不仅仅是扁
柏，还有铁杉、榉树、松树，这些树材都会用到。祖先们
选择用木构来建造房屋的理由和对待建筑的精神都被遗忘

了。近代工匠对待树材的不认真态度，只注重形式的浮躁心理，我们在进行解体大修理的时候都会有深刻的感受。

通过木头上遗留下来的工具的痕迹，我们不但能看到当初建造它们的工匠的技术，同时也能看到他们的精神。我们能透过工匠用锛子锛过的痕迹、凿子凿出的榫眼这些他们不经意间留下的痕迹上看出他们的用心。飞鸟时代既没有锯条也没有切割机，但是匠人们不但要把大树锯开，还要再把它们切割成板子呢。因此，如果不了解树材的癖性是不可能完成这些的。不像现在，无论什么树材一概用机器强行地切割锯断。

那时候的匠人考虑的是，什么样的树材要用什么样的方法才能得到什么性质的板子。用他们的方法制造出来的板子表面不但光柔滑溜，还会很有力量，柔和但很有韧性。虽说只是一块板子，但是它更大的作用，是要跟周围其他板子契合，同时还要跟支撑它们的柱子以及其他建材紧密地结合在一起，共同来完成支撑整个建筑的任务。他们所有的这些考量，在我们做这些古建的解体和修复的过程中，都会看得清清楚楚。

但是，这一切的"用心"和"专心"从室町时代（1336—1573）开始就慢慢地没有了。首先，这个时期的工匠已经不再重视树材的性质。也因此，建筑很容易就腐朽了，不修理的话很容易就会塌掉。而这个现象最严重的时期，是江户时期（1603—1867）。

我在维修庆长年间（1596—1615）的古建时看到了太多的这种情况。那时候，工匠们很有可能深受诸侯百官的压榨，在预算严重紧缩的状况下营造宫殿，因此，已经顾不上自己所建造的这个佛殿是否做到了在"敬仰神佛"、是否能"传达圣德太子的精神"。他们只顾把它好歹建完就算完成任务，而且还要尽可能地省钱。看看那时候匠人们用的钉子就知道了，多细，铁的质量也很差。也许还因为，那个时期内战频发，铁都被拿去造武器了。不仅如此，那个时期的建筑一看就知道，工匠们并没有拿出自己最好的水平去营造一个建筑。

就拿屋檐、塔檐来说吧，从屋檐延展出去的那段木头经过长年的风吹日晒，前端的部分一定会受到损坏。如果只修理那一小段，对于这种结构式的建筑来说是没那么简单的。但是仅仅因为那么一小段坏了，就更换整个部分又很可惜，而且其实工程量也不小。因此，古代的工匠们想到了把这部分的木材加长，并一直延伸到后边。如果前端腐朽坏掉了，就把那部分锯掉，然后再把缩在后边的拉出来。这样就可以再坚持相当一段时间了。他们懂得如何珍惜并长久地使用树材。

其实这是很小的事情，但这样的小事很容易就被遗忘了。即便知道，如果预算和其他方面被人控制了，那么工匠们只想到完成任务，不可能还有心去体谅该如何使用木材这样的事了。因为这一切都是在上边的指令下进行的。

看江户时期的古建和那时候的维修能明显地感觉到，匠人们对待木料的做法是多么散漫，想法也几乎跟现在一样。但是木头是诚实的。你的手艺最终会在它身上留下痕迹，连同你的思想也会一起留下。所以，木头就是这样不可思议，能留下痕迹的。

有的时候，古老的树材会被使用好几次。最初在一个地方用过的木材，在维修的时候，可能又会被用到别的地方。而当时留下的钉子的痕迹，在重建新建筑，或决定建筑样式的时候会起到很重要的参考作用。这样的事，只有确实使用了木料和钉子的工匠们才能懂得。我曾经为此没少跟专家学者发生争论。在学者专家们看来，钉子的痕迹能有什么参考价值？而实际上，钉子的钉法每一根都不一样。光调查钉子的排列方法就能了解很多事情。哪种树材在钉钉子的时候，选择什么位置，这些一看就知道了。

古人在营造建筑的时候会使用很多古树。不了解情况的人就会说这是浪费资源，应该节约财政开支。实际上，不是这样的。

就拿扁柏来说吧，它在成为建材之后还在继续生长呢，即使经过了上千年，如果你用刨子刨一下，它那种独特的香气还会出来呢。对古建进行解体的时候，把房顶上的瓦掀开，拿掉镇石，塔的角木竟然能在几天后恢复到从前的形状，所以我们常说树木始终都是活着的。也因为如此，让树材尽可能地发挥它们生命最后的余热才是我们工匠真正的工作。可见古代匠人们是多么会有效地活用古树。

不仅如此，有很多时候还因为它们古老，所以必须要用。年轻的树木砍伐下来以后虽然经过了干燥处理，但还是很任性的，癖性很难被克服。当然了，千年的树也会有千年的癖性。这一点我们人也是一样吧。新的树材不但量少，很多树的树干还有可能是空的。树经过很多年是会慢慢收缩的。作为一个工匠，说实话，我们还是更愿意用那种踏实而稳重的树材。这样一想，古树的癖性就显得柔和多了，它们听话，没有奇怪的个性，用在建筑上是很好的建材。

这样的木材用来做佛龛或者工艺讲究的细活也是很合适的。因为这些东西需要经得起年代的历练，所以就要选这样的木头。那样的树干表皮的颜色看上去稳重又温和，带着很有品位的色调。而这样的色调只有古树才会有。漆器的工艺品不是要往木胎身上刷漆吗？如果用年份短的树材，水分还没有完全干透就往上刷漆的话，时间一长，这种漆器就会腐烂。但如果是用古树材做的胎体，由于水分已经干透了，所以表面看上去就很光滑和柔软，刷上漆会很温润，不会显得生硬，那出来的才是真正的好东西。

建造木结构的建筑如果不让用老树，那可太不合情理了。"凡是老的都是不好的"这种想法是错误的。新的树材担负不了重要的使命。如果工匠很长时间不用古材建造房屋的话，就会失去识别古树材身上那种特别的品性和气质的能力，更不可能很好地活用他们。那就太可惜了。这怎么行呢？这么优秀又结实的好材料不被重用的话是罪过啊！连这个道理都不懂的话还谈什么资源保护呢？那不是很奇怪的事情吗？

总之，古材是宝。像宝石和金子那样的资源，挖一挖还是会出来的，但是古树材的资源可是有限的啊。

能够用在建筑上的木料，要想让它达到最合适的干燥状态至少需要五十年的时间。但是现在的人等不了这么久，所以那些树刚被砍伐下来马上就把它们制成建材使用了。这么一想，丢弃古树材是多么可惜的事情啊。

培育能活上千年的树

之前我说过上了年纪的老树的品格，但树也并不是寿命越老就一定越好。那些从事自然保护的人，从他们的角度讲，是希望树木能一直生长，直到它的生命终结。但是对于我们宫殿木匠而言，树木的寿命也是有极限的。比如，再好的台湾扁柏，如果树龄超过了三千年也不能用了。如果作为木材用于建造房屋的话，树龄在两千年左右是最合适的。过了这个年龄，它们作为木材的另·个生命就不太容易再继续存活了。

法隆寺在建造之初，用的基本上都是树龄在一千三百年左右的扁柏树材。法隆寺在它建成之后的这一千三百年里，已经成为建材的树还一直活着。工匠们在当初砍伐树材的时候，是非常理解木头的生命的，同时也是理解它作为木材的另一个生命的。当然，我这里说的都是那些长在大自然森林中的树木。

如果是靠植树栽种的树,情况又不同了。靠人为地播种、培育树苗、移栽，这样养育出来的树最多也就能活五百年。因为它们没有在大自然中经受过历练，它们像在温室中成长的花朵一样受到呵护，这就决定了它们不可能坚强。还因为，它们长到一定时间以后会被连根挖起然后再重新移栽，这就是决定它们的生命力不可能顽强的一个很重要的原因。一般说来，树一旦扎了根，就会在那个地方深扎广布地成长起来。它们的根会穿过那些长满了杂石的缝隙往土壤更深的地方伸展。但是如果移栽的话，移栽时必然要把一部分根茎剪掉，林业人员会说那是没有办法才剪掉的。同时，移栽的时候，有谁会想到"如果让这样的树在严酷的大自然中奋力成长的话，它们能生长两千年以上"？人们只想着眼前，只要移栽更多的树就能让森林变得更茂密。至于它能成长多久在他们看来似乎不那么重要，所以怎么能培育出上千年的树材呢？

在植树林中，树的种子即使散落下来都不会发出芽来。种子自己也许很想出芽，但是没那么简单哪。因为第一，植树林一般采光都很差。但如果是在自然林中的话，这些自由的树种会在自然的状态下、在大树的呵护下合拍地争先恐后地滋出芽，然后当阳光普照到它们身上时，它们就蹿得更快了。它们总是处在摩拳擦掌地等待成长机会的状态下。当然，它们有的可能要等上一百年才会发芽。

发了芽的树种，接下来，就开始在大自然中拼搏竞争着成长了。

也就是说，不经历这种严酷的竞争是不可能长成一千年、两千年的树材的。在砍伐这些树龄在一两千年的树的时候，你会发现，它们通常生长在让人很难接近的岩盘地带，它们根部的力量强大到能把岩石分割开，它们生长的环境就是这么严酷。

记得台湾的林业人员说过，日本的这种植树方法是不行的。用"一次性伐净"的方法砍伐树木，在这些树曾经生长过的地方什么都不留下。但其实那里也许还有等待了五十年甚至上百年的树籽会在未来发芽呢，也正是那样的种子才有可能长出千年以上树龄的强壮树材。人们为了利益和更快地达到目的，真是什么都不管不顾了。

大家早已经忘了我们曾经在农学校里学过的"用最少的劳动能养活多少人"这样一个生活的基本道理。现在的农民一听说草莓挣钱就全去种草莓了，早已经脱离了农业本来的意义。农业和林业早已经不单是为了解决人们的生存问题，而是变成了赚钱的工具。所有的事情都变得商业化了。

怎么种树和怎么用树，曾经都是文化。这在讲究效率的当今社会都谈不上了。也因此，任何的事情都不会从长计议了。

宫殿木匠的自然观

宫殿木匠建造宫殿的时候要使用木材，没有木材连我们住的房屋也无法保障，建造寺庙的伽蓝也是一样。从技术上讲，如果不了解树的性质是不可能用好它们的。所以我总是特别强调"宫殿木匠一定要先学会如何对待树"，这是作为工匠必须要掌握的常识。但是现在的工匠中真正了解这个的有几个呢？古代工匠们口口相传保留下来的口诀有：

"营造伽蓝不买木材而是直接买山。"

"要按照树的生长方位使用。"

"堂塔的木构不按寸法而要按树的癖性构建。"

这些口诀都是古代天天与木材为伍的工匠们切实的心得，是在告诉我们要遵守大自然的规律。他们这些对待大自然的心得是至关重要的，我们真正要学的是古代工匠们的技术和这些对待材料的态度，如果离开了这些心得怎么可能成长为一名优秀的木匠呢？

我们在日常生活中，对待大自然中的生命首先要学会感谢。现在的人觉得水、空气、木材这些都是理所当然存在的。如果没有水，就不可能有生命。我们怎么能只想着就我们自己是活在这个世界上的呢？天地之间还有草，还有树，还有动物，它们也需要生命。这些问题我们是不是好好地考虑过？

如果光想着自己的话，就不会顾及自然界其他的存在了。这个道理，干我们这行的人会透过自己的工作有切身的体会。现在的人看的书很多，又被填鸭式的教育塞满了各种知识，哪还有时间去认真地考虑人的生命、自然的生命，以及它们之间的关系？我觉得知识不要太多。佛教的道理中说"让世界的万象留存心中，而人心要回归自然"。我经常给人讲这个道理，我不希望听的人把它当耳旁风，或只是表面上应付。我们活在这个世界上，需要每一个人自己觉悟才行。

我这一辈子只做了关于古建的事，只知道关于古建的事。我尽自己最大的努力不做有损先代的事情。所以我总是在想，我该怎么做才能对得起他们，不辜负他们。这个过程中，他们对待自然的态度，他们留下来的那些口诀，都是我工作中最大的参考。

因为我们的工作就是以这些在大自然中生长的树木为对象的，而且还是有着上千年悠久生命的树。用千年的生命之树在大自然的土地上建屋盖瓦，我会觉得自己的工作在这当中显得非常微不足道。在源源不绝的大自然中，用砍伐下来的树木转换成一座座的建筑，让它们尽可能地保持长久，这里边不需要加入太多自我的意识。这是我们的使命，所以我们的工作怎么可能无视自然呢？

我的话听起来好像很夸张吧？工匠们也是需要有世界观的。面对比自己无限大的自然界，我们需要思考，不能一看到树，马上就换算成价格。这个树才五十年应该便宜，而这个已经一千年了要贵一些。这是不行的。

即使是一棵普通的树，它在什么样的环境下撒种发芽，时候到了，它又是怎样与同伴竞争着成长，它在怎样的环境下成长，风是否很强，阳光是从哪边照射进来的，这些都需要我们考虑。然后我们要尊重它生长的环境和已经养成的气质，有效地活用它。否则，即使是再名贵的树，用在建筑上也不可能持久。对它们如果没有这样的关照，那它们这么悠久的生命岂不是毁于我们手中吗？所以我们要考虑在先。

这个道理在我从农业学校毕业以后，自己开始从事农耕一两年就体会到了。自己种的作物长得不错，倾注很多的时间和精力栽培它们，而花费的时间和精力越多作物就长得越好，培育作物的过程中，每一个阶段都有它们不同的历史。

对待大自然，既没有近路也不能着急。春天播下的稻种只有到了秋天才能收获。我们人类再怎么着急，大自然都不会回应你的，因为在大自然的流程中做不到。再怎么着急，米不可能一下子饱满，树不可能一下子粗壮。

从前的宫殿木匠在平日里都是普通的老百姓，这一古老的习俗也许是最理想化的。

他们平日里自己种粮种菜，过着跟普通人一样的日子。当寺庙里有活计的时候，就全力以赴地去干自己的本职工作。我们这辈子就是这么过来的。我家的后山上栽种了很多橡树，我自己用的工具都靠它们呢，需要做锛子呀刨子这类工具的手柄了，就从后山砍些树回来，放很长时间让它慢慢干燥，然后再用它来做工具。我们的工作和生活是跟自然密切相关连着的，因此不能忘记自然的存在。

庙里没有活计的时候，我们就跟一般的百姓一样靠种地养活家人，能吃饱就行。所以即便是寺庙里没有活计我们也是等得起的。因为有土地，吃饭就不是问题。如果我们不这么从容，也投身到挣钱的行列里去的话，就不可能那么踏实地等待了，也不可能有劳逸结合的时候了，自己就会催促自己"快点去挣钱，再快点"。

现在的人都是这样的吧。各个业种都被分得很细，人们已经忘了自己的生活跟自然的关系，就连木匠也都快不知道树到底是长在哪里，是在怎样的环境下成长的了。被上司不停地催促着，自己赶着要尽快地完成任务，我们如果都是生活在这样的状态下，你怎么可能想得到还有自然界这回事呢？

唉，这个时代啊。要想把工作做得好，做得彻底，就不能忽视大自然的存在。因为我们人类终究离不开自然，在自然当中，人类跟草呀树木是没什么区别的，都是大自然中的一分子。

工具和木匠之魂

工具是木匠的手的延长，所以，要熟练地使用工具，以使它们成为自己的手。干木匠靠的不完全是大脑，真正完成一个建筑靠的还得是自己的一双手。建筑是不会说谎也不会隐藏的，建造它的人的手艺就明摆在上边呢。法隆寺也好，药师寺也好，哪里都找不到建造它们的匠人们的名字，寺庙里也没有这些匠人们的任何记载，留下的只是经他们的手建造起来的，传承了上千年的建筑。那些柱子上留下的用枪刨刨过的痕迹，梁上留下的用手斧砍过的痕迹，刻在插木上的凿子的痕迹，这些是我们获得当时匠人们的信息的唯一途径。

无论说得多么好听，也无论别人认为他是好人还是坏人，手上的功夫会告诉我们关于他的一切。同时，还有那些协助他来完成这个工作的工具。没有好的工具，再好的木匠也无法完成他们的工作，所以手艺人会非常珍重自己的工具。因为工具能帮助他们养活一家老小，同时，工具还能反映出他们作为手艺人的人品。

不仅如此，作为手艺人，第一讲究的当然是手艺。常有人问我通过工具能否看出一个工匠手艺的好坏。我说那当然能看出来了。如何对待匠人最为珍重的工具，反映了你如何对待自己的职业的态度。

我们木匠日常使用的工具都是有刀刃的，看一个木匠如何磨这些工具的刀刃就能马上判断出他的手艺如何。再有名的手艺人，如果磨出来的工具不好用，说明他不是一个出色的手艺人。

总有人问我木匠最开始使用工具的年龄是多大，这个问题怎么回答呢？不是说越年轻就越好，当然，岁数太大了也不行，岁数太大了就用不好了。我收小川三夫为徒的时候我是六十一岁，那可以说是我用工具用得最好的时期。工具就是这样，并不是把心投入到里边，把全身的力气也

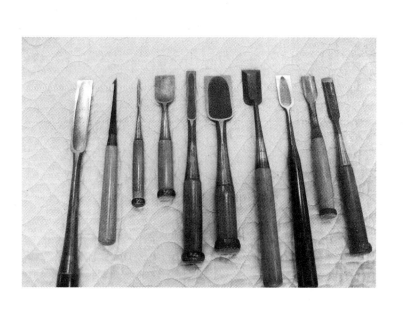

都投入在上边就说明你用得好。木匠的工作是以木料为对象，干活的时候需要力气，但是使用工具的时候并不是靠身体的蛮劲的。靠身体的力气干活儿很快就累了。再有，如果手里的工具刃器不好使的话也会很累，干出来的活儿也不可能漂亮。活儿干得漂亮是我们的职责。为此，我们有理由要好好地研磨手里的工具，磨出好使的工具。当然，能使用这些工具的手艺也是必不可缺的。

手艺人对待工具都有着各自特殊的情结。我父亲九十岁那年还让小川去给他买刨子呢。我问他买刨子干吗？他说他要用。那个年纪用一寸八的有点重，就给他买了一个一寸六的。木匠就是这样，只有攥着工具的时候心里才踏实。

我现在已经不怎么用工具干活儿了，但是我还是会把它们磨好备着，磨到随时都能用的状态。因为那些工具都是我用了多年的工具，对它们是有感情的。出去当兵那几年，走之前也是把它们磨好，抹好油放起来，一回来拿出来马上就能用。

有人把自己的工具捐出来当展览品用。我觉得真正好的工具是要一直用到最后的。这跟那些作为美术鉴赏用的刀是完全不同的，木匠的工具是一直在现场用着的工具，所以真正好的东西是不可能留下来的，因为好的工具都是要用到最后的最后才废掉的。比如凿子，它们的刀刃都要磨到只剩下最后的一点小尖才废掉的，所以说好的工具是留不下来的。

说到工具，我想起来这样的事情，我曾经复原了古代宫殿木匠的工具"枪刨"，这个工具到现在我们还在用，我们会在最后的阶段用它来完善柱子和梁的表面。记得有一次我被请去哪里演讲，来听演讲的是一些学雕塑的学生，其中一个学生提出来想试试这个枪刨。像枪刨这样的工具，即便是第一次用，只要你的手够灵巧，一样可以用得很好。所以，那个学生虽然是第一次用，但是他居然能用得很不错，刨下来的刨花也很像那么回事。然后我让他试着把刀刃磨磨，这下子可把他难住了。因为枪刨的刀刃跟一般我们常用的刨子的刀刃不同，它中间拱起来，两边是刀刃。这种不规则的刀刃，常人是不知道怎么磨的。但是，如果不能磨工具，那即使你很会用，也不能说你会用这个工具了。工具对于我们木匠来说，不光要会用，还得能磨，得把它磨得能按照你的意愿使用，这才叫真正的会用。

近年来，市面上看到的电器的种类越来越多，而用来制造这些电器的机器也已经精密到一毫米的几分之一了，电动的工具不需要用太大的力气。如果电动的刀刃不好用了，稍微用点儿力气也还是能切得动。但它会让机器产生灼热，也有可能会烧到物件。因为木头本身不是什么精密的东西，所以也用不了精密的机器。即使一时用了精密的机器切割成了，也许第二天又变形了。

现在的工具已经大不如从前，大概是因为冶炼的方法跟从前不同了吧。铁并不是只追求硬度好就行。感觉上有些软度的铁切割硬的东西才是最合适的，但是很难遇到这样有韧性的铁啊。硬的材料用硬的铁进行切割，刀刃很容易就会断了。如果是稍软又有韧性的铁，即使切割的时候感觉有点费劲，但刀刃是不会断的。而且，即使切割时刀刃变了形，也还是会很快恢复原形的。从前的日本刀和剃头的刀都是用很好的铁做材料的。

现在很难遇到这么好的铁了。因为炼铁的方法变了，现在都是用高温快速地冶炼，所以不可能炼出韧性强的好铁，没有好铁工具就不可能有好刃，没有好的工具我们做木匠的就很为难，也会迫使我们改变自己的技艺。因为我们的手用惯了好刀刃，不好用的工具到了我们手里会很不顺手。我们用枪刨刨出来的表面，刨面会很严丝合缝，这种靠手来刨的活儿只要是木匠谁都能做。但是如果刨刃不好，或者是用电刨的话就不敢说了。有人说木匠不需要手上的功夫,其实不是的。用不好枪刨的木匠是修不了古建的,工具不好或者手艺不行的木匠都做不了古建。

有人说,不是不会用,是因为没必要,但我不这么认为。飞鸟时代和白凤时代的匠人们,都是用枪刨来建造宫殿的,那个时代只有这个。随着时代的发展和进步,工具发生了变化,匠人们的手艺也千差万别。但是我总在想,手艺人是否忘了自己作为木匠的本分,忘了自己作为木匠本应熟知的树材的习性。而这些跟工具是没有关系的,所以不要拿工具来当说辞,这是工具之前的问题。难道工具的品质降低了,技术和心智也随着降低了吗?是不是这个道理?

现在,各类电动工具丰富又多样。电动的和手动的工具,到底有什么区别呢?对于手艺人来说,如果是自己的刨子,谁都会投入全身的精魂来认真地打磨它们,因为你要靠它们来为你完成工作,当你用它们的时候也是倾注了全部的精魂来用的。这么认真打磨出来的工具,手艺人怎么可能轻率地对待它们呢?但是电动工具就不同了。用电动工具的时候,手上不需要太用力,鼻子里哼着小曲就可以轻松地把材料刨出来了。不需要投入任何的精魂。电刨的刀刃如果不锋利了,换上一个新的,马上就又锋利了。这样的电刨怎么可能有灵魂可言?工匠们只想把木头的表面刨光,于是就选择了省事简单又不费力的电刨。但是如果仔细地观察一下电刨刨过的木料的表面，你就会发现，其实木料的表面并不光滑，有很多毛茬。这跟用手动的刨子刨出来的表面是完全不同的。手刨，轻轻地刨下去的是木料的细胞和细胞之间的组织，这种刨法刨出来的表面光滑得连水都存不住，也因为存不住水，所以不会发霉。仅这一点，就大大地决定了建筑的寿命。如果我们没有这个经验，没有这个觉悟，即便你说你是个木匠，但是能保证建好一个宫殿吗？如果不了解这个结构，不能把木料的表面刨得严丝合缝，那你首先不能说自己是一个好的工匠。工具衰退的前提，是因为工匠的灵魂先衰退了。

最想盖的建筑

如果让我随心所欲地盖自己想盖的房子的话，虽然飞鸟时代、白凤时代和天平时代的都很好，但我自己最想盖的，是镰仓时期的样式。

我感觉镰仓时期的建筑更具有日本的感觉，更日本化。当然了，飞鸟和白凤时代的建筑从中国大陆吸收了很多的文化，又根据自己国家的风土融入了很多先代的伟大智慧，的确很美。但如果说完完全全日本式的话，我觉得应该是在镰仓时期完善了的日本式建筑风格。但是一过了镰仓时期，到了室町时期，开始注重表面的装饰，看上去很造作了。因为过度地追求华丽，从而堕落了。

镰仓时期的建筑看上去能让人感到一种力量，使用的木料也比室町时期的粗很多，最重要的是表面没有那么多不必要的装饰，简洁大方。

我想这也许是受禅宗的影响。我觉得禅宗很有意思。之前，佛教是在讲唯心，从理论上教导，再去体验内心。但是禅宗呢，通过打坐去彻底地思考自己的究竟，提倡以赤胆之心、垂首默祷的姿态进行彻底的思考。

因此，建筑也表现得非常简洁。"追究最真实的内心"这种修炼形式体现在建筑的形态上了，同时也影响到了当时武士们的生活方式。很有时代性，美学意识很完整。

而到了室町时期，各式各样的木匠工具出现了。之前没有的台刨也在这个时期出现了，板子开始用锯来拉了。人们开始追求便利。追求便利本身并没有错，但是便利的东西出现以后，人们会很快去依赖它们而忘了最基本的。

这样一来，人们开始用脑子，而不是用手来做东西了。也开始为了追求效率，更依赖数据的计算了。在这之前，工具还没有那么丰富的时代，做什么都得靠双手来完成，每一样都需要靠手。不了解树的性质就不能干活，因此那时候的匠人们积累了很丰富的认识材料自身本质的本领。但是这个到后来怎么样了呢？

枪刨在室町时期彻底消失了，被新的便利的工具所取代了。工具一旦消失，那可不只是"一个工具没有了"那么简单的事情，由这个工具所培养起来的文化也跟着一起消失了。

去看看法隆寺的柱子上留下的刃器削过的痕迹，那种柔和的美以及优美的气质都让人感动，能做到这样完美，靠的就是那个时代独有的工具——枪刨。现在枪刨没有了，还怎么能削出那样的柱子表面呢？我是去看了正仓院里收藏的古代工具以后，才凭着直觉把它复原的。那可真是不容易啊，因为可以参照的实物一个都没有。室町时期，应该算是使用过枪刨的时代，从那以后，枪刨这个文化就消失了。

取而代之的是各种小巧而便利的工具。便利工具的出现，让之前有些不能完成的细部活计得以完成了。有了方便的工具，人们也会愿意做更多的事情。要求自己比别人做得更好这种精神没错，也有人会追求更高的目标，追求别人做不了的。于是，建造一个建筑，变成了不是重视它的坚强度和牢固度，而是体现在雕梁画柱上了。也因此，木材上也都是用那些没有纹络和树节、很不自然的、经过加工的材料了。这些不自然的东西一旦用起来以后，说"这个我也能干"的所谓"匠人"也开始增多了。手艺的磨练，以及拥有手艺的那种自豪感朝着另外的方向去了。

工匠口诀中有一条说的是"要按照树的生长方位使用"，古代匠人们一再强调的是要重视"树材的癖性"，而这些都被忽视了，都被新的技术所掩盖了。

江户时代，这种现象就更严重了。就比如日光的吧，学生们在休学旅行的时候都会去吧。大家都会赞不绝口地说"太华丽了"、"太美了"，但如果光是看建筑本身，其实真没什么可值得骄傲的。华美艳丽的装饰一个接一个，就像一个化了浓妆的舞女穿着木屐站在那里一样。一座建筑本身所拥有的力量丝毫都看不到了，这已经不是在看建筑，而是在看雕塑了。

而镰仓时代是没有这些装饰的。建筑的线条既朴素又有它独特的美感，那种美才是真正的美。那是因为，建筑本身遵循自然而建，同时也体现了匠人们自身的气质。那是活在那个时代的人的一种生活态度。他们那种对待生死的思考、纯净的内心，以及他们所领悟的给古代佛教带来了影响的禅的境界，这些体现在建筑上的时候是那么简洁，但又是那么充满了力量，崭新但又很收敛，是带着一种精神的。

喜欢法隆寺的舍利殿、绘殿，还有位于东院的钟楼，这些都太壮观了。年轻的时候，我曾经偷偷地照着这些建筑画过它们的图纸。想着如果有一天，让我盖自己想盖的建筑的时候……当然这已经不可能了，但是如果有那么一天的话，我要盖镰仓时代那样的建筑。

有一种"学问"叫经验

可以说，日本是从明治时期开始不再尊重木匠了。建筑本身跟建筑学家分家了，干活儿的人跟学者分家了。西洋的学问进来了，所谓建筑学的领域宽泛了，毫不懂木头、从来没摸过木头的人也出来设计建筑了。总之，从明治时期开始出现了"建筑学家"这个职业，然后又出现了设计事务所。业种也都细化了，设计归设计事务所，预算归专门做预算的地方做。从前的木匠，从石料到木料都得自己负责计算并搞定。而现在呢，木料有木材公司，石料有石

东照宫 MChew/ 摄

材公司，这些不外乎就是一个行业或一个职业罢了。

在我看来，不是因为有了学者才有了建筑，而是因为有了建筑才有了学问。我们常说的飞鸟式建筑、白凤式建筑，这些都是后来的人命名的，任何事情都用具体的数字来计算、用形状来限定的话，这种做法是颠倒事物本源的。

用这种计算的方式来测量水泥和钢铁这些材料的强度和耐用年数也许是可行的，用在木料身上却是完全不行的。但是现代建筑就是这样，人们认为什么都可以靠计算来解决。

比如我们盖大殿的时候，要在屋顶的椽子上放角木，角木是支撑屋檐延伸到外部去的那部分很重要的支撑木。在操作这个的时候，我会先看木料的硬度，如果不是很硬的话，就再往上抬一抬，如果它本身就已经很硬了，那正常使用就可以了。这样的事，建筑学家和设计师们怎么会考虑到呢？不仅如此，所有的建筑都要按照设计图纸一模一样地建造，还必须要达到完全一致才罢休。关于这一点，我在维修法隆寺的时候已经跟他们说过无数次了，但是他们就是不能理解我说的话。他们说，尺寸怎么跟设计图不一样呢？因此我就告诉他们，放心吧，等铺完屋顶的瓦会完全跟设计图一样的。然后，无论他们再说什么，我只要说，这里就这样吧，还是按照我自己的做法去做。大家关心的只是眼前的效果和利益。

但是，别忘了木头可是活着的呀。它不可能按照你计算的那样听话，每一根的个性都不一样，就像人一样。它们因为生长的地方、气候、通风的好坏、日照的充足与否，而形成完全不同的秉性。要把它们当作完全一样的树材来进行计算，然后再按照事先设计好的图纸进行施工，怎么可能呢？我们建造的房子，是要让它存在几十年、几百年，甚至上千年，是要世代传下去的。

比如我们在用扁柏建造佛塔的时候，脑子里就会想到它三百年以后的样子，三百年以后，它也许会跟设计图纸一样。这样想着，才会把角木放到它应该在的位置上。

这样的知识在学校和课本上是学不到的。我们这些木匠，还有手艺人的学识，都是靠自己的身体力行，靠在工作中积累起来的经验来记住的。但是这些都不再被重视了，甚至被轻视了，因为他们认为一切都是可以计算的。这种计算的学问受到了广泛的重视，书本上和公论上也都认可这样的方法，但是我们工匠才是要在第一线真正建造佛堂和佛塔的人啊。我们建造的这些建筑都很庞大，我们不是为了留名，我们的建筑最终是要被历史评判的。我们唯一能够信赖的，就是先代留给我们的智慧和他们常年积累起来的经验，再加上我们自己的直觉。那是常年跟树木打交道，用锤子把每一颗钉子钉进木头里的经验告诉我们的那种直觉。

我们还不能算是完美的。怎么才能到达完美呢，那就是尽可能地把自己的本职工作做到完美，做好自己能做的事情。只有这样。

因为是木匠才知道的事

我之前跟很多了不起的学者发生过争执。因为自己是木匠所以了解的事，也因为自己从事这样的工作，天天跟木头打交道，哪个时代树是怎么劈的，建筑的结构是怎样的，也自认为基本上都了如指掌。但是那些专家学者们并不听我们这些在现场干活儿的工匠的意见，学者们根据自己所研究的样式著书立说，他们只强调自己研究的结果。我就常跟这样的学者争执。

不是我喜欢争论，而是我觉得他们说得不对所以才跟他们争论，但是再怎么说他们还是听不进去，我真是服了。即便是这样，我也不能按照学者们错误的想法建造，我必须告诉他们什么地方不对。

　　我给你讲几个这样的例子吧。不是什么值得炫耀的，只是因为我们常年在现场干活儿所以我们懂，不是因为你是学者就全都正确。我就是要说明这个道理。

　　先说说法隆寺东厅的事吧。昭和三十二年（1957 年），国家决定要对东厅进行解体维修，我被安排在为了复原而组建的调查队伍里边。东厅作为室町时期的建筑被国家指定为文化遗产，但是我一直觉得对其时代的界定上有些不大对劲，这就是作为木匠的直觉吧。

　　调查的方法，先是发现了最新的具有江户时期特点的接口处理，然后沿着这个再往上追溯到室町、镰仓等不同时期。因为他们认定是室町时期的建筑，所以就觉得不可能有镰仓、藤原、天平时期的痕迹出现。但是我们调查的结果恰恰证明是天平时期的。这个结果上报给奈良文化财研究所的技官们确认，于是他们将之前作为室町时期建筑的登录备案更改为天平时期的了。这正是因为我们常年接触古建，成天看到的都是飞鸟、白凤、平安时期的建筑才能这么有把握。

　　再说说法隆寺大雄宝殿的故事。学者中有人断定屋顶部的施瓦情况跟"金花虫宫廷形状的橱柜"的施瓦形式是一样的，都属于"盝顶式"[1]。但是在我们工匠看来，这个建筑中并没有"宫廷形状橱柜"那样的屋檐。就因为这个，在维修大雄宝殿的时候双方还发生了小小的争论。佛龛是很小的东西，顶部的结构怎么都好说。但是如果建造这么大的建筑，还非要加大屋檐的翘曲，这怎么行呢？这个道理跟他们说多少遍他们也不能理解，专家们完全不理会我们工匠的意见。没办法，最后只好把委员会的领导叫到了现场，然后我用之前积攒的材料，根据资料在现场组装给他们看。学者们在学说和样式上口若悬河，但是实际的操作能力是没有的。而我是木匠，木匠来组装给他们看。因为这样，所以这样，因此可以得出结论说这个不是"盝顶式"。我给他们解释，大雄宝殿的屋顶无论如何都得是正殿入口的样子。这么一解释大家都没话说了，但是也没人站出来承认说"噢，我们错了"。就这样，我用大雄宝殿入口处的模样说服了他们。

但是接下来针对屋顶的装饰又开始有分歧了。在对大雄宝殿进行解体前，我们从屋顶的三角侧面的位置上能看到的

---

[1] 盝顶式：因其造型像古代将军的头盔而得名。这种建筑外形庄重，优美华丽，故常用于园林景观建筑和纪念建筑。岳阳楼是中国仅存的盝顶结构的古建筑。

装饰是"虹梁大瓶束",但是在整个调查中我们发现,现在这个装饰应该是庆长时代的,在原有的形式被破坏了之后更新为"虹梁大瓶束"形式的。但是这之前到底是什么形式,谁也不知道,大家只是推测"那个时代也许是这样的形式"、"一般也只能做出这样",全都是模棱两可的推断。但是,古代工匠们在建屋顶的时候,总是会在后边留下一些古老的材料,把这些古材拼凑起来再看的时候,慢慢地,古代形式的"叉首束"就被复原出来了。我们从先代们留下来的木头碎块中把原先的装饰复原出来了。"妻饰"[1]是决定一个建筑的品格的重要因素,"叉首束"曾经也被称为"短梁柱"。

这只是我工作中很小的几个例子,也因为我天天接触古建,由此解开了很多谜团。我只是发挥了作为木匠的经验,在现场用木头进行思考从而进行判断而已。

学者和手艺人

我的祖父经常说的一句话就是"从前手艺人在学者之

---

[1] 妻饰:位于屋顶侧面的三角装饰。

叉首束　Nekosuki/ 摄

上"。明治维新以来，西洋的文化进入日本，连思考问题的方式也变成了西洋式的，所以学者占了上风，他们看不起我们这些有现场实际经验的手艺人。这是很奇怪的事吧？所以社会上就说我们手艺人也应该钻研学问。

就说学者吧，他们到底有多深的学问？他们也许读了很多书，但是毕竟没有实际经验，也不了解现场的情况，但是他们都很坚持自己的学问。这是不对的。

现在的学者都盖不了建筑。他们只知道"这个是大陆的形态"、"那个是印度的形态"、"这个是怎么从印度传过来的"，这些书本上能找到的知识他们都了如指掌。但是，关于建筑本身，关于材料，他们的学问是完全不够的。比如，什么是垂木，什么是斗拱，他们就不明白了，也就是说其实他们是不了解真正的木造建筑的。如果不亲临其境，不设身处地地感受木造建筑的现场，你又怎么能说你是木造建筑的专家呢？所以我说这些专家们你至少要有一次实际的现场经验以后，再开始做案头的研究才对吧。

跟专家们一起开会讨论重建庙宇的时候，我们从不随便发言，都是在做了细致入微的调查以后才参加讨论会议的。之前，我们会把调查做得细而再细，包括对于被放置在屋顶后面的每一块废木料，我们都要彻底地调查。这用的是什么木料，为什么用在这里，这个样式究竟是怎么来的，把这一切都调查清楚了，才能在讨论会上说明这种形态的建筑是怎样来的。

每每一到这个时候就会引起争论，学者们就会说，这个时代应该是这样的建筑形式，因为伽蓝就是这个时代的样子，这里的形态也是这个时代的样子，所以……说来说去，他们习惯于先入为主地首先用形式去套。其实不是那样的，应该更多地关注立在眼前的建筑本身，这些废料不是就能说明问题吗？但是他们早已经忘了，那些建筑可是要早于他们的大脑不知道多少年。

一个建筑，先有手艺人来建造，再有学者们来研究。是手艺人在他们之前，而绝非学者在前。

要重建一座塔的时候，学者说了，需要使用铁。我们说，如果用铁的话最多就能保持两百年，但是如果木头用好的话能保持上千年。因为眼前最好的例子就是法隆寺嘛，那里的塔都已经一千三百年了。他们竟然可以无视眼前这些最好的例证。我们跟学者在建法轮寺三重塔的时候，以及在建药师寺大雄宝殿的时候都因此发生了争论。

他们不相信我们手艺人的经验和体会，居然可以忽视眼前存在着的事物，只重视书本上的文章和论文。我跟学者打了很长时间的交道，对于他们的领域我毫无兴趣。

但是其中也有尊重我们手艺人的学者，他们没有固执于自己的学问。这样的学者才是真学者，才让人钦佩。

后 篇

师徒制度和学校教育

中国的老子说过，过度的教育是适得其反的。这句话的意思也可以理解为，其实人刚出生时的状态才是最好的。人置身于大自然之中、活于自然之中，其实建筑也是一样的，不可能离开自然。我们所有的行为都是在"自然"这个环境下进行的，所以我们必须了解自然，无视自然的建筑就不是好建筑。

对人、对徒弟的教育也要自然的。而如今的教育本身就带着偏见，是扭曲的。

那么我们宫殿木匠是怎么带徒弟的呢？首先是一起生活，一起吃一起住。然后自己示范给他看，比如给他看自己的工具,再告诉他怎么磨这些工具,但不会直接告诉他"这是怎么做的,那是怎么做的",会递给他一片刨花,然后跟他说"先把工具磨得能刨出这样的刨花来再说"。想要当徒弟的人,大多都是想要当木匠的。除此之外还期待着师父再教点额外的,能感觉到他们的这个要求,这个要求像一层膜一样罩在他们身上。但是这层膜是多余的,必须去掉,要在跟师父一起生活的过程中去掉。不是靠我来去掉,而是需要自己把它去掉。如果自己不放弃这些,好的东西是进不去你的身体里的。因此,不要以为自己来学徒了,师父就得手把手地什么都得教,师父只会给你看作为范本的东西,其他的就靠你自己去悟了。师父教得再多也没有你自身的可能性大。

现在的学校教育我是看不惯的。老师手把手地教孩子们,这种场合下这样,那种场合下那样,面面俱到又细致入微地教授,如果还不懂就自己去看书。

我们这一行完全不一样,师父是什么都不会教的。书也不用看,学徒期间,报纸和电视都不需要。因此,被当下的教育培养出来的人就会觉得我们这种做法既不尽人意又耽误时间,而且还太老旧。但是我觉得这才是最快的途径。比起那些执着在书本教条上的,如果想教授真的本领,我觉得这是最好也是最快的方法。现在的人，习惯于在形式上，把书本上的知识背得滚瓜烂熟，即使不解真意，只要先背下来就放心。那样的话，只要死记硬背师父说过的话，就跟死记硬背书本上的知识是一样的。

但是，这样形式化的做法是不可能学到真本领的。木匠这个工作，可不是只要能通过考试就能干得了的。掌握了真正的本领，才能受益终身，才能靠它养家糊口，才能替别人建屋盖瓦。盖房子可不光是靠脑子里的知识就能完成的。你得真动手，锯木头，刨木头，一下一下地把它盖起来。这时候你说这个我在书本里学过，那个我了解，这些可是起不到任何作用的。

学徒中的徒弟总是对师父抱着"再多教一些吧"、"就教这些哪里够用啊"、"我是刚入行的，跟师父不同，还什么都不懂呢"这样的期望。你应该怀着"师父既然这么说了，那我就尝试着做做"、"这样不行，再那样试试"、"怎么才能做得更好呢"这样的心态。只有自己经过了一系列的苦恼和挣扎以后才能获得属于自己的真本领，不是吗？这才是教育的真正意义吧？本领是要靠自己去习得的。如果学生自己思考出了一个不同的结果，但是老师或者家长马上说"你在干吗？太愚蠢了"、"这怎么行"、"你应该那样才对"，那是在掐掉孩子们开始发想的萌芽。

对于师父说的什么，不要总抱着怀疑的态度。总是怀疑的话，师父说的你慢慢地就听不懂了。所以说在学习的时候要尽量让自己成为像刚出生的时候那样，干净无妄又率真的人，对于别人的话是能很自然顺畅地听进去的。只有先听进去了才能消化和领悟其中的道理。有些事情用语言反而表达不清楚，是用实际行动干了以后才能悟出来的。

徒弟刚入门的时候摸不着门道，什么都不懂，但是这样反而最好，什么都不懂的自己才会奋力地弄懂。读了书做了预备学习来的，总以为自己什么都懂了，反倒不会率真地接受。来的时候脑子里牢记了很多知识，带着很多预备知识来的，远比不上脑子里干干净净、空空荡荡地来的，这样的人单纯地靠手靠身体来记忆，这样的徒弟进步更快。技艺是要靠身体来记忆的，技是和心一起进步的，它们是一体的。

"教育"二字拆开来看是"教"和"育"两个字，而在师徒传承的世界里只有"育"没有"教"。徒弟跟师父同吃同住同生活，要用身体去感受所有跟师父在一起的一切。也许有的时候徒弟会向师父"请教"，但更多的时候是要靠徒弟自己去领悟、去思考的。在这个反反复复的过程中，你的手会慢慢地记住所有的技艺。用大脑思考的事情用手去感悟，但是让这两者很好地结合起来可不是那么容易的。它是一个慢慢地一点一点地开窍，然后到理解，再到终于掌握的过程。这个过程几乎没有师父的指指点点。徒弟在自己干活的过程中，会模仿师父、靠近师父。这是要花很长的时间的。学校的教育跟这个是没有办法相比的，也是不可能做到的。

很多人认为，因为学校是教授知识的地方，所以学生的能力就要达到一致。尽管每个学生都各不相同，但是学校不会个别对待，他们要求化零为整。但是在师徒传承的世界中，从一开始就没有"教"只有"育"，从不认为每个人都是一样的，因为人根本不可能都一样。不同的父母、不同的环境下长大，怎么可能一样呢？就连兄弟姐妹都不可能完全一样。

我们做师父的本事，就是要在徒弟一入门的时候就能分辨出他们各自的不同之处。徒弟是来投奔师父的，师父也要对徒弟负责。在一个工序没有掌握牢靠的时候，是不可以进入下一个阶段的。对待任何事情都是这样吧。尤其是最基础的工序，更需要掌握得扎扎实实才行，否则就无法前行。木匠最基础的工作是什么？就是磨工具。而磨工具这个简单的环节又是一切的基础，因此我觉得在磨工具上消耗些时间是没错的。同时，在这个最基础的环节中，让徒弟做到自己满意为止，这个过程中所付出的辛劳是值得的。没有近路也没有快道。

徒弟跟师父天天生活在一起，这当中你在想什么、想干什么，师父都能了如指掌。这也是很好的习惯。对于那些习惯了一个人的孩子们来说是很难受的。跟师父寝食同行的过程是让你用肌肤去感受和接受一切的过程。如果像每大到学校去上课那样，你来了，我就告诉你"刨了这样用"、"你这个不对"、"今天完工了，明天再见"，这怎么能记住手艺呢。

通常，师父会因为徒弟出了错或不认真而训斥他，但有时也不全是因为工作。师父也会因为徒弟的不懂礼貌、不会打扫卫生，甚至不会拿筷子，这些很日常的事情而教训他。木匠是你将要从事的工作，而在那之前你首先是一个人，是一个能干木匠活的人，不能很随便地对待身边的事情。如果你很随便地对待日常中的小事，日后你也会很随便地对待你自己的工作。

我们宫殿木匠的工作通常是要花很多年才能完成的大建筑，而且是跟很多人一起合作才能完成。这种时候，在工作中，你的性格和人品就会暴露出来了，因此要"育"不偏执的人。

但是这个太难了。相比之下，在学校里接受教育倒是很简单的事情。靠大脑和语言就能接受的教育是简单的教育。我们这一行需要的是漫长而艰苦的学徒过程。因为受不了这些苦和这么漫长的时间，中途放弃的大有人在。要建造的建筑越大，需要的时间也越漫长，就连我们自己在刚开始接到任务的时候都会怀疑自己能不能做好，能不能建造出来。

即使当你有一天突然被任命为"栋梁"了，你在心里还是会不安地想："我真的能行吗？"如果是被师父呵护着、手把手地教出来的人，那可就更没底了，因为首先是没自信。但是如果自己的手艺是一点一滴地经过了漫长的时间磨练出来的话，那是会有自负心的，会觉得自己能胜任。因此靠时间和辛苦磨练出来的功夫，在这个时候就会成为你的底气了。

当然了，师父的任务还不仅仅是教授技术和带徒弟那么简单。小川来投奔我要当徒弟的时候，我曾经把他撵走了三次。因为什么呢？那时候，我刚做完了法隆寺的百年解体大修理，我自己也正闲着没有工作呢。木匠的技术，最终还是要有实际的现场才能学会。现场会有很多你连见都没见过的粗大柱子，要把它们一下下地刨出来，再立在中央。还要把一千块以上的木料一块块地加工好再组建起来，最后才会露出素白的屋顶。这时候，你才第一次跟自己盖的建筑见面，会在心里感叹："原来我造了这个！"但是这种心情又马上会被"哎呀，有没有失败啊？哪里还有什么不合适的没有？"这种担心所取代。这两种心情几乎是同时出现的。

因此，如果没有这样的现场，仅仅是每天对着一些木头练习的话，怎么能体会得到这种心情呢？所以如果一直没有像样的大型工程，就不可能带徒弟了。因为没有"育"他们的现场啊。木匠是需要"现场"的。不像在学校，可能一句"这个我没听，这个我不知道"就可以把责任逃避了。在木匠的现场，如果遇到了什么问题，那可是要真去想办法解决的。如果不能解决现场遇到的问题，那这房子是不可能盖起来的，所以才说必须得有"现场"。因为那里可能会有你在学徒时没有遇到、没有预料到的种种情况，它们都有可能出现，而且这个是躲不过去的。其实只要是活在社会上，我们不也是一样吗？

漫长的学徒其实就是一个修行的过程，在这个过程中有长时间的训练、有说、有听，也有自己真正动手的实践。只有经过了这样的过程，当有一天你到了现场，才会胸有成竹地说"嗯，的确是这样啊"。小时候祖父总是对我说，"栋梁应该是这样的"、"对待树木应该是这样的"、"来，给我背背木匠的口诀"。后来我自己也入了这行，也干了很多年。但是真正地理解了祖父一直挂在嘴边的宫殿木匠口诀的意义，是在进行法隆寺大雄宝殿解体大维修的时候。那时候我当栋梁已经八九年了。

口诀中的话早已经铭记在大脑里了，但有些内容还是一知半解的，直到实际真碰到了才明白原来是这么回事。没有实际的现场是不可能理解的。宫殿木匠的修炼全靠点滴的积累。前辈的经验是可以作为参考，但是光靠着前辈的经验，是不可能盖起一座建筑的。经验不是用来学的，经验是靠自己点滴积累起来的。这就是手艺人的世界，没有捷径的。但是如今的社会，有些母亲会说，我的孩子脑子笨，学习不好，干脆让他去当木匠算了。这是什么话？她完全不了解手艺人的世界。手艺人的世界是需要有很强学习能力的人才能进去的。哪有那么简单？在我们看来，脑子笨的人反而更应该到学校去学点东西，然后进入社会找个普通的工作，置身于某一个机构当中，即使没有韧劲，只要学会夹着尾巴做人，到头来还是可以混口饭吃的。

换个话题吧。其实学徒的过程，作为徒弟本身也是很难的，需要很强的耐性。当然做师父也难啊，要具有很强大的慈悲心和关爱心，还要耐心等待着徒弟慢慢地露出芽尖。这是多么艰难的教育啊。学校的老师把教育学生当作是一项工作，而我们的工作可不是单纯地教育人。

当然，应该承认，传统的师徒传承制度也有它过分的一面，因为一切都取决于师父的人品。性格不好的师父甚至还会打徒弟呢，这种师父收不到徒弟也是没有办法的。还有就是，如今的社会风气是轻视手艺人的，学徒期间的孩子在跟以前的同学朋友见面的时候，发现进入社会的同龄人都已经是高工资高待遇的公司职员了，而自己还在给师父家扫地，就觉得很没面子。哪有什么办法，这种师徒制度下的培养就是时间漫长。因为不可能批量生产，要一个一个地慢慢成熟。

而现如今的社会是这么的焦躁，都是紧追快跑的节奏，培养人才也像是批量生产一样，越快越好。那怎么可能培养出好的人才，怎么能出慢工的好产品呢？所以那些流水线上成批量生产的廉价产品才会有市场。但是这样一来，长时间慢火练就出来的手艺根本没有了用武之地。手艺人的工作是什么？是用每一个个性不同的材料花时间做出同样有个性的产品，而这样的东西在当今的社会已经不受欢迎了。

了解一下日本的文化就知道，自古以来，日本人对待自然的态度就是，要尽最大可能地发挥和活用自然所赋予的力量。在这样的态度下，所做的东西都要能融于自然，并在大自然中获得调和，同时还能继续成长。

现在的产品都取材于石油，结实得怎么用都不会坏。所有人都在用长得一模一样的东西，而且怎么用都不坏，其中也不乏用什么都无所谓的人。那还需要什么用心和用技呢？靠手工一下下地做出来的碗，它是世界上唯一的一个，这样的东西你拿在手上能不珍惜吗？用的时候能不小心谨慎吗？对物品是这样，对人也同样应该是。所谓的文化不是光指那些伟大的建筑、了不起的雕刻和流芳千古的书画，文化包括我们身边所有的东西。

毫无个性，永远都用不坏，甚至什么都无所谓，这样的态度下怎么可能诞生文化呢？更不可能培养文化，也不会需要手艺人。因为判断一个事物的好坏仅仅用价格来衡量就可以了。因此，学校的教育也会随着这样的价值观而改变，这是多么悲哀的事啊。

　　大老远地来法隆寺和药师寺参观，别急着参拜完马上就走，难道不能留下来好好地看看吗？学校会告诉学生们，这个是日本最古老的有着一千三百年历史的建筑，那个是现存唯一的白凤时期建筑。不要这么简单地一带而过吧。难道就不能再多告诉学生一些，比如"这个建筑是由多少手艺人，怎样靠双手一点一点地建起来的"，然后让学生们再多看它两眼。

　　整个建筑每一部分用的都是规格不同的材料，上千个的斗拱、排列整齐的柱子，都没有完全一样的，每一个、每一根都不同。仔细看就能看到，它们都是不规则的。这些都是手艺人们倾注了最大的魂魄建造的。它们耸立在自然当中，即使不规整但与自然完美地成为一体。如果都用同一性格和同一规格的树材来建造，是不可能达到跟大自然这么和谐的融合的。这就是因不规则而产生的美。

　　我们人不也是一样吗？在大自然中没有完全一样的材料，而让它们得到完美的融合，靠的正是我们工匠的智慧。

　　一提到传统的师徒制度就会被认为是封建的、过时的，但古老的东西不一定不好啊。比起如今把人都培养成整齐划一的人才的教育形式，我觉得师徒制这种教育方式是非常人性化的育人方法。

我长年来跟树木打交道，看过法隆寺和药师寺这些古老的寺庙里那么多不规则的树材，我自己也是在师徒制度下培养出来的木匠，我不认为它全都不好。相反地倒是觉得，正因为在这样一个时代，要想培养有个性的人才，这种方式是不是应该重新被认识。

什么才是"教"

人都有自己的个性，每个人都不同，就跟树一样每一棵都不同，它们立在那里不同，整成木材依然不同。平常总是强调要注重个性什么的，实际到了教育的现场以后，怎么就把这些都忘了呢？真正的教育不就是要把这些个性调动起来，让它们发扬出来吗？现在的教育都在用一个过滤网，让每个通过筛子的人都变成一模一样的。这种教育方法是最省事的，同等对待每一个人就是了。这是最无视个性、不让个性伸展的教育。

我们木匠最开始学徒都是在工地现场，跟着师父和师兄们，通过看他们怎么干来慢慢了解木匠工作的内容。经常会挨骂，那可真不是容易干的。教，也不会是手把手地教。强迫性地教你干这干那，只会引起反感，什么都记不住。你自认为"这样做就可以了"的事，实际操作起来完全不是那么回事。别人会干的不等于你也会干，只有自己实际操作了，才知道自己真正会多少，还有可能是完全不会呢。当然不会也是正常的，因为不会才学的，才有必要学。

木匠学徒，最初的工作就是磨刃具，要先学会把刃具磨好。因为把工具用好是一个木匠最基本的要素，想要做好的活计，就要有好的工具，而工具的好坏取决于刃具的好坏。这是作为木匠最初的心智。

即使你自认为是一个很成熟的木匠，如果你锯木头的锯口粗糙不堪，你凿出来的木穴坑坑洼洼——这样的人很多啊——那你搭建的木构框架就不可能严丝合缝，也就是说这个建筑早晚都会因这些粗糙而散架。这是一定的。

这也就是说你连最基本的磨刃具这个环节都还没掌握呢，算什么资深木匠呢？磨刃具的意义，还不只是在于磨得越锋利越好。把木料表面刨得平整的刨子，把木穴凿得光滑的凿子，它们所拥有的力量是什么？你了解吗？师父让你刨你就刨，让你凿你就凿。能刨了，能凿了，你就是成熟的木匠了？那只是形式，是表面的。这个行为的真意你懂了没有？

　　磨刃具的意义是什么？不会有人告诉你这个的。我唯一的徒弟小川来的时候，我给他看了我刨的刨花，告诉他，要刨成这样才行。这是我唯一告诉他的。

　　我的祖父曾经也是这么告诉我的。他把刨子放在台子上，又放了一个烟袋锅，然后用刨子轻轻地那么一拉，但是一点刨花都没有。祖父把刨子放在嘴边上轻轻一吹，一缕轻盈的薄丝就从里边飘出来了。祖父说，你要刨成这样。

　　因为祖父做了示范，所以我知道要学着像他那样去刨。如果只跟你说，看见那个刨花了吧，去练吧，刨成那样才行。如果这样跟你说的话，你能理解吗？你可能无从下手。有时候师父只需稍作示范，徒弟很快就能理解了。

　　关键就是磨刃具，可别小看这个，磨好了还真没那么容易，但是磨不好的话什么都无法开始。花一年的时间掌握磨刃具的方法那都是快的，有些人要用两三年的时间呢。这没什么。这个也不是越快掌握就越好。慢慢磨，慢慢想。这是自己的工具，自己要一辈子靠它吃饭的工具。

　　姿势不对的话磨不好，劲使得不对的话也磨不好，如果你有什么特别的毛病那就更磨不好了。有的人他自己可能都不知道自己有什么毛病，但是磨刀的时候它就会出来了。着急的人、使蛮劲的人都磨不好。

　　每当这个时候你就会想，"怎么老磨不好呢？""怪了，问题出在哪里呢？"这时候你就得思考了吧？你就会去关心师兄们是怎么做的。因为你也想磨得跟他们一样好。你如果自己不琢磨，靠别人来指点你是没用的，手把手地教你都没用。

　　这个需要你细致地、单纯地丢掉自己的毛病，然后自己思考、寻找、下功夫找到适合你自己的方法，然后才能进入到你的身体，成为你的一部分。你吃了很多苦，付出了很多努力，有一天你会突然从苦恼中一跃而起。因为你终于掌握和找到真方法了。经过这样的过程记住的东西，你一定一辈子都不会忘的。

　　而在这个过程中师父干什么呢？师父会细心地观察徒弟的所作所为，偶尔也会说一两句，但不会说"你应该这样"或者"你应该那样"这种话，而是会启发你更多的思考和诱发你的创造力。我的祖父就是这样对我的。当时你可能不理解，但是也许过了很多时间以后，或者遇到某种情况的时候，突然之间你就领悟了，"原来他说的是这个意思啊"。我觉得不光是磨刃具，所有的事情都是这样一个过程。

　　再说磨刃具的过程，开始是磨幅面宽些的刃具，然后是磨窄幅的。宽窄幅的刃具在磨法上其实倒是没什么特别的不同，但在这个过程中你能感受到自己的进步，会磨得很开心。因为掌握了磨刀的技巧，就想磨，也越磨越熟练。磨刃具也是很有成就感的。

所以我们木匠学徒的过程不是靠教，而是靠自己去悟，准确地说是师父在启发徒弟"悟"。

任何知识，包括技术，不是"教"与"被教"的关系。学的人首先想学，然后教的人帮助他调动起他的积极性，找到符合他个性的方法，并帮助他成长。我祖父就是这么告诉我的。他说："师父不能光说不练，要做给徒弟看。"

让"芽"发出来

怎么去发现冒头的芽尖，并让它长得更高呢？这个谁都比不了当母亲的。母亲从怀胎，到生产，再到养育，自己孩子所有的优点缺点都知道得淋漓尽致。不是有这样的谚语吗？"父母的话就像茄子花一样，每一朵都是有用的。"

但是现如今的时代，教育普及了，孩子们自认为比自己的父母有知识有文化，看不上自己的父母了，也不听父母的肺腑之言了。再加上，因为普及了义务教育，家长们主动地放弃了自己对孩子的教育，而把孩子交给了学校，真正关心自己孩子的家长越来越少了。什么都是简单、快速，早已失去了对自然的认识和尊重，填鸭式地不断往孩子们的脑子里填充各种文化知识。

这样怎么行？家长们和孩子们每天都在想着如何在充满竞争的社会中生存。家长们不顾一切地把自己的孩子往那样的社会里塞啊塞，原本最应该发现自己孩子特性的父母早已经忘了这些。一流的幼儿园，一流的小学，再到一流的大学，本来是身在教育最根本的位置上的母亲，怎么可以这么糊涂呢？所有的心思都用在竞争上，光想踩着别人的脖子往上爬，毫不在乎孩子将来会长成什么样的人格，这种教育，我坚决反对！

原本，母亲的作用就是教育孩子，让他们看着每天努力工作的父亲的后背长大，每天看着父亲，是不是做得过头了？是不是做得还不够？然后告诫自己的孩子，父亲为了养活家人，为了贡献社会，他们努力地工作，要处理很多眼前发生的事情，而且今天的事绝不拖到明天。这些不都是做人的基本吗？这中间当然会有失败也会有挫折，男人就是这样无时无刻不在改正自己，用自己的后背给孩子做榜样。而母亲的作用不是一味地指责孩子"这样不行啊"

或者"你应该那样才对呀",而应该是在自然的生活状态下,发现自己孩子的特点,然后让这个特点得到发挥和成长。

现在的学校教育就是把孩子们都放在一个固定的框架里按照一种模式进行培养,给他们填充所谓的知识,再把他们放到社会上去竞争,我不认为这是好的教育。母亲们需要重新培养观察自己孩子的锐眼啊。人怎么可能完全一样呢?我们木匠的口诀中说:"要按照树的生长方位使用。"也就是说,教育要善于发现芽苗,助它成长,跟我们的口诀很相像。

有些家长把孩子带来跟我说:"请您把他培养成木匠吧。"学徒从一起吃饭一起生活开始,这种终日在一起的方式,让徒弟们既掌握了工作的内容,同时也学会了生活的内容。木匠不只是身在建筑工地时才是木匠,生活中也能体现出木匠的特点。跟学校不同的是,我们的这种学徒是连带着生活一起学的,不只是知识和技术,如何做人也是学习的内容。在这个过程中,师父就像母亲一样会发现徒弟的长处和特性,然后让他们作为木匠的苗芽伸长。如果他擅长刨木头,就让他把刨木料的功夫磨练得更好;如果他擅长锯木头,就让他把锯木料的功夫练就得更扎实。而这些都不是硬教出来的。只要是擅长的、喜欢的,他就一定能在自然的练习中越来越熟练，水平也越来越高。作为一个职业，木匠不是光把木头刨好和锯好就合格了，他也会有不擅长的地方，那么需要师父去发现这些不擅长，然后给予教诲，帮他成长。

不是所有的芽都能发出来，有些芽是等待着被开发的，是需要借助外界力量让它发出来的。

希望做母亲的都重新回到自己最根源的地方，好好地发现自己孩子的这些芽吧，然后让它们更好地成长。

关于"培养"

培养不光是指对于人的培养。我们工作中常用的材料，如扁柏树、杉树这些，如果我们没有培育它们的使命感，它们是不会很好地生长的。《日本书纪》中讲过，人们节省下自己的粮食，把种子撒到了全国的各个角落，所以日本在七八世纪的时候就被称为"青垣瑞穗之邦"了，那时日本人的主食也已经是稻子麦子等五谷了。于是所有的国民都全力以赴地去垦荒种稻，当然也就疏忽了对山林的管理。如果那个时候大家也能关心一下山林的建设，种下树种，估计今天的日本还会有上千年的大树。

但是，树的培养也不是那么简单的。这不是自己一个人的事情，是关系到国家的未来和国土生命的大事。这是一种使命，有了这样的使命感才能去育树。这就像育人一样，要有意识地培养能够担当得起下一个世纪的人，要有这样的使命感。这不是口头上的，要真正地从内心深处相信这个道理，它才能影响你的行动。

树木是不会动的，在它们扎根的山麓中，会因为当地的环境而养成很多癖性，也会因为土壤的性质养成一些特质。

而我们人能自由地动来动去，心也是能培养的。每个人因为不同的心智，也会形成不同的人格，这是人与人之间的差距，因此，育人的关键在于育心。但是心又是看不见的，所以就非常难。

只要让身体吃饱饭了，身体就能够成长，但是心却不是这样。那心的粮食是什么呢？是透过五感反映到心底的众生万象，是经过了正误判断以后的众生万象。心是靠这些滋养起来的。那么，能对这种滋养起到作用的不就是所谓的教育吗？

培养木匠，是他本人想成为木匠才来入门学徒的，那就不能是像去学校一样的心态。木匠的学习既不是单纯的

"教"，也不是单纯的"育"，而是"习得"，也就是要靠自己在整个过程中感悟和记住。培养一个真正的手艺人需要花差不多半生的时间，所以作为师父，不光要有手艺，还需要有一定的精神准备。这跟培育树木是完全不同的，不可能顺势自然地成长。来学的人和当师父的人都必须特别认真地对待和不惜付出很多的辛苦才行。

即使是做好了充分的思想准备，但是因为每个个体在贤愚上会有很大的差别，还是不能等同对待。因为是人嘛。木匠的学徒不能像学校那样，让学生通过考试，尽量整齐划一。学徒的时间有的人可能三年，而有的人也可能需要十年。

社会上普遍认为记忆力好的人就是脑子好。但是在我们木匠的世界里，光记忆力好还不行，怎么能让你的手按照你的记忆去动，你记得再好，实际操作的时候手跟不上，还是不行的。要让手上也有记忆，那就只有不断地重复，才能记住。这就是经验的积累。

有的人并不是记忆力不好，但脑子就是不能完全接受和不能理解。但是在不断反复操作的过程中，慢慢地就理解和掌握了。从长远看，这样的人远比那些号称一看就懂一听就明的人，更能成为流芳千古的名工匠。身体和手，经过长期的操作以后，会慢慢地自己动起来。手会随大脑动起来，这时候工作变得无比的快乐。我们木匠成天跟木头打交道，慢慢地了解木头，也了解木头的癖性和特质了。而这些都不是语言和文字能教得了的。我们的口诀中有"堂塔的木构不按寸法而要按树的癖性来构建"这样的说法，这个你再怎么用大脑理解，如果不是真正地了解树木的癖性，依然什么都不会。

我只有一个徒弟，叫小川三夫。他就是不讲那么多大道理，全都自己动手做过，身体力行地吸收。他是这样一个人，不放过每一道工序。小川高中一毕业就来找我，希望入门。按照正常情况考虑的话，他已经超龄了。但是他坚持下来了，也学成了。而且我们木匠通常要用十年、二十年才能完成的学徒，他只用五年就完成了。现在他的手下有二十多个徒弟，他们辗转全国各地盖寺建庙，异常忙碌。

小川现在也在培养徒弟，当然不是单方面的教授，其实在教徒弟的过程中，自己也在学习。

师父通常会把传统树材锯法这样的准则告诉徒弟，但锯法不是一成不变的。飞鸟、白凤、天平、藤原、镰仓、室町时代的锯法都各有不同，就连柱子粗细的量法都不同，斗拱大小的算法也各自不同,横竖梁也就随之不同了。可见,决定柱子的粗细是多么重要的事情。

当告诉徒弟,因为时代的不同,所有的尺寸都会各自不同时,他们每个人的反应都不一样。脑子好的马上能把师父教的完全背下来,记忆力不好或者说理解得吃力的徒弟不能马上记住,就跑去看飞鸟时期的到底是什么样,再去看白凤时期的什么样,不自己去确认就不放心。这样的徒弟马上就会对"为什么时代不同连锯木头都会不同"这样的情况产生疑问。

能完整地把知识背下来是省事,也不会给别人添麻烦。但是对于我们来说,对各种情况产生疑问的徒弟将来成为了不起的工匠的可能性更大。能完整地把尺寸背下来的人,可能以后就不会再来问你问题了,多省事。但是要想搞清楚每个时代都有什么不同的话,那需要消耗很多时间和劳力,当然最终换来的是自己掌握了那些不同的时代、不同的锯木法,也才真正地能说自己是一个宫殿木匠了。仅靠死记硬背你是不可能面对新事物的,因此,只是记忆力好的人未必能成为一个好的工匠。能死记硬背但是根基并不牢靠,根基不牢靠的树怎么能长成材呢?只有根基牢靠了,管它是长在岩石边还是强风地带,都能生长。我习惯什么都用树来比喻，因为育人和育树很像。

当然，不同的师父有不同的教法。有些师父不管三七二十一，也无论是自己经历过的还是没经历过的，都一股脑地告诉徒弟，这也近乎于填鸭了。这怎么行呢？就像使用树材的癖性一样，对于人，也需要先发现他们与众不同的特点，再好好地让这些特点发扬光大。育人的过程不是把他们都放进统一的盒子里，而是让他们的个性得到发挥，当然这个过程是急不得的。

"徒劳"的意义

现在的社会，一切都计算得很精确，毫无半点浪费，包括家、街道、河川，甚至道路都会被精确地计算。这些用的被计算，我们的生活、学问甚至人生也都在被计算。

之前我在说"角木"的地方谈到过吧，我们盖寺庙的时候，在建造塔和大殿的时候，椽子的后边会留出百分之二十的富余。为什么要这样做呢？若干年后这些寺庙在解体维修的时候，如果前边的木料腐蚀或者损耗了，还可以把后边的往前拉上来用，用不着更换一整根。这种做法，现在的人会认为是无用或者浪费，什么都用最短的距离解决，因为那样的话既快又不浪费。

如今的教育也是一样。把一切都计算好，然后把孩子放在上边，一声号令让孩子往前冲。如果落后了，就鞭抽棍打地赶着轰着恐怕掉了队伍。在这个队伍旁边摇旗呐喊的父母们，都想让自己孩子在最短的距离内取胜。他们认为这条短距离的道路是人生最好的道路，为了孩子这是最好的道路。老师们在这样的督促下，当然毫不犹豫地只考虑如何迎合家长们的要求就好。从这种教育视角出发的话，像法隆寺、药师寺那些预留在后边的椽子就是很大的浪费。

木匠的学徒是完全不一样的。刚开始入门的时候只有看的分，光看还是好的，你还要给同门的师兄们做饭，还要打扫卫生，顺带着还得磨工具。这个要经过很长的时间，特别是磨工具，真的要经过很长的时间才能得到要领，就这些至少也要两三年的时间。

这期间，什么书啊、报纸、电视都不用看，什么木匠的书呀、建筑方面的书呀也都用不着看。因为木匠的学徒没有捷径，只能是慢慢地磨出来。当然学会的时间因人而异，有的人很快就掌握了，有的人花费的时间会长一点。跟学校不同的是，先掌握的人可以先往前走一步。但是，慢也没什么不好，只要能记住就是好的。如果记不住的话是不能往前走的。没记住就往前走的话下一步还是不理解，这样的人要安下心来彻底掌握了才行。完全没有"谁先掌握谁就好"这一说，倒相反，慢工磨出来的人掌握得更扎实，磨出来的刀具更好用，时间让很多的东西渗透进了身体中，这些东西一旦记住会永生不忘。这些看似很多余的时间和工序，其实非常重要和必须。

经历了长时间的磨练和不断重复的作业，师父会在这之中了解徒弟的性情和他的擅长与非擅长。弟子也会学着了解真正的自己，而不是快速地学习和接受一个又一个的新知识。学徒的孩子有时可能也会觉得"这样的做法是不是太徒劳，太浪费时间"，但是若干年后，跟那些只能使用电刨的工匠相比，这些慢慢磨练出来的工匠，手上的功夫一定比短时间内学成的人强百倍。

人和树木是一样的，每一个人的个性都不同。根据每一个人的个性，都会有各自不同的成长方法。这个，在他们磨工具的时候会慢慢地体现出来，自己的秉性，自身的毛病，这些如果不改掉的话是磨不好工具的。

现在的教育不是提倡全体平等吗？每一个人都这么不同，却非要往一块儿看齐，去完成最短距离的竞赛，这怎么行呢？每个人的性格、才能都不同，怎么更好地发现这些孩子不同的个性和才能，很好地利用这些不整齐的因素，让他们各自不同的性格都能得到发挥，这个过程没有时间，没有所谓的"徒劳"恐怕不行吧。

总有人说，"传统的师徒传承制度太封建太古老，徒劳的地方太多了"。尽管徒劳，但最终的结果是一定能培养出好的工匠来。人总不能太只顾眼前吧，如果只告诉他们结论，不用动手也不用动脚的话，他们不可能真正了解自己的工作内容，而且一旦遇到什么情况也不可能应付。

被认为是"徒劳的、无用的"而忽略掉的这些内容中，流失掉了多少珍贵的东西啊！

关于"夸奖"

是吗？小川告诉你我从没夸过他。是啊，我的祖父也从没夸过我，倒是经常骂我呢。祖父总是唠叨我，从没夸过。

我磨工具让他看，顶多也就是"行了"，从没说过"真好"之类的话。在他看来做得好是应该的，没什么好夸的。做工作，必须要一个人顶得住，你才算得上是一个能用的人。如果搞砸了或者做错了，被骂，那不是理所当然的吗？没什么可说的。

手艺人的手艺有高有低。但是，一般能把工具用得好的工匠都不太善于表达。祖父的徒弟中有个叫籔内菊藏的，跟祖父不同，这个人很少说话，总是闷头磨自己的工具。依我看，他应该是全日本用工具用得最好的人，都说他是"大和第一"。这样的人是真正的好工匠，但即便是这样的人，也从没听祖父说过"干得好"、"手艺好"这样的夸奖。

在学校里，只要考了一百分就会得到夸奖，被认为是了不起。这在我们的行业里完全不同。你把活儿干好了是应该的。与学校里老师和学生的关系不同，老师会为了让学生考满分不惜余力地努力，我们不会。

也许有些人会因为某些事受到夸奖，但是被鼓励着、被夸奖着、被哄着学徒和干活，我觉得成不了器。手艺，如果不喜欢的话完全可以不用学，因为它不是义务教育。中途学不下去自己放弃的也大有人在啊，自己觉得不行了的时候首先是向自己投降了。如果这时候不放弃，即使学得很慢，我都会慢慢地跟着这样的徒弟，但是不会鼓励和夸奖。

师徒制度下的学徒一般要五年的时间才能成为一个

能独立干活的工匠。五年的学徒期结束后，还要为师父工作一年作为报恩。尽早地达到成熟工匠的水平是为了自己的成长。成熟工匠做的工作要达到一百分才行。五十分、八十分都是不行的，都不能算是成熟的工匠。如果是在学校的话，八十分是过得去的，家长和老师就连自己都会觉得还不错。但是工匠的活计就不一样了，手上的功夫决定了你的结果。你说"这个宫殿的建造达到了八十分算合格"，然后收了满分的费用，那是不行的。因此，在我们的行业里是没有夸奖这一说的。

祖父尽管从没当面夸奖过我，但是在我母亲面前倒是说过"这小子干得还不错"这一类的话。之后我在帮母亲做事的时候，母亲不经意间地提一句，这个对我来说是起到了很大的作用的。

恢复建造药师寺西塔 [1] 的时候，祖父看过现场后说"建得不错"、"了不起"，但脸上并没有什么特别喜悦的神色。我知道他内心一定在想"这个塔真能立千年吗？"、"表面看上去倒是挺完美的，地震来了能抵挡吗？"、"如果出了什么岔子你是要切腹自杀的"。所以，尽管被夸奖了，你哪

---

[1]　药师寺西塔：曾在战乱中烧没，1981 年由西冈常一和他的弟子小川三夫完成了复原建造。

儿还会沾沾自喜呢？立刻就开始反省自己干的这个活，"是不是哪儿不对啊？"、"那里不会有问题吧？"，紧张得不得了。徒弟们也跟着紧张。我觉得经常有这种紧张的心情是必要的。

但人就是这样，被夸奖了一次以后，再做什么都会很在意别人的夸奖，干活也都是为了赢得别人的夸奖而干的。在意别人的目光，总有种"这回如何？"、"看，我的手艺怎样？"的心态。我相信，但凡是在这样的心态下做的活儿都好不了。

到了室町时代，工具都进步了，一下子很多建筑都走了奢华路线。这种时期最大的牺牲就是在结构上，本来应该做的都被忽略了。但是历史，也就是时间，最终会告诉我们的。

手艺人最要命的就是狂妄自大，所以我们带徒弟的时候是不会夸奖他们的，做得再好也不会。

有"癖性"的树和有"癖性"的人

通常，栋梁接到大型的工作以后会组织工匠一起来做。

手艺再好的栋梁，对树材的识别再精准，一个人也不可能完成一个庞大的工程。一个人不可能抱起一根柱子，最少也需要两个人的力量，还要削，要分割，就是用刨台也还需要一个工匠辅佐。要建造一座大殿或者一座塔，必须要有很多的工匠一起才能完成。

要用很大的木材来制作柱子、椽子，还有很多的斗拱。比如，药师寺要建大雄宝殿，听说了这件事的人，从四面八方找来说一定要参与。这些人里边没有一个是我的徒弟，但是他们都对自己的手艺信心百倍。他们来找我给我看他们的手艺，希望有机会能参与这样的工程。但是他们又都有各自不同的个性。我的任务就是要用他们，然后共同完成一个建筑。

虽然大家都是有经验的工匠，但是里边也会有性格很不好的人，就连我自己也说不定被认为是性格不好的怪老头呢。匠人一般都是比较顽固的，不会轻易听取别人的话，因为太自信了。当然，对于好的匠人而言，这个自信也是很重要的。工匠有的时候也是需要夸耀自己作为匠人的手艺的，完全没有的话别人也不敢把活计交给你。有的匠人性格很别扭，但即使是这样的匠人我也不会辞退他，我也不会像学校的老师那样去硬要求他改掉自己的性格。这样的人，即使性格别扭也是工匠，性格这东西根本不可能改变。反倒是作为栋梁的我需要包容他们，把他放在适合的地方发挥特长。即使他不能很好地与人合作，也会有他的用武之地。所以，用不着特别地照顾谁，该严格的时候就严格。

里边也会有不爱说话，不会与人交流，甚至不会跟人一起工作的匠人，只会面对材料。但正是这类人说不定用起工具来比谁都棒。他们当中有的人希望通过这个机会学习大殿的建造方法，换句话说就是来学习的。这些工匠的程度也各不相同。除此之外，还有建造宫殿相关工种的人，比如，泥匠、石匠、瓦匠，还有漆器的匠人，这么多的匠人要一起来完成一个建筑。栋梁就是要组织他们、调动他们，也就是现场总指挥吧，这可不是件简单的事。

昭和六年（1931 年），我二十七岁那一年，第一次当了栋梁。在那之前，三年前的二十四岁那年我曾代理我的父亲做过栋梁，但二十七岁那年是真正的自己当了栋梁。如果是在公司工作的话，当上了科长，当上了部长，都要举办个祝贺仪式吧？但是在我们工匠的世界里，这些是没有的，没有红豆饭 [1]，也没有祝贺的酒。自己光是想："这可不

---

[1] 红豆饭：日本的风俗习惯中，遇到喜事时习惯做红豆饭以示祝贺。

得了，我能胜任吗？"

我曾经用过比我还要年长的匠人一起进行法隆寺东院礼堂的解体大维修。我从小到大一直都是被祖父按照栋梁的要求训练过来的，但是祖父的话听归听，真正到自己当栋梁的时候，那个感觉还是不一样，完全不一样。

工匠们来向你请教的时候，你不能说"不知道"吧？建一个工程是需要栋梁拽着大家一起往前走的。我们的工作需要高效率的程序和计划。现在，机器设备已经很普及了，材料的处理也就省事多了。如果光靠人的双手移动很重的柱子，那光是把它们先放哪儿再放哪儿就是一件很大的事。什么工序先做，什么后做，什么在上，什么在下，这些都要在所有的工作开始之前想清楚，然后布置给手下的工匠。

口诀中有"调动匠人们的心如同构建有癖性的树材"，"能否调动匠人们的心靠的是匠长的体谅"，"百工有百念，若能归其如一，方是匠长的器量，百论止于一者即为正"，这些意思都是说，匠人其实是很难管理的，都个性十足，如何能用好他们就要看栋梁的本领。这是在教导我们，栋梁应该有怎样的思想准备才能更好地用人。

我们不能因为这个人自己不喜欢就不用了。如果只能跟自己喜欢的人共事的话，这就违背了识别树材的癖性而因材施用这个工匠口诀所说的了。有癖性的人也许不好合作、不好用，但是如果把他放到适合他的地方，也许还会创造出奇迹呢。如果只是因为他个性强烈就开除，或者干脆拒绝用，恐怕我们做不出真正的好东西来。年轻的时候经常有人说我是"像鬼一样的工匠"，那时候我的个性也是特别强烈，只想着工作的事不能出错，对人也特别严厉，严厉得完全没有一点儿缝隙，那时候满脑子想的都是不能出错、不能出错，完全顾不上别的。

那时候还觉得我自己一个人也照样能行，还总是埋怨这么简单的事为什么你们不会，盲目地认为所有的人都应该和自己一样。委托别人做的事也必须完全、完美地完成才满意。但是实际上怎么可能呢？内心想的是"这是我赏给你的活计"，这是一种高高在上的态度，这种心态总是占上风。如今这种心态已经变成"麻烦你做的活计"这样了。当自己的身体还很强壮的时候，还能比别人更好地使用工具的时候，还有"我做给你看"这样的心态的时候，你是不会服输的，态度也会是强硬的。但是谁都有老了不能动了的时候，就像我现在这样，那你的态度也就强硬不起来了。

工作，是"麻烦你"的事。我们的工作不像建筑师那样的艺术家，一个工程所有的责任都在一个人身上。我们不是。说这个我不喜欢，就撂挑子了，就推给别人了，这样是不行的。相反地，我们还要用很多人一起来完成这个工程，也就是说"麻烦他们"一起来完成。这时候，你就不能幻想着大家能完成你预想的百分之百的满分。说归说，能完成百分之五十就应该知足了。你如果这样想也就变得宽容了。

修缮法隆寺的时候（1934年），我自己还握着工具在第一线干得起劲，据我的徒弟小川说，那时候我经常"生气、发怒、骂人，甚至踹东西"。但是到了药师寺的时候（1976年），我已经干不动了，坐在桌子旁画画图纸，指挥徒弟们干的时候已经没有了这种气势，心态也变了。

到底还是握着工具的时候，有一种对谁都不服输的心情，自己也有一股要强的劲头。手里有工具，去看周围的匠人的时候，就会按照跟自己同样的标准去要求他们。当自己不能再握工具的时候，对待周围的匠人，就是"麻烦他们"的感恩心态了。这是一个变化。

口诀中关于栋梁的心得是这么说的吧："不具备将百论归一器量的人，请慎重地辞去匠长的职位。"这是我最喜欢的一个口诀，完全是这个道理。就是说如果不能把众多的匠人团结在一起，你就不具备做栋梁的资格，应该辞去。

因材施教，因材施用，也就是说，不能只看到优点，这个人虽然有缺点有毛病，也要给他发挥能力的地方，不能只把优点摆在一起。用人的时候要有这样的器量才行。看树不容易，看人也不容易啊。常有人跟我说："您怎么会用这种令人讨厌的人呢？"即使是被人认为是令人讨厌的人也会有他的长处的。有趣的是，还真有这种人见人烦的人能做的事和合适的位置。我做了这好几十年的栋梁，还没有一次因为这个人与众不同、毛病多、不能用而辞退他的。

祖父的教诲

我祖父的名字叫西冈常吉，七八岁的时候开始跟着父亲，也就是我的曾祖父西冈伊平学徒并子承父业。曾祖父在四十几岁故去以后，大约十九岁的祖父就担起了养家糊口的担子。为了养活家人，他去盖过大阪中座的小剧场，参与过奈良东大寺二月堂的维修，近的地方没有活计的时候就远走他乡，四处找活干。这样，他在三十二岁那年当上了法隆寺的栋梁。

我的祖父就是我的师父，他第一次把我带到他的工作现场应该是我还没上小学的时候吧？大概也就五六岁的样子。那是大正十年（1921年），法隆寺要举办一千三百年祭的活动。为了这个活动，法隆寺从十年前就开始了对寺内小型庙堂的修理。祖父把我带到了那里，不是大殿，都是小的庙堂，同年龄的小孩子把那里当成了玩耍的场所，我好生羡慕他们，觉得自己好悲惨，因为祖父跟我说："你坐那儿，好好地看大家怎么干活。"我坐在那里看大人们干活，我的同伴就在旁边玩着棒球。

你们也觉得"那么小就带去现场又能怎样"吧？连我自己也不愿意啊，我一点都不想去。但是祖父把这个当成栋梁教育的一个环节，想让我早些感受现场的气氛。你问我当时穿什么衣服去的？应该就是普通的T恤衫，外边再穿一件短外套，腰里系根带子一扎，腰带是那种窄的。脚上穿一双布袜子，再套一双草鞋。

我坐在那里看他们干活，看着看着就会发现，那个人钉钉子特别好，那个人曲钉做得特别好。那个时代，宫殿木匠的休息日只有1号和15号，14号和30号是发工资的日子，发工资的第二天就是休息日。除了休息日以外，祖父几乎每天都带我去现场。除了我以外，还有几个见习的人，都比我大十几岁。所以，现场没有我的同伴。

休息日干什么？休息日我要给神龛上上神酒，再从家里带来红豆饭供上。1号和15号这两天我是可以跟小伙伴一起玩儿的，但是因为我只是偶尔才参加他们的棒球游戏，所以我玩得很差，很难加入到他们当中去，更多的时候就是在旁边看着。虽然孙子这样，但是丝毫没有获得祖父的悲悯之心。祖父大概觉得我这个孙子不需要成为普通的大人，那种棒球游戏没什么好玩的，所以我也就不指望能跟大家一起玩了。

上了小学以后，我终于逃离了木匠工作的现场，我开心极了，终于再也不用去了。可是等到了暑假，祖父又把我带去现场调教。我记得第一次交给我的工具是八分的凿子，随后就开始让我磨细的凿子。

家里人就我学徒这件事都很在意祖父的言行，就怕我反抗祖父。那可是不得了的事，虽然我一次都没有反抗过祖父。祖父是个很严厉的手艺人，我稍微表现出一点不高兴的样子，母亲马上就会察觉到，然后说服我要听祖父的话。母亲那时候可真紧张啊。

都问我祖父到底如何严厉，其实他从没对我有过体罚，但是他的目光看上去就会让人感到很严厉。他不会多说什么，只是目不转睛地盯着你看，就能让你浑身紧张得哆嗦，好像自己做错了什么。

在干活的现场祖父对我非常严厉，但是在家里又非常关照我，看得出来他是想把我培养成一流的手艺人。凡是祖父说的话，我都"是、是"地回应，因为母亲嘱咐我多余的话什么都不要说。

我父亲也是一样。他算起来也是祖父的徒弟，祖父也是成天地说他，他也是从不还嘴，只默默地埋头干活。只有那么一回因为工作上的事还了嘴，那是我小学快毕业的时候，那个年代，小学毕业以后一般都是去找地方学徒或者去手艺人那里当见习。只有三分之一的人继续升学，有人会去中学，有人会去师范学校，也有人去工业学校或者农业学校。在决定出路的时候，父亲第一次也是唯一一次表示了自己的态度。

祖父希望我上农学校，父亲希望我去工业学校。当然倒不是什么反抗性的意见，他们两个人正襟危坐地很认真地谈论这件事，我坐在他们身后听着他们的对话。

父亲说："今后木匠也需要自己设计和画图纸，所以是不是该让他上工业学校？"祖父说："不行不行，还是农学校更好。"父亲从此不再说什么，这件事就此罢了。

但是我心想，如果祖父问我的意见的话，我会问他："既然想让我当木匠，为什么上农学校呢？"但是嘴上什么都没说，轮不上我说。祖父还说，农学校有五年制和三年制的，五年制的不要去，因为时间一长就会侧重学问，而不教老百姓真正需要的了，所以要上有很多具体操作和实习机会的三年制的。

我抱着"为什么非让我去农学校"的疑问，真去了农学校以后才发现，学的都是怎么插秧、怎么育苗、怎么施肥这些我周围的大叔们每天都在做的农事。我还是不能理解为什么要学这些。因为我实在不愿意学习这些，所以一二年级的时候成绩不太好，但是从没旷过课。因为只要去学校就不会被祖父带去他干活的现场，也就不会被他骂。但是我的成绩也没那么差劲，稍微一用心就上去了，可见同伴都是些很笨的人吧（笑）。

学校是早上八点到下午四点。那时候也用不着去祖父他们的工地帮忙，真是好时光啊。但是暑假就一定要去帮忙了。那时候，晚饭后是祖父的按摩时间。通常都是母亲帮祖父按摩，有时祖父也会喊我过去给他按。给他按摩的时候他就会跟我说很多话，会告诉我，木匠是干什么的，法隆寺的木匠又是怎么回事，我们的祖先中有过什么样的人，各种各样的话题。我之前说过的很多关于宫殿木匠的话，都是给他按摩的时候听他讲的，他倒是没怎么讲过关于农业学校的事情。

但是他跟我说过："你要好好地学习老百姓的学问。做不好老百姓就做不好真正的人，要学会关注土地的生命，努力学习。"

"土地的生命"这个词我当时还不太理解。直到我被安排管理一两亩地，我要在那里种黄瓜，我要撒种，然后种子发芽，接着长出蔓条，开花，花开过以后就长出了小小的果实。那个时候我终于理解了，"祖父说的土地的生命原来就是这个呀"。这个耕种的过程越来越有意思，后来我种的黄瓜大丰收了，祖父也表扬了我，但紧接着就说，你种的黄瓜是不错，可是别忘了，你是拿了学校提供的肥料，而且施了多余的肥才得到这样的丰收的。

在农业学校学会的不好的事就是抽烟。我在地里干农活干累了，歇口气的时候别的同学跑过来说："来，西冈，抽支烟吧。"这一抽不要紧，感到它一下子就深入到了大脑里，特别舒服的感觉。后来，就开始偷着抽了，在家在学校都抽，直到现在也戒不了。

在农学校的经历就是这样。在那里学会的东西，后来我当上木匠以后真是帮了大忙了。对于地质和土壤的了解，在后来我做出土发掘的时候起到了很大的作用。因为在农业学校还学了林业知识，在我后来转山看树、买山买树的时候也起到了很大的作用。当初祖父让我去农学校的用意我在很多年以后才体会到。

农学校的校长是个了不起的人。当时我们有一堂课是"农业经济"，讲的是"要用最小的劳动力获得最大的效果，这才是一切的基础"，而且教科书里也是这么写的。那个时候我们要上修身课[1]，是校长亲自给上。他跟我们说："你们都学了农业经济吧？"我们说："是的。"他又说："你们也学了要用最小的劳动获得最大的效果吧？"我们回答："是。"他说："那个是很大的错误，是西方的观点，我们日本农民要考虑自己一个人的劳动力能让几个人吃上大米才对，这才是我们的基础。书本里写的东西不能死记硬背，但是考试的时候要按照书本里的内容写，否则你得不到好成绩。我说的可以不写，但是要理解。"

自从听了这位校长的修身课以后，我就下定决心要当好农民。跟其他匠人不同的地方是，我从小没有过到别的手艺人那里学徒的经历。这个农业学校对于我来说就像是

---

[1] 修身课：类似道德修养的课程。

一个修行的场所。

就这样，在我十六岁那年的三月，我从生驹农业学校毕业了。

祖父分给了我一反半[1]的耕地，让我把在学校学到的农业知识进行实践。接下来的一两年时间，我在这两亩多地里种植了各种农作物，进行了农业实践。两年之后，我就真正开始作为宫殿木匠的修行了。

法隆寺的第三代栋梁

我们家的商号是"伊平"。因为从前西里住着很多同为西冈姓氏的人，所以大家互相之间都以商号相称。我们伊平家世代都是法隆寺的木匠，但只在祖父这一代才出了栋梁。

听祖父讲，在江户时代，法隆寺的木匠归"中井大和守"支配和管理。这个大和守下边有几个注册在录的栋梁，五畿之国[2]木匠的执照都掌握在他们手上。有了这个执照，过

---

[1] 约二点二亩，一千五百平方米。
[2] 五畿之国：指京都周围的山城、大和、河内、和泉、摄津五国。

河、过桥的时候都能免费。

法隆寺的木匠也会参与城楼的建造。我的先祖就曾经参与过大阪城的建造。城楼的建造结束以后，由于工匠们知道城楼各处的密室等信息，所以很多时候是要被斩首的。据说是一个叫片桐且元的先生救了我的先祖。但是如果马上回家的话有可能会被发现然后被抓走，于是就在附近的小泉市场小住几日，再回到法隆寺。所以，我们的祖庙是在片桐村小泉市场那里的安养寺里。

法隆寺的木匠，那是很尊贵的。比如被派去为天皇陛下修缮京都御所，完工后会被赏赐一匹马、一斩刀、两百俵米 [1]。这些都是有记载的。从前赐一匹马，现在的话就如同赏一辆车吧，甚至比这更高。

从幕府末期到明治时期，法隆寺的栋梁只有冈岛和长谷川两家。那时候寺庙的建设已经不如从前那么繁盛。我祖父西冈常吉是在明治十七年（1884 年）被任命为法隆寺的栋梁的，之后是我父亲作为第二代被任命，然后就是我作为第三代被任命。我算是法隆寺最后的一个专职栋梁了。

宫殿木匠中的栋梁可不是一般的木匠。我的徒弟小川

---

[1]　一俵为六十公斤。

三夫，那也是个很棒的宫殿木匠的栋梁。我虽然没怎么收弟子，但是把小川三夫培养成了了不起的宫殿木匠栋梁。虽然法隆寺没有了专职栋梁，但是他了解古代建筑，能很好地用那些巨大的树材来建木构造的建筑。这个完全不用担心。

　　总有人问我，培养宫殿木匠和培养木匠的栋梁有什么不同。当然不一样了。栋梁，是要用很多人一起来完成一个建筑。木匠是在栋梁的领导下，处理树材呀、配合工作啊这些内容，所以完全不一样。我的父亲是入赘女婿，二十三岁的时候入赘到西冈家，在那之前就是普通的老百姓。父亲是来到西冈家之后才开始木匠学徒的，所以真不容易，工具用得就不是太好，但是他很擅长规矩数[1]算法。

　　父亲二十四岁那年我出生。我一出生祖父就做好了要把我培养成法隆寺栋梁的准备，所以从很小的时候开始就带着我去他们在法隆寺干活的工地。什么都不用干，坐在那里看着就行。我就坐在那里看着大家干活。

　　虽然是小孩子，但是看着看着，也还是能看出谁的工

---

[1]　规矩数：又称可造数。是指可以用尺规的作图方式作出的实数。规矩数的"规"和"矩"分别代表圆规和直尺这两个作图的重要元素。

好谁的工差，我父亲就不是太好。从哪儿能看出来？看他身体的动作就能看出来。手艺好的人连动作都没有多余的地方，动起来很好看，每一个步骤的动作都那么顺眼。

不是有个词叫"见习"吗？真是看着看着自己也就记住了。因为祖父有经验，所以从小他就从身体和心理上有意地培养我。

我从祖父那里学到了很多东西。从这一点上，我的父亲应该也是一样的。父亲虽然是我的父亲，但他也是祖父的徒弟，也就是说我跟父亲其实还是同门师兄弟的关系呢。只不过父亲是过了二十岁才入门开始学徒的，不像我们从很小就有了这种见习的机会，被呵斥着教育着。所以我觉得父亲是吃了很多苦的。

做了栋梁，那么手艺不可以稍有逊色。栋梁首先要手艺好，然后还要具备能把周围的人聚拢起来的能力和器量。因此尽管我觉得父亲的手艺并不是那么完美，但他还是在三十六岁的时候，被选为法隆寺西室三经院解体大维修工程的栋梁。

跟父亲相比，我是从小就被祖父有意识地照着栋梁的标准培养的，所以也算是精英教育吧？要想把自己手下的工匠都聚拢在一起的话，首先要了解他们的辛苦。所以，我跟着刚入门的弟子们扫除、做饭、整理工地，这些杂活我都干过。

没让儿子们继承的理由

我家里有两个儿子和两个女儿。两个儿子都没有从事跟木匠有关的工作。为什么我没让儿子们继承我的手艺呢？就这件事而言，我有我自己的考虑，儿子们也有他们的考虑。

前边说过吧，我小的时候，别的孩子都在街上玩儿的时候，我都是被祖父带到他干活的工地上去见习了。那时候我心里反感极了，总是想为什么我这么倒霉生在木匠的家里呢。所以我就决定，如果儿子们自己愿意学这门手艺我就教他们，如果不愿意我也不想勉强他们。

另外，说实话宫殿木匠的活计也没那么多，不可能每天都有。大型的解体维修工程两百年才有一次。也不像现在，到处都在盖大型的建筑，那时候完全没想到时代会变成这样。

那个时候光靠维修寺庙各处的角角落落，连肚子都很难填饱。二次大战刚结束，昭和二十年（1945年）的时候，我的大儿子正好十岁，在那么艰难的年代我却染上了肺结核。之后的两年时间里，我什么都干不了，一直在养病，因为随时都有可能死掉。那时候，孩子们正是长身体的时候，我每天从法隆寺领取的工钱是八块五。那时候一升米的价格是二十五块，还要通过黑市买，因为配给的定量只有两三合。[1]我们家大人孩子加起来一共八口人，怎么能吃饱呢？所以让孩子们学徒当木匠这件事就显得很尴尬了。再加上我老婆那时候也生病，家里实在太困难了。让孩子们继承家业不是等着饿死吗？何况那时候民间木匠一天的工钱都能拿到六十几块了，我才拿八块五。由于这样的背景，所以我没有坚持让孩子学这行。

为了养家糊口，那时候我把祖祖辈辈留下来的山林和土地也变卖了一部分。在那么一个时代根本不可能卖出高价，但是为了生存没有别的选择。原来我们西冈家祖上留下来的连住房再加上耕地的面积有一万五千多平方米，二十多亩地呢，被我卖得就剩下这个住房了。我作为一个宫殿木匠好歹算把他们拉扯大了，但是其中的艰难他们也深有体会，是看着过来的。

儿子们跟外人说小时候我给他们工具，让他们认识木

---

[1]　一升米约合一点五公斤，一合米约合一百五十克。

匠的家伙什。总之，内心深处多少还是有点想让他们继承
家业的想法的。不过他们小时候我一定很严厉。

没让自己的孩子继承，但为什么收了小川三夫这个徒
弟呢？这个情况有点不同。小川找到我这里来的时候，跟
我说"我也想建法隆寺五重塔那样的建筑，请收我做徒弟
吧"。开始的时候我拒绝了，因为我自己都没活干呢，他来
找我的时候我正在给法隆寺的厨房做锅盖。所以我跟他说，
我现在收不了你，因为没有现场让你学啊，所以你还是先
到别处磨练一下使用工具的本领吧。没有具体的工作怎么
理解宫殿木匠的工作内容呢？被我拒绝以后如果再也不来
了，那我们的缘分也就仅此而已了，但他也是个坚持的人，
听了我的劝告，真去磨手艺了，去了一个做佛龛的作坊学徒，
还学了画图纸。后来在报纸上看到报道说我要复建法轮寺
的三重塔，就回来找我，说这回该收我了吧，您答应过
的。看到他，也听了他的志向，我才第一次在心里想，自
己的孩子既然没有继承这门手艺，那我就传给小川吧。对
他，从一开始就想照着栋梁的标准培养。然后对儿子们说，
这个人虽然不是西冈家族的人，但我想让他继承我的手艺，
所以，从此以后他的地位要比你们高，吃饭的时候他要坐
在仅次于我的位置上。跟家里所有的人都通告了。他赶上

了好时机，就这样，成了我的第一个也是唯一的弟子。我当时已经六十一岁了，心态也不像年轻时那样干活不惜命了。不管怎么说，他碰上了"重建三重塔"这么一个绝好的时机。一座塔是怎么建起来的，我能从零教给他。

他特别认真地学，拼命地干。照理说他来学徒的时候已经高中毕业，年龄有点过大了。但是他废寝忘食地学，晚上不睡觉，整夜地磨工具。我不是说过，学徒的时候不用看书、看电视和听收音机，只要把工具磨好就行。看到他觉也不睡，不停地磨工具，我心里想这家伙一定能成材。同时也想，没让自己的孩子们继承，这个决定是对的。他们一定受不了。

所以，我的手艺没有传给自己的儿子，而是传给了小川三夫。

为夫为父

真不好意思，作为父亲我完全是失职的，什么也没为他们做，连想的时间都没有。作为丈夫也是失职的。

在工地现场被人称为"鬼工头"，回到家里也是一样，像鬼一样严厉，满脑子都是工作上的事。虽然有两个女儿两个儿子，儿子们好像跟别人说，我很可怕。是啊，那时候孩子们都不敢亲近我，所以就更害怕跟我学徒了。

栋梁的工作就是这样啊。我们调查古代的材料，越调查越是出来很多事情。另外，我们干活的时候要用很多手下吧，脑子里要考虑工程上所有的事情和进度，等等，所以就完全没有空隙留给家人了。我不是一个好父亲，也不是一个好丈夫。我很顽固地守着宫殿木匠的口诀，其他任何事情都没做，孩子正在长身体的时候自己又生病，那时候真是到了生死的边缘了。不知道怎么是好的时候，还不如索性早点死了，那样的话还能早点托生呢。

那时候为了糊口连自家的田都卖了，虽然也没换回多少钱。把这些地卖了才总算能吃饱，这些孩子们都知道。尽管生活那么困难，但是我一直都坚守着祖父教导我的"以作为法隆寺的工匠为尊"，没盖过一间民房。那个时候吃的都很难解决，就更别提给孩子们买玩具了。从小看着这样的父亲，孩子们怎么可能还想当木匠呢？孩子们一定想法隆寺的木匠有什么好，连饭都吃不上，简直就是得不到回报的工作。要是在一般的建筑公司工作，盖一些民房的话也不至于到这个地步。

我的亲戚和弟兄们到现在都觉得我是个怪人，很少接近我。但是我一点也不在意，要是在意的话就干不下去了。我到了这把年纪，做了七十多年的匠人，除了工作上的事，我什么都没想过，睡觉的时候醒着的时候想的全是工作。为什么飞鸟、白凤时期的先人们盖的建筑这么了不起，自己连他们的脚底下都还不及呢？

这辈子经历得太多了，但是对于我来说，能做一辈子宫殿木匠，让我感到很幸福。但是家里人跟着我受了很多累，活得很寂寞。

以这种形式世世代代传承下来的传统的法隆寺宫殿木匠，到我这一代应该是最后一代了。今后会出现新形式的宫殿木匠。

我把从祖父那里继承下来的宫殿木匠的技术和智慧传给我的接班人。宫殿和寺院只要还坚持用木结构来建的话，围绕着木构的文化就还在。虽然作为父亲是不合格的，但是作为宫殿木匠，我逢上了好的时代，我对自己走过来的路无愧无悔。

留在记忆中的人们

这辈子接触的人太多太多了，回想一下一直留在记忆中的，还真有几个。首先要说的是法隆寺的原住持佐伯定胤[1]。我很小就被祖父带着去现场，那时候，佐伯住持会经常招呼我"到我这儿来，到我这儿来"，然后拿出长了毛的羊羹给我吃。他一定是一直藏着，为了等我来的时候给我，所以时间一长就长了毛。

佛教的大道理我了解得不多，但是一些基础的知识都是这位佐伯住持教给我的。法隆寺的解体大维修之前，佐伯住持把父亲和我叫去了，说："这次的解体大维修就多多拜托了。法隆寺的伽蓝是圣德太子为了弘扬佛教治理国家而建造的寺院，也就是说法隆寺汇集了《法华经》的精髓，希望你们不要只把它看成是一个工作，要尽力去理解圣德太子的用心，因此有时间的时候就读读《法华经》吧。"

---

[1] 佐伯定胤：1867—1952，十岁作为法隆寺管长千早定朝的弟子剃度出家。二十七岁在法隆寺劝学院担任讲师。在艰难的时代，因为他的坚持，法隆寺保留了专职宫殿木匠制度，培养出了西冈常吉、西冈楢光、西冈常一的祖父孙三代法隆寺宫殿木匠。为保存飞鸟时期传承下来的庙宇建造技术做出了不可泯灭的贡献。并于 1934 年，指挥法隆寺的昭和解体大维修，前后历时五十年，使因废佛毁释而几近荒废的法隆寺得以重建。1950 年因大雄宝殿失火壁画受损，定胤住持引咎辞职。同年，创立圣德宗。1952年圆寂，享年八十五岁。他严守佛教戒律，终身未婚。

我们找来《法华经》，但因为都是汉文字，看起来太吃力了。正在这时候大政大学的小林先生出版了由他翻译的《法华经注解》，于是马上买了一本回来读。过了一阵子，佐伯住持碰到我就问："怎么样，《法华经》读得如何了？"我告诉他："从寺庙里借的原本完全看不懂，多亏小林先生出了注解版。"住持又问我："你读了以后感觉如何？"这下把我难住了，不知道如何回答是好。但我还是老实地回答他："还是不太懂，只是心里总想着要'感谢、感恩'，就是这样的心情。"这样回答以后，住持说："这就对了。"《法华经》共有十三卷。口诀中说过："对神佛没有崇敬之心的人没有资格言及伽蓝。"对于佛教的经典不必理解得那么透彻，但是要有敬佛之心。之后，我还读了《华严经》、《插话全集》，等等，这些都是受佐伯住持的影响。

《法华经》讲了些什么呢？简单地说，就是告诉我们要"彻悟"。我们被父母带到人世间，生来就是干净无垢的。我们应该保持这种无垢的状态做事做人，不要光长功利的智慧，要用我们刚生下来时候的洁白无垢去看待周围的事物，即是"彻悟"。

刚才我说过，口诀中说对佛教的精髓可以不甚了解，但是我们看所有的寺庙，法隆寺有法隆寺的，药师寺有药师寺的，都饱含了当初建造这些寺庙伽蓝的时候建造者们对它的理解。我们后人要尽力去理解他们的情绪，比如法隆寺建得雄浑，使用的树材也很厚重；药师寺虽然在同一个时代，但是就很优雅。圣德太子希望通过弘扬佛法从而治理国家，因此法隆寺伽蓝的建造是出于培育人才考虑的。而药师寺，最初是天武天皇为祈祷平愈持统天皇的疾患而建的，后来在天武天皇壮志未酬身先死以后，成为持统天皇纪念天武天皇的场所。

除了佐伯定胤住持以外，还有令我尊敬的清水寺原住持大西良庆[1]和药师寺原住持桥本凝胤[2]。他们都是生活在另一个时代的人，那是一个没有任何功利之心的纯粹时代。高冈国泰寺的住持稻叶心田，他是禅宗临济宗的人，也是一个无欲豁达的人。

一般人都会看不起手艺人，手艺人是受雇于雇主来修

---

[1]　大西良庆：1875—1983，号无隐，奈良县人。1889年在奈良的兴福寺出家，师从千早定朝。1914年升任清水寺的住持，同时兼任兴福寺住持。"良庆风"独特的讲法角度深受广大信众的喜爱。1983年圆寂，享年一百零七岁，在当时创下了日本最高龄的纪录。

[2]　桥本凝胤：1897—1978，法相宗的僧侣，佛教学者。1904年在法隆寺出家。1905年转移药师寺。曾就学于东京帝国大学印度哲学专业。1939年担任药师寺管主，1940年任法相宗管主。1967年从管主之位引退后，倾力于药师寺大雄宝殿和西塔的建造，并且遍历中国和印度的佛教圣地，收集藏传佛教经典，在印度建造佛塔及日式庙宇。与政界和财界交往密切，推动了平安宫的国有化。1978年圆寂，被称为二十世纪最后的怪僧。

建东西的，雇主可以对手艺人任意地指手画脚。但是他们从没有过，对我们总是抱着特别尊重的态度。稻叶住持亲自到药师寺来请我去他们在临济宗国泰寺派的本山建一个修行的场所。他们对我们匠人真的很和蔼。

桥本凝胤住持要修建药师寺的时候，到法隆寺来找我："您在法隆寺的工程结束了就帮我们建吧。"我当时正在建法轮寺的三重塔，因为资金出了问题，所以正在休息等待。但我还是跟他们说："我是法隆寺的工匠，手里还有活干着，去别的寺庙不方便。"后来还是法轮寺的人说，反正资金的准备还需要一段时间，又去跟法隆寺打了招呼，这样我就被请去药师寺帮他们建造大雄宝殿了。请我去的人就是桥本凝胤住持。

药师寺继桥本凝胤之后接任住持的是高田好胤[1]住持。好胤住持也是一位了不起的人物。开始，社会上都传说好胤住持上了演艺界，经常在电视上出现，都称他是"艺人和尚"，我也很不喜欢。但是见面一谈话才发现不是传说的那样。他是真正的和尚。桥本凝胤住持是老派的和尚，如果有不懂的问题向他请教，他会说："自己再去学习学习。"

---

[1] 高田好胤：1924—1998，法相宗的僧侣，管长。人称"妙语和尚"。

但是如果向高田好胤住持询问的话，他就会说："这个嘛，是这样的……"会给你讲得很细致。我觉得桥本凝胤住持是一个推崇自彻自悟、寻找佛法的佛学家。当然高田好胤住持也是一位大彻大悟的佛学家，但是他把自己的"悟"分享给更多的人，并以此来弘扬佛法。在药师寺伽蓝的建设上，他曾经拒绝了很多大企业的赞助，坚持以写经劝进的方法，征集写经，用一百万卷写经换来的费用最终修缮了大雄宝殿，并复原了西塔，修造了中门和回廊，还复建了讲堂。真了不起。

关于药师寺西塔的恢复建造，还有这样有趣的事。

从前药师寺的伽蓝中有东西对称的两座塔，西塔因为战乱毁于火灾。在大雄宝殿上梁仪式的前后，我跟当时还是管长的高田说，请一定恢复西塔吧。他说："西冈师傅，您的意思是，药师寺的伽蓝只有有了西塔才能成为药师寺吧，您说的完全正确，但是大雄宝殿的建造已经让我使出了浑身的力气。塔的建造就留给下一代吧。"但是执行长安田暎胤一个人跑来找我，说："西冈师傅，建造一个塔大概需要多少根木头？"我大致算了一下告诉他："估计需要两千两百石那么多。"然后他说："那咱们把木料先买下吧。"我问他有钱吗？他说有一些。

就这样，我就去台湾挑选木料，而且比预期的多买了一些。高田管长看到多出来的木料问我，这些木料做什么用？"这你就不懂了，建这么大的伽蓝，木料一定要多备出来一些，万一地震了刮台风了，房屋有需要修理的时候，你再去买木料哪儿来得及啊？法隆寺就是这么过来的。"管长很感慨地说："您真不愧是长年奉公于法隆寺的名工匠，所以才有这么多的心得。我们这里的也请您多多关照了。"

看到西塔的材料准备得差不多了，我就跟管长开口了。

是的，他们最开始跟我说大雄宝殿的时候，我的脑子里就已经有了建西塔的想法。宫殿木匠的口诀中有"不建堂塔要先建伽蓝"。虽然是委托我建大雄宝殿，但是我一直惦记着两个塔的事。

中门、回廊还有讲堂这些是我在建完塔以后才考虑的。完成了塔的建造，回廊就定了。西塔落成的时候我跟大家说："虽然塔已经建好了，但是我们还不能放松，中门、回廊和大讲堂，这些也要一气呵成地建完才能安心。"

于是又修了中门，现在正在建回廊。食堂、十字廊还有大讲堂的基础设计也已经完成了，就等下一个时代的人来建造了。在二十世纪内应该能完成吧。我们这一代该做的已经做好，挖掘调查等需要确认的这些基本的事我们都已经完成了。我做完了我该做的，剩下的就等下一代的人来完成了。

最初的时候，我也没想到会做到这么多。听了高田管长的演讲，也因为他的写经劝进计划，汇集了那么多的写经，我们才有机会完成了这么多的工作。

法隆寺工匠的口诀

法隆寺的工匠中有世代传承下来的口诀。我是从祖父那里学到的。

这些口诀虽然是木匠在营造寺庙伽蓝时用的，但同时也是对于我们为人的一些告诫，大家听了以后也许会有用，因为它们有些是告诫你什么才是一个称职的手艺人，判断事物的标准是什么，如何与人相处，这些也能用在我们的日常当中吧。

对神佛没有崇敬之心的人没有资格言及伽蓝

这句话的意思是，对神道和佛道完全不了解的人就不要谈论社寺伽蓝的建设了。

这不是让你去成为神道或者佛道的专家，而是说，你要知道你在建造的是什么，你建造它们的意义是什么，理解这个就是作为宫殿木匠的心理准备。你做的这个不是为了钱而做的。法隆寺是圣德太子为了培养弘扬佛法的人才而建的道场，是希望通过弘扬佛法来治理国家。所以我们工匠需要对圣德太子的教诲略知一二，否则的话，法隆寺的维修、解体这些工程你都无缘参与。我刚开始工匠工作的时候，法隆寺的佐伯定胤住持就曾告诉我至少要读读《法华经》。

盖家宅的人要时刻想着住它的人的心

这个跟第一个口诀有些相似。是说，如果你是盖居住用宅的，那么你需要时刻想着住它的人需要什么，要把他们的需要切实地盖在里边。不能任着木匠的性子和为了多挣钱而不管别人的需求肆意建造。寺庙住的是神佛，因此要从他们出发而建。

营造伽蓝要选四神相应的地相

这个口诀是说，建造伽蓝需要挑选方位适合的场所。

鵤寺工口伝

一、神佛を崇めずして伽藍社頭口は云ふから

一、伽藍建営には四神相応の地を撰べ

一、伽藍建営の用材は木を買はず山を買へ

一、山の木は生育の方位のままに使へ

一、堂塔の木組は木の癖組で組まゝ木の性癖を組め

一、木の性癖組は諸工人の心組

一、諸工人の心組は匠長が工人への思ひやり

一、百工あれば百念あり一に統ぶるが匠長の器

一、百論一つに止るも正と云ふ正なれば工なら

一、百論一つに統ぶるの器量なき者は謹み去れ匠長

一、此を守るべし

一、諸々の技法は一日にしてならず祖神の徳を蒙る

鵤工玉流 浩

西冈常一手书 "宫殿木匠口诀"

四神指的是古代从中国传来的四个方位的神灵：青龙、朱雀、白虎和玄武。

"青龙"也叫"句芒"，指的是春天草木发芽的时节，它是东方的神灵；"朱雀"的季节是夏季，南方的神灵，也叫"祝融"，它还是火的神灵；"白虎"的季节是秋季，西方的神灵；"玄武"是冬季，北方的神灵。

这些体现在地势上是怎么样的呢？在有青龙的东方要有清流，朱雀的南方要有比伽蓝低矮一些的沼泽，白虎的西边要有一条白道，玄武的北方要有山丘使它成为伽蓝的背景。所以如果建造伽蓝的话就要挑选背北面南的地段来营造。

把这个口诀在法隆寺上对照一下吧。法隆寺地处的地方叫斑鸠。这里的东边有一条富雄川，跟青龙匹配了。南方呢，面朝大和川，比法隆寺的伽蓝正好矮一截，与朱雀对应了。西边虽没有特别大的道路，但是西大门那里有一条到达大和川的路。与玄武对应的是矢田山脉，在伽蓝的背后。

法隆寺就是建在这样一个与四神相对应的地理位置上。也许正是因为这样好的地相，才让法隆寺保留了一千三百年前建造当初的伽蓝。这样说听上去迷信，但是一般的宫殿或城池都是挑选这样的方位建造的。我猜测，南侧稍低是为了让视觉更开阔，日照更充分。背靠着北边是为了抵御北边过来的风。东边有河流，西边有大路，也一定有它的理由。现在的人为什么不重视这些了呢？

这个口诀用在药师寺身上，就有对应不上的地方。东边虽然有秋篠川，南边也稍低一段，西边贯穿的是平城京西的二坊，这些都跟口诀对应得上，但是对应北玄武的山却没有，这叫"欠相"。不知道是不是因为这个，法隆寺的七个伽蓝几乎都完好无损地保留了下来，而药师寺保留下来的只有东塔。

也许这样说没有科学根据，但是我相信口诀，这就是流传至今的传统。如果有人让我建造伽蓝，我毫不犹豫地先按照口诀去挑选地段。不是那样的地段根本不可能建造伽蓝。

营造伽蓝不买木材而是直接买整座山

木头的材质、土地的材质决定了树木的好坏。树木的癖性也是树木的"心"，它是由山的环境决定的。比如长在南山坡斜面上的树，这种树朝北的一面因为很少接受日照，因此树上的枝干很少，即使有也是很小很细的。相反，朝南的那面会有很多粗壮的枝干。这种地形常年受到很强的西风吹拂，于是南侧的枝干被风压迫着都朝东扭曲，但是这些枝干虽然被风压迫得朝东扭曲着，但它们还是使劲地要恢复到原位上来。这种要强的劲头正代表了这种树的"癖性"。所有的树，都会因为它所生长的环境而形成它们各自不同的"癖性"。

口诀中说的"不买木材而是直接买整座山"的意思就是说，不是买来已经变成了木材的树，而是要亲自去山里看地质，看因为环境而生的树的"癖性"。

为什么这么说呢？因为加工成木材以后你就无法识别这些树的癖性了。比如这种使劲想往西边复原的树，只有当它们被砍倒，干燥了以后，它们才会吐露心声。这个口诀就是在告诉我们如何去分辨树木的"癖性"。

另外这个口诀还有一个意思，就是让我们用同一座山的树来建造一个塔。如果是从这里那里的山中拼凑来的树，它们各自的癖性会难以融合。所以要我们亲自去山里看过树以后，再买回来建塔。

最近去山里看树已经越来越难了。但是，为了药师寺的建造我去了台湾的山里，看到两千年的扁柏树特别感动，心里想，来山里看树真是来对了。山里去了，树也看到了，所以建的伽蓝是没有任何遗憾的。

这条口诀跟第四条、第五条口诀有很紧密的关联。

要按照树的生长方位使用

接在这个口诀后边的是"长在东西南北的树应按它们的方位使用，长在山岭上和山腰上的树可用于结构用材，长在山谷里的树可用于附件用料"。

这是告诉我们买回整座山的树材以后该如何使用。生长在山的南侧的树，建造塔的时候就要用在南方。同样地，北侧的用在北方，西侧的用在西方，东侧的用在东方。要按照它们生长的方位使用。

这样用了以后会怎样？比如长在山的南侧的树上多枝干，就会有很多节，所以你看到庙里南边的柱子上会有很多节。

法隆寺是飞鸟时期的建筑，药师寺是白凤时期的。它们都是按照这个口诀建造的，所以堂和塔的正南侧用的就是多节的树材。相反地，北侧就完全没有。去看看药师寺东塔柱子的南侧，上边真应了"一间六节"的说法，也就是在一个大约两平方米的面积中要有六七个树节。法隆寺的中门也一样，南侧有很多树节，北侧就几乎没有。

这样的智慧让古老的建筑能维持一千三百年之久。我从昭和九年（1934年）参与法隆寺的解体大维修，前后经历了近二十年。这是自它建造以来进行的第一次解体大维修。那时候同时进行的还有对室町时期建筑的解体维修。室町时期的建筑才六百年，就已经损坏得需要解体维修了。

室町时期使用的都是没有树节的看上去很漂亮的树材，工也做得很仔细，但是才撑了六百年。他们忘了工匠口诀。他们用的树材连飞鸟时期耐用年数的一半都没达到。口诀一定是有它的道理的。

从山腰间到山顶的树材应该用于结构，这句话的意思是，在这里生长的树木沐浴了充足的阳光，因此长得很结实，尤其是山顶上的树，不仅沐浴了充足的阳光，同时，风吹日晒、雨雪吹打让它们生长得木质坚硬、癖性强烈。这种性格强烈的树材最适合用在柱子、横梁这样支撑整个建筑的部位。这个口诀告诉我们的就是这个。

长在山谷地段的树，水分和养分都很充足，在这种地方光照风力都不足，树能顺利地成长，但是相反地，这种顺利成长没有癖性的树也不会太强壮。因此它们只能用来做装饰用的材料，比如用来装饰天井、屋顶的围栏，等等。

从前的人对山里的树，对它们的性质观察得真仔细。跟现在的木匠说这些，他们完全不理解。虽然时代进步了，智慧未必也跟着增长。现在的人说不定还不如从前的人有智慧。

堂塔的木构不按寸法而要按树的癖性构建

这个口诀是说，虽然建造堂塔，按照寸法来搭建木构造是很重要的，但是比寸法还要重要的是按照树木的癖性来构建。

关于树木的癖性，我之前也说到了，把扭向右边使劲往左复原的树材，和扭向左边使劲往右复原的树材放在一起构建的话，木材之间的癖性会相互受到影响，从而使建筑本身免除倾斜的担忧。如果不了解这个特性，选用的都是偏右扭曲的树材，那么整个建筑就会往右倾斜。这是不可以的。正因此，口诀告诉我们要去买一座山的树材，要亲自去山里看树材。

在对法隆寺的五重塔和大雄宝殿进行解体大维修的时候，特别能感觉到当时的匠人们严格地遵守了这个口诀。真了不起。正因为他们严格地遵守了"按树的癖性构建"

这条，才使法隆寺历经一千三百年都毫无倾斜。五重塔的檐端至今仍保持在笔直的一条线上。

现在的木匠对寸法倒算得清楚，却从不关心树材的癖性。仅仅是按照寸法构建的话，只要是木匠，谁都能做好。仅一时地遵循寸法建造的堂塔不可能持久。这个，如果是有经验的木匠，他应该很清楚的。

建筑也是要在自然中长期地经风雪耐日晒的。忘记了树的癖性建造的木构建筑不能成为真正的木构建筑。作为木构建筑它太弱，立刻就会显现出树木的癖性，甚至整个建筑很快就会倾斜。这怎么可以？这样建造出来的建筑连本应该能保持的年数的一半都不可能达到。我们作为木匠，就是要了解树的性质，尽可能地发挥它的癖性，让它成为尽可能耐久的建筑，否则我们就是浪费了大自然的生命，甚至如果因为它们有癖性而放弃使用它们的话，那就更不可饶恕了。跟我们人类一样，有癖性的树材也应该有它发挥力量的地方。这是我们的工作。

调动匠人们的心如同构建有癖性的树材

建造一个建筑，一个人是不可能完成的，需要汇集很多人的力量才能完成。汇集很多的力量，就是汇集很多的心。栋梁的工作就是把众多匠人的心凝聚在一起，一起努力去完成一个共同的目标。匠人们也会像树材一样，各自有各自的脾性。他们都以自己的手艺自豪，每个人都是养家糊口的顶梁柱。我要面对的都是些这样的匠人，对待他们还绝不能简单行事。他们每个人的个性、手艺都不同，有的人快，有的人慢，有的人强一些，有的人差一些，擅长与不擅长也都参差不齐。要建的建筑越大，需要的人也就越多，而且不仅木匠，泥匠、瓦匠等各工种的匠人都会用上。我们的工作是汇集了这些工匠的一个集体的合作。作为栋梁，我不可能半途撂挑子，也不能因为不喜欢某个匠人而辞退他。即使不喜欢还能有效地让他发挥作用才是栋梁的本事。这个口诀就是告诉我们，要看到匠人们的个性，要让他们有用武之地，这就是作为栋梁的心得。

能否调动匠人们的心靠的是匠长的体谅

这个口诀的意思简单易懂。匠长指的就是栋梁。用这么多匠人来完成一个工程，如果没有作为栋梁体贴周全的用心是很难完成的。现场干活的匠人中，有手艺好的，也有差一些的。而这些差一点的匠人，等三四年后这个建筑完成的时候就已经成长为了不起的匠人了。栋梁要看到他们的这个成长。这也算是一种关爱吧。

要拥有像佛一样的慈悲心和像母亲一样的爱子之心

栋梁对于手下的匠人们要有像母亲对自己孩子那样的关爱心。不应该有希望得到他们报答的浅薄用心。但是因为自己是栋梁，又不能对手下过于娇惯。娇惯会让匠人们之间的关系变得浑浊不清，管理很难维系。我觉得娇惯不是真正的关爱。现在很多家长完全混淆了这两者的关系。

百工有百念，若能归其如一，方是匠长的器量，百论止于一者即为正

如果有一百个工匠就会有一百个想法，每个人也许都不同。学校也好，公司也好，站在上边的人看到的是这样的学生和员工吧。如何把一百个人的心汇总成一股劲，这个方向才是正的，这就要取决于栋梁的器量。这是多么超前的认识啊。现在的人认为从前的人封建，什么都是听从

上边的人一声令下，完全无视下属的意见。这个口诀正是告诉你不是这样的。

要建造这么大的一个工程，无视他人的意见，只管行使自己支配的权力是不可能的。那样即使完成了工程，干的也一定是没有用心的活，这个建筑不可能美，也不可能耐久，因为没有让树的生命尽情地绽放。

这样说来，栋梁的工作听起来是不是出奇地难啊，谁还能胜任呢？但是一千三百年前就有了能指挥很多人马建造法隆寺、药师寺这样了不起建筑的栋梁，而且这些建筑还传到了今天，说明一个好的栋梁是能够指挥工匠做好这么庞大的建筑的。看着法隆寺你能深深地体会得到飞鸟时期工匠的伟大。

说是"口诀"，给人一种很严肃的感觉，但是这个口诀中也有俏皮的地方。

"百论止于一者即为正"这句，说的是"能把百论汇总为一的人就是对的"。止于一，止的上边加一横就是正，在我看来，"止于一者正"是很俏皮的说法。

　　不具备将百论归一器量的人，请慎重地辞去匠长的职位严格吧？这句说的意思是，如果不具备把工匠的意见汇总为一的能力，就请辞去栋梁的职位。是不是有很多这样的时候，上边的人毫不反省自己的不德，却反过来责怪下属的不驯，甚至解雇他们、排斥他们。如果出现了这样的情况，当自己先请辞才是，因为你还不具备做上司的器量。建造一个完整的建筑是一件不得了的大事，你对树的癖性了如指掌，你手上的功夫很硬，你也能精准地计算寸法，这些还不够。如果你是一个栋梁的话，你必须具备能够聚拢手下工匠们的心，要对他们有关爱，只有这样的栋梁才有可能胜任。

你只有先把手下工匠们的工作做好了，才会预示着你要建的工程能建好。没有这个准备工作，不可能有了不起的堂塔的营造。成败的责任都集中在栋梁的身上，所以，栋梁的责任是很重大的。我自己，只要身为栋梁一天，都会把这些话说给自己听。

诸多的技法不可能一日而就，我们受惠于神祖的恩惠，勿忘神祖的恩德我们凭借着工匠的口诀，也许能完成堂塔的建造，但不可将它完全归于自己的功劳。经过了先人们反复的实践、无数的失败，这些技法才得以代代传承下来，靠的不全是自己的智慧和经验。我们要感谢神祖，要有把这些技法继续传承下去的使命感。

我真的是这么认为的。我被自己的祖父培养成了栋梁，他教给我的技法也并不是他发明的，是先人们传下来的，经过了上千年的岁月，纠正了无数的错误，点点滴滴地累积起来的伟大智慧。"这些技法是正确的"这一点通过法隆寺这座耸立了一千三百年之久的建筑得到了证明。我干了几十年的木匠，这期间，自己发明的、想出的技法一个都没有。不但如此，我参加解体维修的时候，满眼看到的都是"原来是这样建的！""他们怎么想到要这样建呢？"，全是惊叹。我们今天都远没有赶上飞鸟时期工匠的技术。

口诀中说的全是正确的。虽然科学进步了，但是不尊重从前的技术、忽略从前的经验是不对的。长期积累下来的经验隐藏着无限的价值。科学容易把很多经验和直觉撇开，试想一下，经验和直觉不也是了不起的科学吗？不能因为它不能体现在具体的数字和文字上就忽视它，否则会造成巨大的损失。

人的记忆不限于大脑，还有来自手上的记忆。法隆寺和药师寺的塔简直就是这些记忆的结晶。这些伟大的建筑，在建造它们的当初是没有现在这样那样的工具的，是工匠们把每一棵不同癖性的树按照它们各自的特性构建起来的。我们能不能谦虚一些，更加尊重自然，好好看看先人们留下来的这些宝贵建筑，不要只想着自己和眼前的利益？我们的先人，是用跨越千年的眼光看待事物的，这是他们的一种习惯。他们用这种习惯，用他们的建筑证明给我们看了。

工匠的口诀，除此之外还有上百条，那都是更细更具体的了。我挑选这几条是希望能为大家提个醒，让它们在你们的生活中起到作用。

生而逢时

我觉得自己赶上了最好的时代，能赶上这样的时代真是幸运。

我从没想过自己能亲自建造大的伽蓝。如果没有祖父严厉的教诲，怎么可能有今天的我？我也特别感激那些把法隆寺的技法一代代传承至今的先人工匠们。

如果我没有参与法隆寺解体大维修工程的话，药师寺的住持来找我的时候我一定不敢应接。因为有了在法隆寺长时间的修行经历，了解了飞鸟时期的建筑特点，再加上从小不由自主地被祖父严格训练，还有那些传统口诀的帮助，才有了今天的我。

跟父亲一起坐在祖父面前听他讲解工匠口诀的时候，我还很漠然，不太理解那些字眼。直到自己亲自维修法隆寺金堂的时候，我才真正地理解了口诀和祖父教导我的那些内容。

让我去农学校的用意也是在那之后很多年才理解的。那时候祖父告诉我必须学会当老百姓。我生病不能干活的时候，没有工作一家人快活不下去的时候，多亏了由祖上留下来的农田和山林，靠着它们我们才活了下来。

那些都是这辈子该有的修行。我竟然穿过了最艰难的时代活到了今天，想说什么就说什么，跟学者都可以平起平坐地争论意见，做了我想做的工作。如果时间稍微错位的话，我都可能没机会建造药师寺的伽蓝。过早的话我自己手上的功夫不够，过晚的话自己太老了体力和精力达不到，也不能承揽。

跟人的相遇也是一样。人生最好的时期遇到了最好的人。佐伯定胤在早期教育了我，如果桥本凝胤没有招呼我去药师寺的话我不会遇到高田管长，建造伽蓝的机会也就没有了。错过了一个时期，也许我赶上了解体大维修，但是未必能赶上伽蓝的建造。祖父的时代更没有活干。因为那个时代已经没人建造伽蓝了，甚至在我的时代里也都可能没有这些机会。现在，我的弟弟楢二郎也是木匠。这是多好的时代。我们保留了祖先留下来的技术，虽然田地山林都没有了，但是在这样的时代，有这么多的地方需要我，有机会干了这么多的好工作，真是太感恩了。曾经想过我们祖传的技术就在我这一代结束，所以让儿子们都选择了别的道路，不再想培养接班人这件事了。这时候有了建造三重塔的机会，还把我唯一的徒弟培养成了栋梁。真是不可思议啊。是这个繁荣的时代成全了我，成全了我们的手艺。

我不觉得我有什么特殊的技术，只是把世代传承下来的技术坚持了下来而已。眼见着很多手艺人在过往的时代中一个一个地消失了。从前像我这样的手艺人就如同森林中的树木一样数不胜数。他们一个个地枯了，倒了，有一天突然发现就剩下我一个人了。

可以说祖先世代传承下来的技术在我这一代开花结果了。回头看去，就好像有一根很长很长的绳子，上边牵扯着数不清的人，而我就在绳子的这一端。

但是，这一切都还没有结束。从前建造的伽蓝还要继续流传下去。我们有幸建造的那些堂啊塔啊，也要经历时间的检验。一百年、两百年后，他们会变成什么样？建造的时候，脑子里是考虑了这些，但真正的情况会是怎么样呢？我想看到以后。如果三百年后自己建的西塔跟东塔一样高了，那时候我才能对自己说："干得好！"那颗悬着的心也才能真正地放下吧。

我们的工作是在时代中学会，在时代中锻炼，在时代中获得机会，又在时代中接受检验。我这一代绝不是结束，今后还会继续。

有人说再过一两百年，像西冈师傅这样的工匠不在了，那些木结构的塔和堂的维修就没人能做了。不会的，只要那里还有塔，就一定会有了解它的人，一定会有怀着"从前的人是怎么建造的"这样的探究心去研究的，就像我们被一千三百年前的建筑感动而努力学习的时候一样。如果认为木结构没人能做了就改用钢筋水泥来造，我认为这是对我们后人的侮辱。我从法隆寺和药师寺学到了很多很多的知识。我们要把这个时代最好的东西留给后人，因为他们能从中学到很多。随随便便建造的东西传达不了真正的文化，甚至会把已经传承到我们手上的东西也毁掉。要想留住真正的文化，就要做好真正的东西。

这个时代给了我众多的机会和荣誉，我就要为了这个时代倾尽自己所有的能力。

口述者西冈常一的后记

至此，因为很多人的劝说，我已经把关于扁柏树、法隆寺以及宫殿木匠的事，在很多场合都说过，有的也写过。

我从小生在木匠的家里。到这个年纪，身体不听使唤了，我一直都是木匠。我能说的全是关于木匠的事，而且全是同样的话。昭和六十年（1985 年）草思社的北村正昭先生找到我，问我愿意不愿意写写关于宫殿木匠的事。随着时代的进步，越来越多像我们这样的手艺人已经慢慢地消失了。他说让我通过对宫殿木匠工作的介绍，告诉大家要重视手艺人所拥有的文化，要留住这样的文化。

我接受了他的建议，整理出版了我的第一本书《斑鸠工匠·三代御用木匠》，后来，还出版了一本《复苏的药师寺四塔》。我答应他还要继续写的，但是因为药师寺伽蓝的推进建设，实在挤不出时间来，再加上后来身体又不好了，跟他的约定就这么一拖再拖了下来。

北村先生看到这样的情形，觉得让我拿笔写字太浪费时间了，就提出来是不是可以以采写的形式来进行。前来进行采写的，是之前因为《向树学习》那本书对我做过采写的盐野米松先生。因为跟他的交情时间很长了，彼此都很了解，就拜托他了。说起来我们俩也算是不解之缘。

盐野米松提出来，如果他来记录我们木匠技艺和智慧的传承的话，他希望对我培养的唯一的弟子小川三夫也进行采写。因为他想了解，小川三夫是如何继承了我的思想和技法，他又是怎样思考的，出于什么心境来学徒的，现在的情况怎样，做着怎样的工作，他想亲耳听听小川怎么说，这样可以把我们师徒二人的访谈分"天篇"、"地篇"整理在一本书里。他觉得这样比较有意思。

就这样，盐野米松先生从平成三年（1991年）的春天开始，用了一年半的时间往来于奈良和东京之间，在药师寺的工地、我的家，有时候也在我住院的病房里，我们谈了很多很多。有时候小川也加入进来，回忆着从前，气氛融洽，度过了非常愉快的时光。

但是无论如何我不过就是一个木匠，没有那么多话题可说，跟之前说的写的也多有重复。以这种形式呈现出来，让大家对越来越少的宫殿木匠的工作内容，对很多即将消失的手艺人的工作内容，和对于工作的态度和思考，以及关于手艺人的培养，能有一些了解，我也就感到欣慰了。我所从事的宫殿木匠是很少在人前露面的工作，但是最近我有了很多抛头露面的机会。我把飞鸟时期工匠们传承下来的技法传授给了我的徒弟。

这本书看上去可能让人觉得很古板，但这是属于我们世代传承的工匠师徒制度的重要一环。古老的东西未必都是不好的。那里有最根本的人的活法，和人与人交往的方法。时下整齐划一的教育制度在我看来是有问题的，如果能参考些古人的智慧，是不是会让思想有所改变呢？

感谢协助整理录音文字的大野智枝子小姐，负责装帧的田村义也先生，拍摄封面图片的北村智则先生，感谢你们帮助我完成了这个最后的工作，同时也感谢读到这本书的读者们。感谢你们。

平成五年（1993 年）晚秋

斑鸠木匠西冈常一

1993 年，西冈常一获得文化功劳奖

西冈常一木匠生涯

1908 年 9 月 4 日出生于奈良县斑鸠町法隆寺西里。

1921 年 十三岁，进入生驹农学校。

1924 年 十六岁，正式开始跟随祖父进行木匠学徒。

1928 年 成为木匠，参与法隆寺的维修工程。

1932 年 制作法隆寺五重塔的缩小模型，学习设计技术。

1934 年 二十六岁，因在法隆寺解体工程中对土质的鉴别得到肯定，荣任法隆寺栋梁。

1941 年 开始参与法隆寺大雄宝殿的解体维修。战后，西冈常一因生活苦难，变卖家财以维持生计。后又因为营养失调，染上肺结核。法隆寺的维修工程也一度中断。病愈后，继续维修工程，以擢拔的力量和丰富的知识获得了寺庙工作者和学者们的认可。1956 年被任命为法隆寺文化财产保护事务所的技师代理。

1959 年　修建明王院五重塔。

1967 年　开始修建法轮寺三重塔，1975 年最终完成。

1970 年　作为栋梁开始复建药师寺的大雄宝殿和西塔，恢复了已经灭迹了的唐代宫殿木匠的工具"枪刨"。日本国家电视台（NHK）专门报道了这个复建工程。

1977 年　被认可为文化财产保护之技术持有者。

1993 年　获得文化功劳奖，被世人称为"将飞鸟时代延续下来的寺院建筑技能传承给后世的'最后的宫殿木匠'"。

1995 年　因患癌症去世。

为了人与书的相遇

树之生命木之心

木のいのち木のこころ

作者 – 西冈常一、小川三夫、盐野米松

译者 – 英珂

地

卷

广西师范大学出版社
· 桂林 ·

目 录

小川三夫

写在前面的话

我的工作是宫殿木匠，二十一岁那年入法隆寺宫殿木匠西冈常一的门，成了他唯一的徒弟。高中修学旅行的时候，我第一次看到了法隆寺五重塔，那时候我心里就在想，如果自己将来也能建造这样的塔就好了。这成了我当上宫殿木匠的决定性契机。这个契机让我这样一个毫无任何木匠基础的外行人当上了宫殿木匠，这多亏了我的师父西冈常一。我跟着西冈栋梁，学刨扁柏树材，学建造寺社，学习飞鸟时代工匠们的技术和智慧。那些内容跟我在学校里学过的内容截然不同。

工匠的工作就是手的工作。建造寺庙，不是光靠在脑子里想象就能建成的。我们从小在学校的学习，基本上都是在训练记忆力和抽象思维。我刚在西冈栋梁那里开始木匠学徒的时候，碰到的和看到的都是之前我完全没有接触过的东西，从头学起。而这个学习不是靠语言和数字来记忆的，它是用手和身体来把自己脑子里想的表现出来。因此这时候，靠书本和说教是完全起不上任何作用的。

建造于一千三百年前的法隆寺和药师寺，就是靠着手艺人的手，一代又一代，凭借着手上的记忆传承到了今天。

留在手上的记忆，无论日后科学怎么发展，都无法靠数字和语言来传达，而只能靠渗透到身体里的记忆，以及常年在现场培养出来的职业直觉来传承。我们的工作就是用身体来践行的。

西冈栋梁教给我作为一个匠人应该具备的所有素养。他的教育方法很特别。手艺人有他们自己培养徒弟的独特方法。

当我自己作为栋梁开始承揽寺庙建设的时候，我也开始用从西冈栋梁那里学到的方法，把我手上的记忆传给徒弟们。现在的时代是一个"思考优先"的时代，人生的问题、学校教育的问题都是一样。而作为一个人，应该如何面对人生，如何生存，却很少有人认真地去思考。

我们木匠的工作，首先要对付的就是每一棵个性不同的树。这些生长在大自然中的树没有一棵是相同的，所以首先需要看懂它们的个性，然后再想办法如何更好地使用它们，这就是我们的工作。这个观念也同样适用于人。因为人也跟树一样，没有完全相同的两个人。我们的工舍里有不少徒弟在一般的社会价值观念下，都是不被看好甚至是被淘汰的人，他们来到我这里学徒。很多人认为我们这种传统的、古老的学徒制度不好，但是，这个学徒制度最大的好处就是它是个体与个体的碰撞，看透每一根木头的癖性，然后活用它们。我正是用这个飞鸟时代工匠的心得来培养自己的徒弟们的。

我用西冈栋梁培养我的方法培养自己的徒弟们，但是这个传统的方法正在消失。活用树木的生命，了解树木的心，我希望这样的方法能用在育人上，我很愿意就这些来谈谈自己的感受。

但是我的语言是木匠的语言，也许会有口出不逊的地方。能够让自己继承下来的东西成为文字，是多么好的事情。其实我继承的东西可能更多，但是现在的我只能总结出这些。也许会被西冈师栋梁骂"不成熟"吧？就把它当成是一个木匠在建筑的某一处留下的一个小小凿眼来读吧。为了完成这个谈话录，我得到了很多人的帮助。在此一并感谢。

小川三夫

平成五年初冬

前 篇

我也要建造这样的塔

我到西岗栋梁那里请他收我为徒是在 1966 年 2 月，当时我马上就要高中毕业了。那之前的一年，在学校组织的修学旅行中，我们去了法隆寺。看到建造于一千三百年前的法隆寺，我震惊了。在我的家乡枥木县，我甚至从没看到过太多的佛塔，所以，当我看到耸立在法隆寺院落中的五重塔的时候，感到非常震撼。我想的是，古人怎么能建造出这么完美的建筑？在我们那个时代，宇宙飞船已经登上了月球。宇宙飞船登上月球需要积累的数据一定非常精密，准备工作也一定非常缜密。而建造法隆寺的时代一定没有这样的数据，就连搬运木头都是件不容易的事情。

我的同学们当时都在准备考大学。因为我们的学校算是高考重点学校，所以当我决定不考大学的时候，老师们也很吃惊。我当时就觉得，与其去上大学，不如去感受一千三百年前建造了佛塔的手艺人们的血水和汗水。那时候我竟然给自己定下了自己将要学什么，什么时候当公司老板的目标，因此，如果想当老板的话，与其去大学读书不如去学宫殿木匠这门手艺。在这之前我从没考虑过将来的事情。父母当然是希望我去念大学。

但是，怎么才能成为能够建造法隆寺佛塔那样的工匠，在当时我是完全不知道的。去找学校的老师商量，他们也表示不知道有什么途径，也很为难。但是寺庙里现在还有房子在建造着，就一定会有工匠。于是我背起行李就去了奈良的县政府，向古建保护科的工作人员询问到哪里能找到法隆寺的工匠，他们给我介绍了西冈栋梁，我就跑到法隆寺去了。

人和人的相遇真是缘分。

在县政府，工作人员给我介绍的西冈栋梁，实际上是西冈栋梁的父亲西冈楢光。当时在法隆寺有三个西冈师傅，一个是楢光，一个是西冈栋梁的弟弟楢二郎，还有一个就是后来成为我师父的西冈常一。我哪里知道会有三个西冈师傅？找到法隆寺的时候，刚好西冈栋梁就在那里。我问：

"请问西冈师傅在吗？""这里有三个西冈呢。"县政府的人也没告诉我具体找哪个西冈师傅，我只好回答："我也不知道。"然后他说："我就是西冈。"我就跟他说了要入门当徒弟的事。如果那个时候我准确地记着"西冈楢光"这个名字，可能我的人生就不会是今天这样了。为什么呢？因为当时楢光已经八十一二岁了，前一年刚被授予了瑞宝章[1]以及勋四等章[2]。如果在天卷中读了我师父西冈常一讲述的内容，就会对他有所了解，他和他父亲的关系一直不是很好。说他们关系不好并不是说他们经常吵架，而是因为他们两人都是西冈常一的祖父西冈常吉的徒弟，从师徒关系上说他们算是师兄弟，他父亲是入赘的女婿，进了西冈家就成了祖父的徒弟，而我师父是被祖父认准将来要接班成为栋梁的人选，所以从小就接受了祖父的英才教育，因此他们两人是竞争对手。

我师父是不会收来找他父亲的人做徒弟的，所以我当时忘了他们的名字还真是歪打正着了，这倒给了我成为西

---

[1] 瑞宝章：设立于1888年，日本政府为在社会和公共事业中做出杰出贡献的人所颁发的勋章。

[2] 勋四等章：颁发给对国家和社会做出杰出贡献的人的勋章，共分八等，最高级别为大勋位。

冈常一徒弟的机会。

但是当时，师父跟我说，现在没活干，收不了徒。同时，师父还嫌我作为木匠学徒年龄过大了，还说宫殿木匠是个非常艰难的工作。如果没有工作，就无法吃饭，无法娶妻成家。但是我当时一心想着只要能做这样的工作就好，其他的完全没有考虑，一门心思就想成为能建法隆寺那样的建筑的宫殿木匠。

师父跟我说他自己也没有活计，因此没办法养活徒弟。那时候他是真的没有工作。我去找他的时候，他正在法隆寺的后院做锅盖。他说虽然自己这里没有工作，但是可以去全国各地其他几家做古建的地方试试，还特地为我向文部省写了推荐信。我跟他是第一次见面，而且我只是一个高中生，对于突然造访的我，他竟然就写了推荐信，为我特地写的推荐信，写给"文部省古建保护委员会建造物科"的一个地位很高的人。师父那里有很多大人物的名片。师父的落款是"大和法隆寺大工 西冈常一"，用毛笔写在白色信封的封面上。

我拿着那封信去了位于东京霞关街的文部省，那里的官员告诉我，对于我这样既不懂建筑技术，手上又没有功夫的人，想找一个跟建筑有关的工作很困难，如果非要录用的话也只能做一些事务性的工作。而我的梦想是要当建造佛塔的宫殿大木匠。他们告诉我,如果非要当宫殿木匠的话,政府机关没有这方面的培训机构,需要我自己去找地方训练一下工具的用法,比如凿子、刨子什么的,至少要先学会怎么用。他们答应学会这些以后帮我介绍相关的工作。

后来我就回了老家枥木。今后的路该怎么走,完全没有方向。因为家里既没有木匠,也不是开工务店的,父亲是银行职员,母亲开了间裁缝学校。我上的高中也不是职业技能高中,只是普通的高中而已。因此,到底该干什么,我完全没有目标。

后来,经人介绍,在东京一家做家具的公司找到了工作。我想如果在那里工作的话,一定能接触到凿子、斧子、刨子这些木工工具,也算是熟悉工具了。离开家的那天,母亲给我煮了红豆饭作为送行。因为是包吃包住的工作,所以我只带着铺盖就上了路,一心希望能在家具公司练就使用工具的本领。但是,去了才知道,原来这家家具公司做的都是板材家具,因此都是用机器做的。用机器把板材切开,再用胶粘合起来就可以了。我们的工作就是检查一下质量而已。这样一来,别说使用工具了,连摸都摸不着,所以我待了二十天就离开了。

　　作为父母，欢天喜地地把儿子送出了家门，没几天又折返回来了，因此父亲的脸色很不好看，连话都不跟我说。总在家待着也不是长久之计，于是我又去了朋友父亲经营的摩托车厂，帮助开车床，干了两个月。那期间，看到一本旅行杂志上介绍长野县饭山地区做佛龛的报道，照片上有用工具削啊、凿啊，还有很多细木条排列在一起的画面，照片上还写着"精心地去完成纤细的工艺"。我想这家一定能用得上工具，于是我就应聘去了。我想，做佛龛的时候，也一定会做类似于佛殿那样的东西，所以一定能用得上工具。

　　那时候我还完全不知道学徒到底是怎么回事。不管怎样，用一年的时间先学会使用凿子、刨子这些工具也好，因为文部省的官员也是这么告诉我的。

　　这时候我已经高中毕业三个月了。六月份，我穿着夏天的衣服就去了那个做佛龛的公司，一下子就干了一年。在找到这里之前，我真的觉得已经无路可走了。

　　从文部省回来以后，我给西冈栋梁写了感谢的信，去家具店无果以后也给他写信汇报了情况。每次栋梁都很认真地给我写回信。信里都是在鼓励我这个上了点岁数又想当木匠的年轻人，还写给我很多忠告和一些关于木匠的事情。师父给我这个只见过一面的"陌生人"写了好几封信，每封都很认真，这些信我至今都珍藏着。

就这样，我去长野县的佛龛作坊当了学徒。这个作坊是个家庭作坊，很穷，除了师父和师母，就是一个老奶奶，还有一个小学三年级的孩子和一个刚出生十个月的女儿。师母也是手艺人，她干的工作是在佛龛上贴金箔，每天早上要出去干活，傍晚六点多才回来。所以家里就剩下师父、老奶奶、我和一个婴儿，老奶奶不会照顾婴儿，所以我每天还得一边背着孩子一边干活。我那时才十八岁，是高中刚毕业的大小伙子，自己还没长大呢，却背着一个婴儿，很滑稽吧？但是为了能学会使用工具，我也认了。要说什么最难受，那还要数去买牛奶的时候。师父家因为没钱，买不起大罐的牛奶，所以我每天要去买那种便于携带的旅行用的小罐牛奶。师父在自己收入都很低的情况下还能收我为徒，我不能有任何的怨言。这么说，大家一定觉得是很久远的事，但其实就是昭和四十一年（1966年）的事，离现在没有多远。

我就是在这样的地方学徒，根本谈不上什么磨练手艺。

我问一句："师父，这个怎么弄？"师父回答："嗯……"

再问一句："师父，这个呢？"师父就说："烦死人了！"然后用锤子使劲敲两下。但是敲过之后还是会告诉我一二。

后来我就学会了，想问问题的时候，问了马上就跑。师父也骂："跑什么跑？"很多人都会说，你怎么能忍受得了那样的生活？1966年那个年代，那里固守的还是传统的师徒制度呢。其实早已经不是那样的时代了。

在那里学徒，最让我难受的是自己跟周围无法弥补的悬殊。那个时代，如果大家的待遇都一样的话，我也不会有任何难堪，但是我的周围没有一个人是像我这样生活的。因此，那几年跟同年龄的朋友们见面都觉得寒碜。

那时候我的日工资是一百日元，一个月就是三千元。理个发要用五百元，太贵了，所以我就不去理发店。同时期，我在日产汽车就职的同学的工资是八万元，是我的二十六倍还多呢。

在佛龛作坊的学徒期间，我也一直坚持给西冈栋梁写信。栋梁也给我回信，告诉我要热爱自己的工作奋发努力。跟佛龛作坊签的是一年的合约，因此，满一年的时候，我就带上自己的工具离开了。因为在佛龛作坊每天做的基本上都是同样的活，所以，一年下来，基本的流程都掌握了。

离开那里以后，我又去找西冈栋梁了。

巧的是，在栋梁那里我偶然遇到了负责文物保护监督工作的古西武彦先生。他又给我介绍了岛根县的日御碕神社，说那里正好有一份画寺庙建筑图的工作。日御碕神社的神殿是国家指定的重要文物，它的修缮工作刚刚结束。可是，我哪里懂什么画图啊。

西冈栋梁说，画图也是宫殿木匠很重要的工作之一，可以尝试着先学会画图，然后再学实际建造。被栋梁这么一说，我也就不好拒绝了，于是就去日御碕神社学画图去了。

我是在什么都不懂的情况下去的，因为一心想当宫殿木匠，想建造像法隆寺那样的建筑。现在想想，那真是胆大妄为啊。

但是，西冈栋梁、佛龛作坊的师父，还有古西先生，是他们一步一步地教会了我，就像是重新上了一遍学校。而这些又都是西冈栋梁为我安排和指引的，是他为我铺的路。

于是，我又背上之前已经送回栃木老家的铺盖卷，去了岛根县的日御碕神社，在那里照猫画虎地学画图纸。那时候画的图纸现在还保存在文部省的资料室里呢。做这个工作我一共得到了二十一万元的报酬，听起来真不少吧？就那么照猫画虎地画，画了一年多，其实折算起来一个月的工资也就一万元多一点吧，还是比别人穷。

这个经历在我日后的工作中发挥了很大的作用，但在当时，我还是不太情愿去的。我实际上是在等西冈栋梁招

高中修学旅行中的小川三夫

呼我一起做法轮寺的修复工作，但因为当时资金出现了问题，只有西冈栋梁一个人一点一点地在做修复工作。

完成了日御碕神社的工作，接下来我又去了兵库县丰冈市酒垂神社的维修事务所，在那里又工作了四个月。

这时候，我在报上终于看到关于西冈栋梁要着手复建法轮寺三重塔的报道，于是急忙给栋梁写了信。他回信说，等我这边的工作告一段落了就可以去找他。我高兴坏了。至此我花了整整三年的时间，到各处进行了各种修炼。这边的工作告一段落以后，我又背起铺盖去了奈良。这一次，我终于正式成为了西冈栋梁的徒弟，那一年我正好二十一岁。

入门前栋梁给我写的信

我想介绍一下我入门之前，西冈栋梁写给我这一介贸然造访的无名书生的信。看了这些信，或许能更进一步了解栋梁是怎么看待像我这样的年轻人的，同时也能多少了解宫殿木匠究竟是做什么的。信是从栋梁替我给文部省官员写的第一封信开始，一直到他答应收我为徒的那一封为止的顺序。

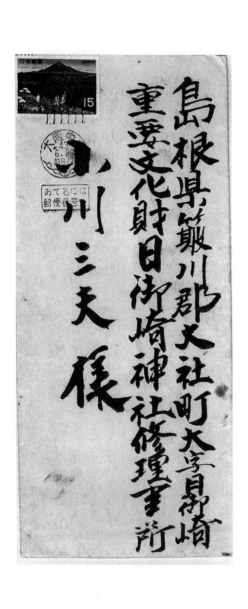

島根県簸川郡大社町大字日御碕
重要文化財日御碕神社修理事務所
山川三夫様

第一封

敬启 时下正当初春，想必先生愈加吉祥幸福，谨向您致以由衷的祝愿。同时亦为贸然上呈这封愚书深表歉意，请原谅我的不敬。我此为，亦是为此君的热情所感动。此君拥宫殿木匠之志向，欲研习宫殿木匠之技能。然，我思其已非宫殿木匠之适龄，但本人执意要为之。故烦劳于您多忙之中，可否予以接见并录用为盼。

特此深拜。

（昭和四十一年）二月二十六日

法隆寺大工 西冈常一

关野先生 足下

第二封 [1]

拜复

收悉并拜读了你的来信。得知你在文部省受到关野先生的接待，甚幸。也得知你未能获得录用，深感遗憾。宫殿木匠的传统正处于消失的关口，其作为日本民族文化史上那些代表性文化遗产的保护者而存在，感念你对

---

[1] 除第六封信以外，以下均为西冈栋梁回复小川三夫。

此的深刻理解。同时也请贵下作为一个具有文化知识的社会人，用一生的激情，来支持我等这些常年隐身不见天日的宫殿木匠。

祝愿和祈祷贵下的健康与成功。

（昭和四十一年）三月十四日

法隆寺工 西冈常一

小川三夫殿

第三封

拜复

仔细拜读了你的来信。

祝贺你有幸在家具工艺社就职。看得出你对当下的工作心存怨气。无论什么工作都是学习的过程，即使是用机器的工作，能熟练而完好地进行组装也不是容易的事情。正是这些无聊的工作，也许日后才能促成你完成让自己满意的作品。用十年甚至更多的时间练就征服别人的真本领，希望你不急于立竿见影，慢慢地精进自身。日后如果依旧不放弃这个愿望，亦可通过早稻田大学建筑系的函授教育课程修得知识，日本建筑人士联合会教育部也有相关的函授教育（地址是：东京都中央区银座西 3-1）。

我认为你想成为我的徒弟这个想法不现实。估计你也从关野先生那里有所耳闻，我家世世代代均为宫殿木匠，但始终家境贫寒，自身的生存都难保，没有充裕的生活状态收徒弟啊。说出来都觉得可悲，但这是实情。自古名工多赤贫，从赤贫这点上看我够得上是个名工了。望你体察并给予理解。代问候你公司其他同仁。

（昭和四十一年）四月三日

法隆寺工　常一

小川三夫殿

第四封

拜复

收到你的来信很是欣慰。得知贵君在这转寒的季节里一切都好，甚感安心。又得知贵君已离开东京前往长野谋职，望贵君珍重这份工作，珍重自己，珍重周围的人，过好充实的每一天。

关于寺庙的事情，如遇到不解之事，小生愿以自己有限的知识随时为你解答。尤需客套，尽管垂问。

天候寒冷，祈望你珍爱自己的身体，精进自身。

敬启

書ハて不筆にてあらば小まに知ら候ハヽ書
付而伝へ一ゝ五千御遠慮なく御問合せ下
さい日増ゝ定ゝ御目愛御精進之程

新ゝ五千
　　　　十一月吉日　　　　　　頓首

法隆寺棟梁　西岡常一

小川三夫殿

拝復

御便りなつかしく拝誦しまた拝眉を

向ふより折かへしくだされしお礼も申さぬ中は

喜ばしく存じます東京をさつて長野に

移られた由、御自分にて一生を託する筆

として老が年一に仕事にほれ込み御自分

自身に活いてよき子園園と人々にほれられる

様に心がけて、一日々々とを完了した心

持にて過ぎ行れし孫ん寺院建築に関する

（昭和四十一年）十二月十五日

法隆寺栋梁 西冈常一

小川三夫殿

第五封

拜复

谢谢你的来信。如你所知，奈良正值春季好时节。千年的圣地法隆寺被大量观光客们践踏着，充满了尘芥和俗臭。圣德太子初创伽蓝时"以此三宝为报国泰民安"的圣意，观光客们无人真正理会，由此，怎能理解法隆寺古老的建筑和佛像的真意？

我以为日本千年的文化都因这些佛塔和大殿中的柱子而传承至今，是把人世生活中的不如意、希望和理想，都以这些具体的实物呈现出来。正所谓，艺术乃心灵的表现，不只是形式。艺术所具备的力量正是透过作品来唤起世人的醒觉，殿堂和佛塔的建筑意义也正是如此，这是心灵的问题。要让自己先成为佛的人，才能去完成济度众生的大愿，优秀的技术也会在此心之上开花结果。

望你深刻地理解此意，精魂于你眼下的工作，希望你的作品是那种能深深地吸引人的，能让人在壁龛前久久不愿离去的名作。佛塔、大殿、绘画、佛像都应该一样，应该是被深深地铭刻在人们心里的作品。而这些，要看建造它的人拥有几度深浅的灵魂。望你精进再精进。

代为问候你的师父。

（昭和四十二年）四月三日

法隆寺大工 西冈常一

小川三夫殿

第六封

拜启 前略

前些时候你来法隆寺药师坊，恕我招待不周，失礼了。小生今日去了表记工程现场，把贵君的事向工程部的主任持田丰君讲了，他同意先让你来表记工程现场学习制图，之后再转入你希望进入的技术部门。我以为这样的学习过程也是合乎情理的。

三四天前，法隆寺的西冈常一栋梁也给弊所的持田打来了电话，由此，饭山市文物管理处的领家君会向您发出邀请，当然最终的决定还取决于您自己，这不是第三者能决定的。但是小生认为，先学会制图，把它作为实务技术的基础，也是正确的选择。这也是西冈栋梁的希望。

　　小生每月将在该所滞留五六日，其他时间要去他处，今后书信的往来就请直接与表记工程部的主任持田丰交流即可。西冈栋梁说你本月末将前往该所，但是持田君六月二十八日到七月二日都不在，如果你能来的话，最好在七月三日以后来。当然，即使持田君不在，工程部负责事务性工作的人还是在的。

　　你从东京前来的时候，最方便的交通路线是：乘坐由东京始发的十九时五十分的出云号，在出云市车站换乘十三时十二分开往大社的列车，在大社下车后换乘巴士在终点日御碕下车，走两三分钟即到工程部办公室，也就是十四时三十分左右你就可以到了。如果你能在这里就职的话，就请带上必要的寝具。如有什么不详之处，请联系持田主任。以上。

失礼

古西武彦

（昭和四十二年）六月二十一日

小川三夫先生

第七封

拜复

拜读了你寄自栃木的来信。

前些天收到古西先生的来信，提到已经向你发去了就任通知。我就放心了。贵君将于七月初赴任，佐藤君也将于三日左右到日御碕出勤，想必你们将在当地会面，这真可谓难得的前世之缘。佐藤君也是热爱工作的难得的好人，希望你们多商量，互助互利。持田主任也是非常优秀的人士，望你能虚心、热心地接受他的指导，好好掌握作为宫殿木匠最基础的制图技术以及规矩术。要想成为合格的技术人员，这是重要的第一步，祈望你忘掉一切，专心精进于技能的磨练。

（昭和四十二年）七月六日

法隆寺大工 西冈常一

小川三夫殿

附：接受持田主任指导之时，望你丢掉一切自我的执拗，以素净放空的心地去接受他的教示。

第八封

　　拜复

　　今收到久违了的你的来信，欢喜地拜读了。

　　得知你意气风发地投入于学习中，甚感欣慰，也觉察到了由于好友佐藤君的离开给你带来的寂寞。我谨希望你发奋于独立自尊的大精神，奋战再奋战，让手上的技艺出神入化，向着工匠大家的方向更一层地精进。

　　谢谢你寄来的礼物，跟家人一起享用了。感谢你的用心。

　　工作上的事情如有不详，尽管向小生询问，我会十分乐于解答。请向持田主任以及现场的其他同仁致以诚挚的问候。

　　　　　　　　　（昭和四十二年）十月二十七日

　　　　　　　　　　　法隆寺栋梁　西冈常一

小川三夫殿

第九封

　　拜复

　　得知贵君勇健勤奋地工作，深表欣喜。想必技能也得到了练达。

　　又前日寄予我们甚多的日御碕乡土产品，诚心感谢。

都是小生喜爱的食物，每日欣喜食用。天候转热，望你珍重身体，精进技术。请向持田主任转达问候。法轮寺三重塔的复建工程由于资金不足的缘故，恐会无限期地滞后。

此信先当致谢并汇报近况。谅我不备。

（昭和四十三年六月）二十四日

鹈寺工 常一

小川三夫先生

第十封

你的信和图纸均已收到。

庆幸你的意气风发和进步。法轮寺的工程因为经费的缘故，仅小生一人在慢慢地始动，到底也未能解决资金的问题。如果只再增加你一人的话，亦无大碍。故若能得到持田主任和古西先生的批准，你随时可以来找我。小生目前因即将要复原法隆寺木坊客殿的大和屋顶，受县里的请求，本月需留在法隆寺。下月又将去法轮寺。

以此作为近况汇报。草草。

（昭和四十四年）二月四日

常一

小川三夫殿

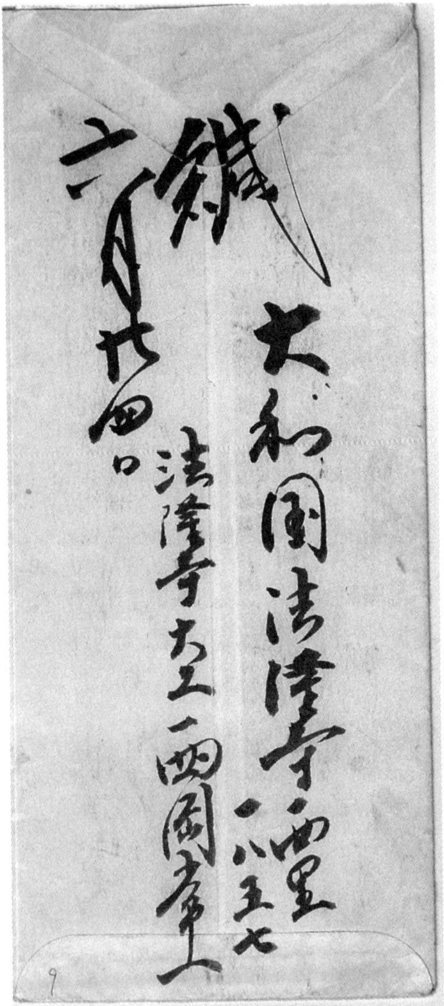
缄
大和国法隆寺西里八五七
法隆寺大工 西冈常一
二月廿四日

顶住父亲的反对

我的父亲是老家枥木县当地矢板市的银行职员。他是个干事认真，保守，比较务实地考虑事情的人。因为从事这样的职业，所以他为人也比较硬朗。

我上高中二年级的时候，父亲做了一个大手术，情况很危险。医生让叫家属去，我也被早早地从学校叫了回来。但是，父亲却跟我说："你是学生，回学校去。"

父亲就是这样，因此，他是希望我高中毕业以后升大学，然后顺其自然地成为公司职员的。

但是我偏偏要当宫殿木匠，所以他内心一定是不赞成的。因为在我们那个年代，宫殿木匠是个什么工作谁也不知道。光凭想象，就知道一定是养不活自己的工作。因为他是银行职员，所以什么工作好，什么工作不好，这个他还是很清楚的。连西冈师父都对我说："吃不上饭，成不了家，这就是宫殿木匠。"

另外，再怎么说，那个年代也很少有在师父家吃住学徒的了，所以，我跟父母说我要去学习木匠工具的用法，去家具店和佛龛作坊当学徒的时候，老母亲嘴上什么都没说，还蒸了红豆饭送我出门，但是父亲一直都没搭理我。

只是在去佛龛作坊之前，母亲对父亲说，你倒是也跟三夫说点什么啊。那一次父亲开口跟我说的话，我至今还记得。

"常人，都是顺着河流从上游滑到下游，往下游滑是不需要任何力气的，还不止这些，往下游滑的时候，因为轻松，还能顺便看看沿途的风景。比如右边岸上的樱花开得真艳，左边岸上的红叶已经开始上色了，顺流而下的同时还能欣赏风景。可是你在干吗？你在逆流而上。这要花多大的力气啊，而且还不是一般的力气，是很大的力气。同时你哪有闲暇顾及岸边的风景？"

也就是说，我要做的事情是违背时代潮流的，与其那样，为什么不能选择轻松的道路呢？这是父母对我的关爱之心。

但是我所看到的父亲的工作，无非就是用别人的钱，从右挪到左，仅此而已，什么也不能产出。而我只是想做有产出的工作，所以父亲的话对当时的我而言是根本听不进去的。

西冈栋梁跟我说过："我的工作就如同在一条顺流而下的河中努力地撑着竿子，以不让自己被河水冲走。"

因为宫殿木匠的工作，几乎都是逆潮流的和被遗忘的。保护传统文物是需要很大的力气的，就像是在顺流中奋力撑着竿子立在那里一样。的确，那时候的宫殿木匠就是这个状况。栋梁形容自己是"河流中的一根木桩"。

当时我还不太理解他的意思，但还是执意要做这样的事情。

就这样，我跟西冈栋梁去学徒了，父亲不太理解我要做的事情，而且那时候他的身体已经很虚弱，基本上是半卧床的状态了。

复建药师寺金殿的时候，栋梁和来自全国各地的宫殿木匠一起上了一个名为《白凤再现》的纪录片，我也夹在其中上了电视。老父亲是看了那个节目才了解了我原来是在做这样的工作，之前我从没跟他说过自己在做什么。周围的邻居也看到了那个节目，父亲出门散步的时候，邻居们会跟他说："三夫上电视了，他做的工作很了不起啊。"

在这之前，他一直责怪我干的是逆流而上的蠢事。

这好像倒成了一剂良药，有益于他的身体。又过了很多年以后，当我第一次独立担任栋梁建造东京的安稳寺时，我问父亲要不要来看看，当时他的身体已经很差了，但还是来看了。

安稳寺之后的下一个工程，是富山县冰见的国泰寺，正在做开工前的镇地祭的时候，家里打来了告知父亲病危的电话，但我是现场的栋梁，那个时刻不能离开，只能心情沉重地一边进行着祭祀的活动，一边心想也许赶不上父亲的临终了。祭祀活动一结束，我就乘火车往家赶，坐新干线，在米原换车的时候给家里打电话，家里说父亲已经走了。

回到家，母亲把我带到佛龛前，把父亲的遗嘱告诉了我："死后的超度等一切法事都不要叫三夫回来，他还在学徒的修行中呢。"

那一刻，我觉得父亲已经理解了我在做的事情。父亲的年龄跟西冈栋梁是一样的，都是明治四十一年（1908 年）出生的。

跟西冈栋梁两个人的法轮寺

西冈栋梁答应收我为徒以后，我于昭和四十四年（1969年）四月带着铺盖就去了栋梁的家。那时候栋梁的家里有他的祖父老夫妇（楢光和继）、栋梁夫妇（常一和和江）、他们的长子夫妇（太郎和里枝），还有他们的二儿子贤二。一个七口之家的大家庭。

这一年的三月，法轮寺的工程开工了。我学徒生涯开始的第一天，栋梁对我说："先让我看看你的工具。"

我就把工具拿给了他，他取出一把凿子看了一眼就扔在地上了。

我不知道发生了什么，很难为情。因为，我为了能成为西冈栋梁的徒弟，花了三年的时间，自认为在一定程度上已经掌握了凿子、刨子这些工具的用法，在佛龛作坊的一年中，这些工具都用过了。可是西冈栋梁看了我的工具却随手就扔了，还说："这是什么工具呀？"

但是我并没有特别气馁，只是想："有那么差吗？"我的性格是对待任何事情都不会想得太多。我觉得顺其自然就好。本身，我也是更多地靠手和身体进行思考，不太用大脑考虑问题。我们手艺人的工作基本是靠手和身体，大脑只是起辅助的，我觉得这很重要。很多年以后，有一次，听说西冈栋梁在跟别人说到我的时候，他是这样评价我的："小川不是用大脑，而是用身体和手，比任何人都拼命地记录工作的人。"

其实我自己倒没太在意这些，只是自己的性格就是这样而已。

所以当时栋梁扔了我的工具，我自己其实倒没觉得怎么样，只是稍稍有点失望，也没有"我一定要怎么怎么样"

这种想法。

把我的凿子扔在地上以后，他又跟我说："你去把后边的棚房打扫一下。"

我应声就去打扫了。到了棚房，我看到了栋梁的工具被整整齐齐地摆放在那里，还有刨下来的刨花。

"去打扫棚房"的意思其实是告诉我：好好看看棚房里的工具，你就知道为什么我说你的工具不行了，你的工具也叫工具？打磨得完全不到位。地上的刨花看到了吧？那才是用好工具刨出来的刨花，那才是真的。工具是这样的，你一边打扫一边好好看看我的工具。这才是栋梁让我去打扫棚房的本意。

这就是他带徒弟的方法。他从不会直接告诉你该干什么或者怎么干，而是让你自己去感悟。这看上去虽然很简单，但是花时间啊。有时候，在当时可能根本不懂他在说什么，却会在日后的某个时候或者某个瞬间，一下子就明白了，然后新的事情一下子就懂了。

栋梁说："不要看电视，也不要看报纸，一心一意地磨工具就行了。"

于是，我就按照他说的做了。报纸、电视不看，什么书也不看，就连关于建筑、工具的书也都不看。那些东西

法轮寺三重塔

同吃同住同劳动的师徒二人

可能在磨工具的阶段都是不起作用的。我自己也开始收徒弟了以后，也是这么要求我的徒弟的，现在也这么要求他们。在最初期的阶段，有一段时间必须集中全部的精力在一件事情上，一刻都不能被多余的思绪所打搅。那个时期，如果用大脑去思考的话，就会延迟手上的记忆。只有专心地磨，才能牢靠地掌握。所以，每天我的脑子里只想一件事，就是怎么才能把工具磨得更好。

磨工具，到底磨到什么程度才是最合适的呢？这个我一直搞不清楚。这要取决于那个时候、那个人的水准，只有他本人才知道。有时候自己觉得磨得差不多了，但在旁人看来还差得很远。在还没有成熟的阶段，这些都是很朦胧的。

师父对我说过："你在别处学徒的时候，已经打扫过卫生、看过孩子、洗过衣、做过饭，既然所有的这些家事你都经历过了，所以在我这里就不需要再做了。"

于是，从入门的第二天开始，师父就带着我直接去了法轮寺的工地。因为不用做饭和打扫卫生了，所以也不用起那么早。每天早上六点半起床，跟大家一起吃早饭，然后就带着姐姐（其实是栋梁长子的媳妇里枝）给准备的便当出门了。

法轮寺的工地上只有我跟栋梁两个人。

一般都是我先到，先打扫工作室的卫生，更换磨工具的水，等栋梁一到就可以开始工作了。我们几乎不说话，就默默地干活，一起吃饭，一起刨木头，每天都是这样地度过。锯大木料的时候栋梁一个人抱不过来，我就给他搭把手。他画原寸图的时候，我就刨橡子，因为我能干的实在有限。但是，每天就这样在栋梁身边，在看着他做这做那的过程中，慢慢地也就知道接下来自己该干吗了。

从栋梁家到法轮寺，每天走的都是同样的路，就是穿过法隆寺的那条路。栋梁骑着车，我步行，常常会东张西望，有时脚步慢了，就会比栋梁晚到。我到的时候，看见栋梁已经在打扫工作室，开始干活了。他看上去像是在生气，但也什么都不说，可是从动作上还是能看出他生气了。一般这时候，我就赶紧进入工作状态。因为现场就我们两个人，没处遮掩，所以，对方的一举手一投足马上就能体察得到。

什么多余的话都不用说。"这个不对"、"要这样干"，这些都不需要。有时候栋梁会说："你把这个弄一下。"就是这么简单的对话，我觉得这是最好的学徒过程。

栋梁常说我胆量够大，其实也不是，我只是做了他吩咐的事情，因为必须得做啊。如果因为不会而不敢去做的话，永远都学不会。我只能慢慢地回忆栋梁当时是怎么做的，然后照模照样地学着做。因为栋梁一直在我面前画图纸，所以，该怎么做，多少还是能理解一些的。

不过，其实栋梁也有故意刁难我的时候。我入门之前，虽然在别的地方学徒也用过刨子和斧子这些工具，但是像锛子、枪刨这些工具根本没用过。栋梁会递给我一把锛子或枪刨，然后指着一根树材说："那一半归你了。"

这样，我们两人一起加工一根树材。因为我从没干过，自然就很慢。如果速度一快，表面就成狗啃的了。但是栋梁根本不照顾我的速度，他很快就干完了自己的那一边，不管我完没完，就要转动树材，加工另一面。没办法，我也赶紧跟着他加工另一面，我怎么能跟他比呢，我是刚开始干的新人哪。然后，我没来得及做的和没干好的部分，就只好等上午十点茶歇和吃午饭的时间再干了。虽然栋梁没有要求我在那个时间干，但这是我自己没有干完和没干好的活，自己不干也不会有人帮，因为那里只有我们两个人。

所以，我的木匠活基本上都是在现场学会的。宫殿木匠干一个活的工期一般都比较长，建一个三重塔一般需要三四年的时间。建法轮寺三重塔花的时间更长，因为经费的问题，中途还停工休息了一段时间，所以从开工到完工前后一共用了八年。这是一个多好的课堂啊，既能看到自己在干的工作，眼前还有这么伟大的活的范本，伟大的大木匠西冈常一就在我的面前，他在动手实际操作呢。而且，同样的材料，要做很多，要反复地做，这些不都是实践和练习的机会吗？就像栋梁当初跟我说的，"有活的时候你就来"，就是这个意思，可以边干边学。

我们就是这样白天在工地干活，傍晚回到家，吃了晚饭，我就到棚房去磨工具，磨到很晚。因为自己老不满意，所以就磨得特别用心和在意，但还是达不到栋梁的工具那样。只能用心用力地磨，但一点都不觉得苦，也并不悲壮。

我每天睡觉的地方，是跟栋梁他们全家分开的，我住在祖父楢光的楼上。一直都是我一个人住在那里，直到两年以后，又新来了一个叫松下的要入门学徒的人，他来了以后就是我们两个人共用一个房子了。壁柜只有一个，也是一人一半，他来之前都是我一个人独占的。这个年轻人来的时候，我跟他说"有什么不懂的、困难的尽管问我"，但是，他带来的钱和东西比我都还多呢。因为他来栋梁这里之前没在别的地方学过徒，所以初来乍到，要先干打扫卫生和做饭这些杂事，但是因为他的眼睛和耳朵有疾障，不太适合干我们这个活，所以没多久他就走了。

我住的房间其实也是栋梁平时写东西、画图纸的房间，壁柜里有很多栋梁画的图纸。栋梁让我用那个壁柜，所以我一有时间就会看那些图纸，后来想想这大概也是他的良苦用心吧。

入门的仪式

回过头来再说说我入门的事。大概是我到栋梁家几天以后吧，他为我举办了一个小小的入门仪式。

家里其他的人都没叫，只有我和栋梁，还有作为见证人的祖父楢光，就我们三个人。桌子上摆放着一条特别大的加吉鱼[1]，栋梁说，从今天开始收我为徒，让我努力学习。

我是栋梁收的唯一的徒弟。他的长子太郎和二儿子贤二都没有继承他的手艺。因为，如果是作为法隆寺的宫殿木匠，他其实并不需要徒弟。有大工程的时候，他的手下会云集来自全国各地的一流匠人，除此之外，现场的一般事务性工作也会由一些有经验的建筑工人来完成。所以，

---

[1] 加吉鱼：在日本，有喜事的时候会吃加吉鱼。

仅仅就工作层面上来说，他即使没有自己的徒弟也不会有任何的不便。

简单的入门仪式结束之后，栋梁召集全家人坐在一起，他当着全家人的面说："小川是我的继承人，这是一件难得的事情。因此，从今以后，小川在家里的地位仅次于我，你们虽然是我的儿子，但是你们的地位要排在他后边。"

从那以后，吃饭的时候，我就坐在栋梁的旁边。长子太郎的年纪比我大一轮呢，我每次去洗澡的时候，他都会问我："三夫，水温怎么样？"然后帮我烧水。[1]那种感觉真别扭啊。有时候太郎洗澡的时候，我也会帮他烧烧水，但是每当这时候，太郎都会很紧张地小声跟我说："三夫，你别帮我做这些，要是让老爷子看到了，我会挨骂的。"

在家里人看来，栋梁是很严厉的人，谁都害怕他，但是我倒不觉得。

有一次，栋梁的次子贤二利用休息日，带我去了净琉璃寺。我们回来的时候，看到栋梁正气哼哼地在地里使劲除草，看到我们回来也什么话都没说，但那背影就好像在说："你居然还有闲工夫去玩儿？"

---

[1] 从前，日本人家里的澡盆是跟灶连着的，水凉了可以随时加热。

现在想想，当时还在学徒中的自己立场是很弱的，除了工作不能去想别的。但是带我去的贤二才委屈呢，他是好心好意的。那天栋梁连侧眼都没看我们一眼，更没跟我们说话。

贤二比我大两岁，我管他叫贤哥。他是一个很直率的人，说话很直截了当。我去了以后他曾经对栋梁说过，这回来的这个小川性格很闷，父亲又这么严厉，我估计他坚持不了多久就得走。

但是我完全没有这个打算，也从没想过离开。在我看来，栋梁严厉的部分早已经被他伟大的部分盖过了。西冈栋梁跟我的父亲同岁，我父亲是个银行职员，所以，他们说话的内容截然不同。父亲的话题很广，但是很浅不接地气，都是一些冠冕堂皇的客套话，也没有能让人想追问到底的趣味。但是，栋梁讲的话都很深奥，同时，实际做出来的也是那么了不起的手艺。不仅如此，他自己还是一个没有欲望的人，他的身上没一样不让我佩服。

师徒传承中，有很多时候是看运气。遇到了好的师父，徒弟也会跟着学好。如果遇到不好的师父，徒弟也会歪歪斜斜不正的。总是对徒弟发怒也不是办法，因为他还不太清楚你为什么对他发怒。在不明白的情况下被骂和被训斥，也没有任何意义，会遭到徒弟的反抗。他不可能一下子就明白了，相反地，会学得圆滑地处理问题，这样的话，在技术上不能提高，也不可能进步。

西冈师父的家人总是亲切地叫我"阿三"、"阿三"[1]，爷爷也总是跟我聊天。

法轮寺的停工和药师寺大殿的再建

栋梁平时很少用具体的语言教我怎么做，但是每天在去法轮寺工作来回的路上，我总是会拔些芒草，有时手里拿着一根木棒，练习磨凿子。因为凿子是带把柄的，所以磨好了很难，我就这样一路比划着练习。

通常，从法轮寺下工后回家的路径是跟师父一起的。我们会从法隆寺的东门进去，再从西门穿出去回家。栋梁有时会说，"你知道为什么佛塔和大殿的檐子会那样翘吗？那是中国人的思想，是从敬畏天帝的态度那里来的。你看，翘起来的檐子就好像是鸟的翅膀，表现的是在天空中展翅

---

[1] 因为小川的名字是三夫，阿三算是爱称。

飞翔的意思"，"你觉得五重塔为什么能那么安稳又美丽地立在那里呢？如果很笨拙地立在那里也不会这么好看。你看看那边的松树，不觉得跟五重塔很像吗？也就是说，五重塔具备了那种大自然中的松树的曲线美"。

我们会这样边走边交谈，虽然不是经常。那时候，不是太理解师父为什么要跟我讲这些，就一边听一边点点头而已，但是日后回忆起来才发现，师父其实都是根据我当时的程度，在讲一些我在那个时期能接受的内容。那些话日后都在我的身体里发生了巨大的作用，真是一言顶百句。

就这样，我一点一点地掌握着手艺，还学会了使用枪刨。栋梁是右撇子，所以他用枪刨的时候只用一边，另一边都是我来做，因此，左右两边我都能用。

那个时候我每天的津贴是一千日元，一个月下来差不多就是三万元。我拿出其中的一百元捐给寺庙，每月再付给师父家伙食费一万五千元，剩下的也没什么用。因为不看书、不看报，也不看电视，更不看电影，所以，攒够了一点钱就去买工具。关于工具的话，我还会在后边谈到。忘了那是什么时候了，看到师父每天都是骑车去工地，我也动了想买辆自行车的念头，就跟师父说，可不可以买辆自行车？师父很干脆地回答我说："不行！"所以，我每天还是照样走着去工地。

后来，法轮寺的工程因为资金不够停工了，说是等钱筹到了再开工。我们也就只好休息了。作家幸田文[1]女士为了筹款四处奔走。她是一个很有趣的人，比如我们搅拌墙土的时候，她非要帮忙，还穿上夹脚的短布袜，把脚伸进泥里去踩，但是泥很快就把她的脚埋住了，站在那里无法动弹，逗得大家哈哈大笑，她也跟着笑。

那时候，围绕着法轮寺的再建，栋梁跟一些负责设计寺庙的学者发生了很强烈的争执。这事还上了报，我因为从不看报，所以不知道发生了什么，但是我知道栋梁的想法。学者们来工地的时候，栋梁会把他按照自己的想法做的东西用蓝色塑料布盖起来，不让他们看到。每当这时候他就会苦笑着说："这是我自己随便做的。"当时栋梁和专家学者发生的所谓争执，就是建三重塔到底用钢筋水泥还是不用。栋梁认为，扁柏会比钢筋结实，但是专家希望用钢筋来建。后来我也因为这件事受到了牵连。

栋梁因为一直都在现场干活，所以他是很厉害的。对方说什么，他马上就说："是吗？怎么样，你们不用管了，

---

[1] 幸田文：1904—1990，日本小说家、随笔家，幸田露伴的二女儿。

就交给我吧。"因为他认为自己是对的。他们从没在现场争吵过，都是在开会的时候。

法轮寺休整期间，我跟着栋梁去做药师寺三重塔的模型，是在尾田组建筑公司的工棚里。我就住在他们的宿舍里干活，寝具什么的都放在栋梁家，用的都是宿舍提供的东西。栋梁每天从家里往返工地，我偶尔也回栋梁家。那时候，受近铁历史教室的委托，我们要做药师寺西塔缩小十分之一的教学模型，这个模型现在还在近铁奈良车站上边的历史教室里展出着呢。

学术模型就是从斗拱、柱子到椽子，每一处都要跟实物一样，准确无误地复原制作，可真是不容易。从柱子的尺寸、窗棂格子、承横木、梁到内部的结构，都必须是准确的十分之一，跟建造真正的塔一样，只是比实物缩小了十分之一而已。工艺精细，不能因为是模型就敷衍了事，那是完全不可以的。因此，制作一个模型通常要用两年的时间，费用也差不多跟建一个普通民宅那么贵，那个年代就需要差不多一千五百万日元 [1]。那时候，药师寺的西塔还没复建呢，现在大家看到的西塔是在昭和五十六年（1981

---

[1] 约合八十万人民币。

年）复建的。因此那时候是先设计，再制作模型，这样的工作对学习特别有帮助。因为制作模型就跟建造一座真的塔一样，工序是完全一样的，能很清晰地了解它的内部构造。我刚好跟着栋梁做了一部分法轮寺三重塔的工程，因此，制作模型对我帮助太大了。这真是个绝好的机会。

栋梁那段时间真没少做这类学术模型。东京国立博物馆现存的法隆寺五重塔十分之一比例的模型就是那时候做的，法隆寺讲堂中陈列的大殿结构模型也是。模型的制作可不是简单的制作，需要制作它的人拥有关于整个寺庙伽蓝结构的知识。

药师寺的学术模型完成了以后，昭和四十五年（1970年），我们就开始建造药师寺的大殿了。我负责画图。栋梁因为我之前在日御碕学过画图，所以就把画图的工作都交给我了。在这期间，我见到了很多古建方面的学者，以及负责古建设计的专家和学者，形形色色的人。

一般情况下，木匠的学徒是从扫地、打扫干活的现场这些琐碎的下等活计开始的。但我是相反的，前边的过程都免了，直接从干活开始。这也许是西冈栋梁的考虑，也许是正好赶上了好时代。那个时期，大的工程几乎一个接着一个，这些都给了我很好的学习机会。在稍早那些年，连西冈栋梁自己都没有工作干，一直都在打磨锅盖呢。日本正好进入了一个高度发展的时期。虽然他觉得我入门时的年龄已经不小了，但是因为有这些工程，就可以让他带徒弟，所以我才有了学习和锻炼的机会，而且是在这么短的时间内。

那时候不知道为什么，栋梁对外人从不说我是他的徒弟，所以我也不知道在外人面前我到底该管他叫什么合适，有时候叫"栋梁"，有时候叫"师父"，也有时候叫"老师"。只有我们两个人的时候，因为不需要说什么话，倒是无所谓。但是有外人在场的时候，一开口总得有个称谓吧。

最近，好像栋梁对别人说："我从一开始就没有想把他培养成一般的木匠，就是想往栋梁上培养的。"但在当时我完全没有察觉，只不过或多或少地觉得我们的关系跟别的师徒关系不太一样。那时候自己还从没想过能当栋梁呢。

记得在药师寺大殿立柱仪式时，发生过这样一件事。所有前来参加仪式的匠人都有自己的职责，身穿一身白，唱着搬运木材时唱的号子歌。只有我一个人没有任何事情，像是一个旁观者。主持仪式的是西冈栋梁，他怎么会忘了给我安排事情呢，但是真的没有任何任务给我。反而是其他同仁们给我戴上一顶黑帽子，让我在仪式中扮成了"检知"

这一职务。

为什么栋梁在当时没有给我任何任务，我是在事后很久才知道的。

栋梁当时的用意是"今后你也是要成为栋梁的人，因此，在那样的场合，栋梁都需要做什么，希望你好好看清楚"，可他当时什么也不告诉我，我自己还觉得很委屈呢。要不是同仁们给了我一个职责，我还真不知道那天怎么参加那个仪式呢。

栋梁是个从不给人任何期待，也从不吹牛说大话的人。他认为，在工作上，一切好听的顺耳的都不利于学习。

担任法轮寺三重塔的副栋梁

药师寺大殿的立柱仪式刚刚结束，法轮寺那边的资金就筹措得差不多了，于是工程又要重新开始了。而这个时期，栋梁需要身兼法轮寺和药师寺两边的栋梁。药师寺大殿的工程也刚刚开始，栋梁大概觉得他兼顾两边的话会有难度，于是就让我替他来负责法轮寺这边的工程。昭和四十八年（1973年），我二十六岁，入门刚满五年，就担起了栋梁的重任。

1986 年，七十八岁的西冈常一与弟子小川三夫在药师寺西塔前

小川三夫在药师寺大殿立柱仪式中扮成"检知"

法轮寺就这样由我一个人去做了。我给在药师寺干活时认识的建筑坊的师傅，和已经回青森县老家的一个手艺人写信，把他们都招呼回来一起干活。后来，曾经在药师寺跟我一起干过活的手艺人又被我招呼了两个，他们都很愿意来法轮寺跟我一起干。这样一来，我这里一下子就有了四个成熟的匠人，而且他们都比我年长几岁。

刚开始建法轮寺的时候，栋梁告诉我这个工程下来，大概需要动员的总人数应该是四千五百人次。也就是说，要建造整个法轮寺，各工种加起来所需要的总体人工数是四千五百人。那时候我就想，复建一个飞鸟时期的建筑，样子还要完全一样的，但是，我们的技术肯定不如他们。如果有一点能超过他们的话，也只是在人数上了吧。如果我们能控制在两千五百人次来完成的话，那不就是进步吗？当时，承建法轮寺整体建筑的是大牌公司清水建设，我把自己的这个想法跟清水建设的人讲了，我跟他说，我们不但要人数少，还要缩短时间，这样可以把节省下来的费用用来修复寺里其他已经损坏了的地方。作为清水建设方面，只要不超出预算，具体做什么、怎么做，他们都不会干预。

我们这些在现场干活的匠人都很年轻，大家齐心合力意气风发地全身心倾注在工程上，干得别提多起劲了，同时也很愉快。有时候大家都等不及早班车，早早地走着就到工地来了。没有人想自己是来挣钱的，或者自己该挣多少钱，而都在想如何能为寺庙尽量多做点事情。

很多人问我，你二十六岁担这么重的担子不害怕吗？这大概就是性格的缘故吧？我当时年轻气壮，完全没有什么感觉不安的。后来栋梁在谈到这件事情的时候还说过，"那小子会用人，有胆量"。这就算是夸我吧。我自己在当时完全没有意识，只是偶然的机会，接受了这个任务并顺利地完成了它。

在即将竣工的时候，栋梁来看了我们的现场，开口第一句就问："用铁料了吗？"

因为清水建设的设计图纸上有铁料的部分，现场也堆放了一些铁料。但是因为栋梁之前一直坚持不用铁料，现场的铁料就那么一直堆在那里。用还是不用的争论一直都没结束，跟寺庙的约定也是最小限度地使用铁料。我因为图纸上标有使用铁料的说明，就在最小范围内用了很少的一点，栋梁听了以后，还是冷冷地说了一句："用了铁料，这个建筑就好不了了，一定会从那里烂掉。"

昭和五十年(1975年)，三重塔完工了。不光我自己担心，周围的人也都捏了一把汗，但是它真的被我们建成了。在

建造法轮寺三重塔期间的小川三夫

小川三夫与其他匠人以及幸田文（身穿和服的女士）

在法轮寺三重塔现场

三重塔的建造过程中，为了便于施工，我们在它的周围修建了一个临时顶棚作为落脚点。因此，塔的全貌在临时顶棚被拆掉之前是看不到的。拆除临时顶棚的那天，我站在塔的下边一直看着它。

临时顶棚是从上往下一点点地拆除的。最上边的一层拆掉以后，最先看到了最顶端的"相轮"，当三重塔慢慢地显现出来的时候，我的脸一下子就绿了，塔顶非常地倾斜，檐子是反着朝向天空的。我觉得这简直是犯下了切腹之罪啊。我僵硬地站在那里，一眼不眨地一直盯着塔看，渐渐地，二重、初重也显现了出来，原来，檐子的反向是我眼睛的错觉。一般只看到最上边三重的时候是会看成反向的。我反复地、不停地看了很久。直到现在，那时候的反向错觉现象还会出现在梦里呢。

法轮寺的三重塔算是我从头到尾独立完成的第一个大工作。因为它就建在我们"鵤工舍"奈良工坊的旁边，所以每天到工坊去的路上都能看到它，从工坊的窗户也能看得到。

我对这第一个作品满意不满意？

这个还挺难回答的。现在回想起来，会有"当时如果这样就好了"或者"如果那样就好了"的地方。建筑就是这样，它是不能返工的，胜负都在当时的判断上。

在西冈楹光临终前看到的匠人之魂

法轮寺三重塔建成后不久，栋梁的父亲楹光就病倒了。其实，这个三重塔原本是他要参与建造的，连图纸他都准备了。但毕竟当时他也是八十多岁的人了，所以，寺里的住持就跟他说交给常一来做吧。这样才从楹光手中转给了常一。匠人对待这类的事情是很固执的，干活的时候就连自己的儿子都看成是敌人和对手，所以父亲一定是于心不甘的，尽管在形式上我们还是让他挂名总栋梁。

楹光病倒以后大概过了两个月，有一天，他把全家老小，包括亲戚都召集在一起。在医院住了一些日子，他已经预感到自己来日无多，家里人就把他接回家了。回家一周以后他就走了，走的时候他已经九十三岁了。接他回家的时候，大家心里都清楚，回家的意思就是回去等死了。从医院回家的那天，亲戚们跟司机说希望从法轮寺绕一下，因为三重塔已经建成了，想让他看看。我跟栋梁和他坐在同一辆车里。他因为已经病得很重，所以特别安排了可以躺倒的卧铺车。到了法轮寺，把车停下来，我对他说："爷爷，法轮寺的塔已经建好了，临时屋顶也拆掉了。您看看吧。"于是，他慢慢地起身，透过窗户看过去。栋梁也跟他说："看到了吗？看到了吗？"他低声地说："看到了。"但是，当我看他的脸的时候才发现，他的眼睛是紧紧地闭着的，所以他应该什么都没看见，还催促着说："快走吧。"

一个星期以后他就走了。"手艺人到死都是这么执着的"，这就是我当时的感受。西冈栋梁让我们在三重塔的横梁上边写上了"总栋梁西冈楢光"几个字，意思是这个塔是父亲复建的，以此作为纪念吧。

栋梁常说："我父亲的手艺很差。"但是其实他的父亲在工程测算和用人上都很棒。栋梁跟他的父亲一直是一对竞争对手，双方都很在意对方。每当一说到这个，栋梁就会否认，但又一直说"我父亲手艺很差"。

我觉得栋梁的父亲也是个了不起的手艺人。他们父子俩的关系虽然不好，但是这两个伟大的栋梁倒是都对我很好。我有点像传令兵的感觉，所以知道很多事情。他们对下属都很好，无论是人格，还是作为宫殿木匠的栋梁，我觉得他们都是了不起的人。栋梁的父亲二十三岁入赘来到西冈家，跟着栋梁的祖父开始学习木匠，自己最终也成了栋梁，这不是一般的努力能做得到的。我的师父应该了解这些。

楢光直到生命的最后都没有离开他在法隆寺的工作现

场。作为家族中第二代法隆寺栋梁，这应该是他人生最好的落幕。所以父亲去世以后栋梁一直都没有去取他的工具，直到三年祭结束了以后，才把他的工具取回来。

"已经过了三年，可以把放在法隆寺的父亲的工具取回来了。"

栋梁、栋梁的弟弟楢二郎，还有我，我们三个人去取工具。但是工具已经所剩无几了，都被在那里帮忙的人用了。栋梁也是一个没有贪欲的人，对这个也无所谓，就把剩下的带回来，我们三个人各自分了一两件算是留作纪念。只是个纪念而已，因为我们都有自己的工具。

栋梁弟弟楢二郎的匠人艺

西冈栋梁的弟弟楢二郎是一个用工具用得特别好的人。他的工具漂亮极了。我们都亲切地管他叫"小楢"。他身材魁梧，比栋梁显得健壮，看上去有一股荒野武士的风貌。他话很少，基本上很少开口，但是人很温和，跟栋梁一样，也是滴酒不沾。西冈栋梁接替父亲，成了法隆寺的栋梁，弟弟楢二郎当了公务员，分在文物保护科，被派遣到法隆寺来工作。

父亲（楮光）、西冈栋梁、楮二郎，这三个人都出自一个师父，就是祖父常吉。如果从传承的角度看，他们其实还是师兄弟的关系。父子都是宫殿大木匠，想想这是怎样的家庭啊，其中任何一个都是国宝级的人物。父子之间也有竞争的意识，父子、兄弟都是手艺人，都是竞争对手，谁都不服谁，为了成为最好的那一个而拼命地努力不懈。

尽管他们都是这样了不起的工匠，但我还是觉得楮二郎在工具的使用上是他们三个中最好的。他的工具保养得也好，他总是把工具打磨得让人在看过一眼之后就会情不自禁地赞叹。另外，楮二郎虽然身材高大，但他是一个从不声张的低调的人。我的师父在现场就是那种不太声张的人，楮二郎更是。他们俩在一起的时候我师父还会显得更能说一些。

我建法轮寺的时候，楮二郎来帮忙，闲歇的时候，他会闷声闷气地跟我说几句话。每天到工地来的时候，他总是穿着脚趾分开的短布袜，再踏一双草屐。前边我说过，无论是工具的用法还是打磨的方法，我师父西冈栋梁教人的方法就是，给你看一下他的工具，说："就是这样哈。"然后就不会再说什么了。直到你自己理解，找到方法为止，他什么都不会再说了。

但是楢二郎就会告诉我，刨子是这样用的，凿子是这样的，打磨也可以这样，等等。他也会打开自己的工具箱，一个一个地拿出来给我看。在我看来，如果论工具的使用，没有人能出其右。他的胸怀也不是一般人所能企及的。

木匠，说白了就是对着木头做文章，把木料削好刻好就是我们的工作，但是组建的时候就未必是我们做了。从前，木匠把削刻好的木料，交由人称"鸢人"的匠人们搬运到现场并进行组建。进行削和刻的工序的木匠要对自己的手艺充满完全的自信才敢上手。我觉得楢二郎对于工具的使用，比我师父还要略胜一筹。无论刨子还是凿子，他都用得非常棒。

楢二郎跟他们的父亲（楢光）经常交谈。我师父因为是作为他们祖父常吉的接班人被特别培养的，因此，每当西冈家族的人聚在一起的时候，师父也总是显得很孤立。这也说明，他是一个责任感非常强的人，任何时候都不放松对自己的要求，即使是跟家人在一起也一样。

楢二郎来找我师父，也就是他自己的哥哥一起吃饭聊天的场景，我也只看到过一次，还是在他们的父亲去世三年后，我们一起去取他老人家留下的工具，回来的时候我师父说，"要不一起吃个饭吧"。这是很少见的，也许是因为想起了他们的父亲。因为这是从未有过的事，所以估计楢二郎也觉得很意外，不禁问了一句："真的吗？"于是我们三个人一起吃了一顿饭。

也就在吃完那顿饭的一周以后，楢二郎在维修法隆寺的回廊时突发心肌梗塞，猝死。他也是一辈子都活在手艺世界里了不起的匠人。

我从"小楢"的身上也学到了很多的东西，不光是工具的用法，他展现给我的还有他作为手艺人的人格和一个宫殿大木匠的气息。

我觉得，西冈师父是作为法隆寺专属木匠世家的西冈家族最后的绽放，而成就了他的绽放的是他的父亲和弟弟这样了不起的工匠。他们虽然什么都不说，但是会始终默默地在旁边帮助他，他们之间的关系表面上看起来就是竞争对手，但也正是这样的竞争意识才让西冈师父始终不懈地努力，从而脱颖而出。因为任何人都不可能一下子成为伟大的栋梁，这中间需要诸多的磨练和培养。我当然从西冈师父那里学到了很多，但是，从他的父亲和楢二郎那里同样也学到了很多。

高田好胤住持的一句话

就我今生木匠修行的现场而言，西冈师父那里无疑是最重要的，而另一个重要的场所应该是药师寺。当然，法轮寺、安稳寺以及国泰寺等等，在我手艺的成长过程中也都是非常重要的场所。但是，每当我回忆自己修行时期的事情，还是觉得，对于我来说药师寺的意义是最非同寻常的。

之所以这样说，首先是因为我有幸跟着师父参与了药师寺的重建工程。而这个重要的工程也是让西冈师父作为宫殿木匠最后一次绽放的机会。可以说他在这次绽放的过程中，是倾尽了自己作为宫殿木匠的所有智慧和技术，我荣幸地跟随他见证了整个过程。而另一方面，我的受教还来自药师寺的管长高田好胤。

在我还住在师父家学徒的时候，有一次，师父派我去东京的文部省办事。我从京都坐新干线，管长也在同一个车厢。那时候我不太爱说话，所以就显得很尴尬。当时我想干脆去别的车厢算了，就在这时候，管长叫住我，说："小川，你这是要往哪里逃啊？"接着他问我坐车要去哪里，我说去东京。他说："那太好了，我们是一路。"我原以为管长级别的人怎么也应该坐指定席,而不是自由席[1]的车厢,没想到他也跟我一样坐了自由席。车厢里认识管长的人都对他双手合十地寒暄,管长都一一回敬。我被他招呼了以后,没办法,也只好硬着头皮跟管长坐一起了。那天管长好像没吃早饭,同行的人招呼他一起去餐车吃饭,他拒绝了,然后随手买了推车叫卖的三明治,还给我也买了一份。我们边吃边聊。他对我说:"现在大家都认为我是和尚艺人,但这些对于我来说都无所谓。我的脑子里只想着能为药师寺做点什么。你也一样,要去除一切私念,只专注于想西冈师傅的事就够了。"

当初我入门的时候,师父就跟我说过,不要看书、看报、看电视,只要一门心思磨工具就可以了。但是我心里还是在犹豫,不读书不看报,那还不被社会淘汰了吗?虽然当时我遵守了师父的教诲,但直到那天听了高田管长的这句话,才让我动摇的心定了下来。

通常情况下,一旦入门当了徒弟,就想尽快能成为一个合格的手艺人,就会把自己的愿望全都寄托在跟随的师父的身上。但是即使寄托在师父身上,也还是会有"这样

---

[1] 自由席:不对号入座,不确保座位,价格上比指定席优惠约五百日元。

做行吗？这样做对吗？"的种种疑问。而当心里有这些疑问的时候，就是很难向前进步的时候。因此，那时候高田管长的那一句话，很好地提醒了我。现在，我自己也成立了木匠集体"鵤工舍"，自己能作为宫殿木匠工作到今天，也都是因为那时候的那些话和那些事的启发。

关于工具

入门以后，最先练习磨的工具是凿子，真难磨。是因为它有把柄吧，那个把柄特别捣乱，总是磨不好。把柄是笔直的，所以需要水平地运动，但是这个水平运动就是很难做到。所以那时候我经常手里拿着根棍子，边走边琢磨着练习。随着时间慢慢地掌握了一些技巧，磨得好一些了以后，就连很窄的凿子我也能磨得很好了，因为窄的更难磨。相反地，刨子其实很好磨。

最先给自己买的工具应该是磨刀石，很贵。挑选磨刀石也不是件容易的事，而且最好不要听别人的诱导，也不要让别人帮助挑选，一定要自掏腰包，自己挑选。当然，这样的话，也许碰上好的，也许倒霉，赶上了不好的，但是如果不这样的话，就永远都学不会。西冈师父也说过："买十个能碰上一个好的就算万幸了。"

我最开始买的磨刀石的价格，在当时就是三万日元了，按照现在的市价，差不多合五十万元[1]了。那真是下了好大的狠心才买的。磨刀石很重要，因为再好的工具，如果没有好的磨刀石来打磨和维护，也是磨不出好刀刃的。而且如果磨刀石不好的话，再怎么磨都没用。相反，如果工具有些问题，但只要磨刀石好，经过反复地磨，或许还能让工具变好。

因此木匠都很珍视磨刀石，自己的磨刀石都不愿意让任何人碰。因为每个人的磨法不同，被别人用了以后，就会形成别人的习惯。西冈师父的磨刀石从不让别人碰，平时是用一个很特别的大漆的盖子盖着的，非常珍贵。

木匠用的工具要求刀刃锋利。从前，常使用磨刀石的业种有两个，一个是皮匠，还有一个是剃头的师傅。

一般我们去干活的时候，会带三块磨刀石（一块大小约为 20.5cm × 5cm × 2.5cm）到施工现场。这三块是粗磨石、中磨石和收尾石，有这三块基本上就够了。除此之外，还有一个叫作"名仓"的磨石，是用来修缓磨刀石的表面的。

---

[1] 三万日元约合一千七百元人民币，五十万日元约合两万七千元人民币。

西冈常一与小川三夫在测量药师寺西塔

总之，有了基本的那三块就够了。

工具真是不可思议。你用心地使用它们，它们也会回馈给你。工具就像是自己的手的分身一样，在每天的使用过程中，能感觉得到像是有种魂气从那里传递过来。

要耐心细心地对待它们。在寒冷的冬季，要像温暖身体一样地温暖锯子。如果不这样，很容易在用的时候稍微一弯，就折断了。凿子也会浑身卷起软软的刨花。

西冈师父现在已经不用工具干活了，你看他的工具箱，那些工具看上去虽然因为长时间没有打磨而显得不是那么锋利，但不可思议的是，它们随时都能马上拿出来就用，工具们就好像是一直都在候场呢。一般人的情况，如果放置三天不用的话，工具看上去就会显得很颓废了。

师父的工具数量并不多。从前，匠人们都是拎着工具箱子走四方的。但是现在，如果承建一个工程，需要用一两辆卡车才能把所需要的工具拉完，因为会有很多电动的工具。也就是说，现在的人，如果没有那么多的工具已经没法干活了。现在不是用工具干活，而是更多地受制于工具。

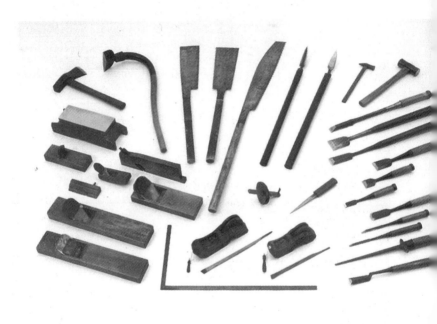

磨刀石，大小约为 20.5 × 5 × 2.5cm

西冈栋梁的教育法

从一开始跟着师父学徒，他就从没跟我说过"这个这样做"或者"那个这样做"这样的话。当初，在二楼的棚房里，他亲自用刨子刨了一片刨花，然后拿给我看，说："这就是刨花。"

我把那片刨花贴在窗户的玻璃上，然后每天都花很多时间在练习和研究刨木头上，就是为了也能刨出那样的刨花，因为那是他给我的标准。因为不是技能训练学校，所以也不会有人告诉你"这个台子的这里还需要改改"或者"这里做得还不够"。师父只给了我一片刨花，只告诉我刨花应该是这样的，仅此而已。当初他的祖父也是这样教育他的。

但是，一个已经高中毕业来学徒的半大小伙子，和从小在祖父身边每天看着那些刨花长大的师父相比，怎么可能一样呢。从小耳濡目染的东西，长大了也会体现在你的行动上。比如，我跟师父的二儿子贤二郎一起在地里割草，我看他的动作就觉得与众不同，因为他从小在师父身边跟着树木一起长大，对木头对工具都是非常熟悉的，他的身体是有记忆的。而我是半路入门，所以完全不一样。

虽然师父只跟我说了"刨花是这样的"，但我觉得这也

没有大工程的时候，西冈会指导小川做一些小木器

是一种教育的方法。正因为只告诉了这个，就需要靠自己去琢磨和训练，如果手把手地教给你这样做、那样做的话，当那只手离开了以后怎么办呢，每个人感受的东西是不同的。师父有时候也会跟我说一些事情，但在他说的那个时刻可能我还理解不了，等过一段时间以后，也许一个很偶然的契合，一下子就恍然大悟了，原来师父说的是这个意思啊。但是这个时间差，在我彻底习惯了师父的这般用意之前，我一直都以为是他在故意刁难我。

同样的情况，如果我是在技能训练学校学习的话，可能又不一样。在学校里，老师会告诉你"这样刨就能刨好"，然后这个被告知的方法会一直在你的脑子里挥之不去。你也会尽可能地向这个方法靠拢，因为它挥之不去，其实这已经是禁锢了你的大脑，你反倒弄不明白了。对于一个木匠来说，我们首先是靠身体去记住手艺的，其他一切智慧都是多余的。靠自己琢磨，然后再用身体去记下的手艺，是有伸展的空间和无限的可能性的。因此，从某种意义上讲，没有智慧也不重要，它反而能让技艺更率真地扎根在你的身体里。但是，如果跟你说让你丢掉智慧，估计也很难做到。人，离开了所谓的智慧往往就寸步难行了。

高中的修学旅行，出发前老师都会告诉我们："你们要注意看，法隆寺的百济观音是飞鸟时期的作品，受中国南北朝木雕的影响，衣服上的饰品以及曲线都很美。"

因为老师这样告诉我们了，所以同学们到了那里就会注意地看一下，"原来真是这样啊"。

大家也会像评论家那样发表一下自己的看法，因为脑子里已经被事先灌输了预备的知识，当然更多的知识也没有。除了老师教导的知识以外，再没有什么了。但是如果去之前老师什么都不告诉，把我们带到观音像前，完全让我们自己看，用自己的眼睛去寻找，去判断那些到底是不是美，那又是另一种境界了。

关于这个后边我还会讲到。入门学徒，首先要做的第一件事就是去掉自身已有的毛病。

关于师兄弟

我学徒的时候，当时在西冈师父手下干活的，现在也是宫殿大木匠的菊池恭二和冲永考一，这两个人那时候算是我的师弟了。前些日子有个机会正好跟他们见了面，顺便也问了一下他们当初入门的经历，也都很有意思。

　　菊池是中学毕业以后入门的，家里是农民，刚开始先投奔的是建一般民宅的师傅的门，因为菊池的哥哥也在那个师傅的门下学徒。他在那里学徒三年，出徒后又给师傅干了一年，后来又去了另外的师傅那里干了一年，是吃住在师傅家的那种，也算是修业吧。那时候他也接一些附近寺庙的维修工作。这个修业也满了以后，他就回老家了。家乡的寺庙住持借给他一本高田好胤住持写的名为《心》的书给他，让他好好读读。在这本书的最后，好胤住持写了关于抄经的事情，以及通过抄经募捐修药师寺金殿的事情。看了这些内容以后，他动了想去药师寺看看的念头，就利用那一年八月间的盂兰盆节去了药师寺。在那里他看到了药师寺的东塔，并被它深深地打动了，他想自己将来也要建造那样的塔。然后他就去问药师寺负责接待的工作人员，金殿是谁建的。工作人员告诉他，金殿是一个叫西冈常一的法隆寺工匠建的。他又找到法隆寺，那里的人把西冈师父家的地址告诉了他。他立刻就去师父家拜访了，完全没提前联系，很突然地造访。当时师父正在接受 NHK 的拍摄采访，让他等着，完了以后才跟他说上话。他跟师父讲了自己家里的情况，以及自己在别处的学徒刚结束等一系列的事情，恳请西冈师父能带着他一起进行寺庙的建设。师父说这件事自己做不了主，让他去找管事的人问问，就给药师寺的生驹（昌胤）师傅写了介绍信，让他拿着去找。这个过程几乎跟我一样。于是，菊池拿着介绍信又返回了药师寺，见到了生驹师傅。生驹师傅询问了一番以后也说自己不能完全决定，需要跟别的师傅们再讨论一下，并让他过了盂兰盆节以后，八月十七号再来一趟。菊池的老家在东北岩手县的远野市，来来回回也很不方便，于是他就在京都车站前边找了一家小旅馆住下。等到十七号再去的时候，西冈师父告诉他，他可以去药师寺工作了。

而就在他之前不久，一个从九州投奔这里的，也是木匠刚出徒的叫冲永的人已经先来了一步。这个冲永现在在我们鵤工舍工作，主要负责学术用模型的制作，手艺真的很好。他是个奇怪的人，说自己这辈子就想当一个能用工具干活的人就满足了。所以，无论是打磨工具的方法，还是手上的功夫，冲永都是一流的。他会在工坊里慢工细作地制作三重塔、五重塔。这样的手艺人真是太珍贵了，因为仅仅靠看图纸是无法想象实际完成时的样子的，因此，他这样的人才是非常有用的。模型也是我们作为宫殿木匠的一项很重要的工作，像冲永这样做了无数大殿和塔的模型的手艺人，在日本还真不多。他是在读了高田好胤师傅写的《情》那本书以后，给高田管长写信找来的。他在信里写："我上中学的时候做过药师寺三重塔的模型，如果可能的话，我想参加用真正的木头建造药师寺大殿的工程。"西冈师父给他回复："大殿不能完全用木头，也许会用水泥，如果这样也可以的话，请你来吧。"

于是冲永就来了。三个月以后，菊池也来了。那时候，冲永二十三岁，菊池二十一岁。我正好替师父去建法轮寺，离开了药师寺的工地。但是我们会在宿舍里遇到，所以他们来的事情我是知道的。

那时候，为了药师寺大殿的建设，从各地汇集来了不少木匠呢，都住在宿舍里。他们俩刚来的时候也被西冈师父要求看了工具，他们的工具也都不行，跟我一样。我们自己都觉得能用，但在师父这里却都通不过。后来他们俩看了其他手艺人的工具，都很吃惊，原来仅仅是磨这么一件事，就会如此不同。于是住在宿舍里，一切从头开始。还不仅是工具的问题，他们也是第一次面对那么多堆积如山的粗大木料，完全不知道该如何下手。之前他们还分别在别处经过了五年的学徒呢，刚来的时候，还是被那些巨大的木料震住了。后来才开始在西冈师父的手底下慢慢地学着干起来。

后来的新人菊池每天早晨五点起床，要先打扫"原寸场"，还要打扫厕所，然后去打开加工材料用的工棚的大门，往地面上洒水，之后回宿舍吃饭。吃了饭到工棚干一会儿活，七点的时候还要再回宿舍烧开水。因为西冈师父会坐七点四十分到达的公交车来现场，要给他泡好茶端到现场。所以菊池要先在茶壶里放好茶叶，等师父一到往壶里倒上开水就可以出茶了。这样的事他一做就是五年。

"原寸场"是尺寸放大的工作室的意思，也就是把画在图纸上的尺寸，以实际建筑的尺寸放大到木板上的工作室。这个工作一直都是西冈师父在做，因此每天打扫工作室的话，就会明白施工图原来是这么画出来的，全部木料原来要进行这样的处理。如果他让谁来打扫这个原寸场，就像当初让我扫棚房一样，那也就意味着是让你到这里来学习的。这就是西冈师父带徒弟的方法。所以，即使你在别处可能已经出徒了，但在这里，你有可能连画墨线、削刻木料这些简单的工作都做不了，只能干搭建脚手架和搬搬木料这些杂活。

菊池通常每天工作到四点五十分打铃，五点放下手上的活，再回到原寸场，然后烧水等师父。这时候作为主栋梁的西冈师父和另外两个副栋梁会来到原寸场，边喝茶边开个小会，反省一下今天的工作，再布置一下明天的任务。

师父喜欢喝茶，经常自己买来茶叶然后交给菊池。师父会跟副栋梁说很多话，菊池说听师父说话就是最好的学习。

一般到周日休息的时候，他们也会跟着其他师兄弟或前辈手艺人一起到奈良的寺庙转转。我那时候已经结婚，搬出宿舍住到公寓去了，但我也经常跟他们一起去转那些寺庙。

大家就是这么学习掌握技艺的。这个时候的药师寺，因为有不少手艺人的加入，大家一起工作一起学习，就像是一个学校一样，工地就是我们的学校，真是太好了。老师也拿着工具跟我们一起干活，看到的、说到的，都是活生生的样板。

不懂的地方怎么问

用菊池的话说，西冈师父很可怕。怎么可怕呢？师父的可怕不是那种发怒式的，而是对待每一件事情的那种认真的态度，让人觉得非常严厉，就连他的想法也是非常严厉的。无论是干活还是谈话，他从没有一意孤行的傲慢态度，但还是会让人觉得他很严厉。我也是属于那种不太善于语言表达的人，但是师父要说的话、要做的事，我总是会切合实际地感受得到。但他的确也让我觉得很严厉。

菊池在工作中经常会遇到"这个该怎么做"这样的疑问，等到跟师父一起喝茶的时候他就会问，这个时候师父就会反问他："菊池君，你觉得应该怎样呢？"

那大概是建造药师寺西塔的时候吧。有一次菊池问师父："三重塔柱子的间隔是多少？"师父听了以后反问他："东塔是多少啊？"听了这个，菊池赶忙跑去看东塔。

三年来每天都在这里工作，好像每天都在看，其实没有真看进去。菊池反省自己没长一双会观察的眼睛，但其实我们人不都一样吗？每天眼睛看到的东西反而不会认真观察，如果不是留心去看、去观察的话，即使它一直在那里，估计我们一辈子也不会特别留意。

师父那样回答就是这个意思，他从来都不会直接告诉你结果。也因此，我从不敢轻易地向师父提问。这样也许不对，但是如果我没有充分地想好，或者事先没有经过充分的考虑，我是不敢开口向师父提问的。

师父的说法是，"自己连考虑都没考虑过就向别人提问，是很失礼的事情"，也就是说，在向别人提问的时候，应该先说明自己的想法或理解。关于这一点我深有感受。

据说师父在家庭中也是这样。他的儿子们如果有不懂的作业问他，他也会说："你自己怎么认为？"他一定会在回答你的问题之前反问你这样的问题。或者说："那，这个怎样呢？"如果这样提示你你还不懂的话，他可就真要生气了，有时候还会拳脚相加呢，可怕吧？即使是今天，他的儿子们一提到这个还记忆犹新呢。

西冈师父对任何人都很严厉，但是现在想想，应该说他对自己是最严厉的，所以才让徒弟和身边的人都觉得很严厉。

菊池和冲永也都这样觉得。他们跟我虽然形式不同，但也都算是西冈师父的徒弟，我们都是在吸收师父精湛的技艺。因此，学技就是这样吧，守着一个好的师父，自己主动地去领会和吸收，不是等着师父给予，而是自己去"学"。

图是读懂的而不是看懂的

我画过不少图纸，各处的都有。先是在日御碕学习了绘制图纸的技能，后来又跟着师父建法轮寺，还是画图。那之后，我又负责了现场的施工，所以，对图纸和施工的关系就有了更进一步的了解。如果不懂工程光会画图也是不行的，对于这一点，现在的设计师应该更清楚地了解一下。

很多设计师总是喜欢用奇拔的想法来设计一个建筑，把一个建筑当成画来展示，实际操作起来才发现很多想法根本无法实现。比如，支撑轩沿部分的尾垂木应该怎样处理？这些关键的方法都没有明确的说明。

就像建造法轮寺三重塔的时候，当要开始实际建造的时候才发现，设计图中很多地方都是不合适的，需要修改。

因为交给我们的图纸是把法隆寺五重塔的初重、三重和五重的部分拿来而已，"大概就是这个比例吧"的感觉。但是，如果按照那个比例建造的话，整体出来的效果一定是瘪的蠢的，不可能出来轻盈的美感。如果按照这个比例建造的话，那就要整体抬高塔才行。可是，塔的整体高度是已经定好了的，这时候已经不可能改了。因此，我们把二重的柱子稍稍地降了一些，而降下来的部分又在三重上找补了一些，显得三重的部分很伸展。如果不做这样的修改，那么整个塔看上去就是一个厚重蠢钝的感觉了。但是这个修改的图纸我们并没有给设计师看，给他们看，他们也不可能理解。如果他们懂的话，从一开始就不会按照那个尺寸设计了。我想他们也是汇集了很多数据才设计了三重塔的图纸，但数据不是一切。法轮寺的三重塔不是这里或那里的三重塔，也不是这里那里的数据拼凑出来的，它就应

该是属于法轮寺的三重塔。

我们不是在建某一个仪式中的某一个道具。我们的每一个工程现场都是战场啊，像在荷枪实弹地战斗一样。我们在建一座佛殿或者佛塔的时候，想的都是怎么才能让它们保持得长久。同时，建的过程中，如果哪里不合适、哪里出现了问题，都无法返工修理。还有，因为在我们的前面，已经有古代工匠在一千三百年前建造的法隆寺那样伟大的建筑，所以如果我们盖的建筑很快就倒了、坏了，那我们该多么无地自容。也正因为如此，每逢遇到地震或者刮台风的时候，心里就会犯嘀咕，我们的建筑没事吧？没事吧？

西冈师父常说，我们在盖一个建筑的时候，首先要想到两百年、三百年以后它是否还在。这样一想，你自然就会特别认真地对待它了。虽然这当中会有很多的辛苦和艰难，但也会有很多的趣味。建筑，不同于艺术品和工艺品，因为它是逆地球引力而向上建造，这算是逆自然而建，所以就更要让它耐得起风雨。于是，仅仅靠大脑想，然后像绘画一样单纯地把图纸画出来是不行的。但其实无论我们建造多么伟大的建筑，留给后世的往往只是设计者的名字，作为建造者的我们的名字是不会留下的。但是，作为建造者，我们所要承担的任务却是既要让它拥有顶天立地、优美的形态，还要让它能在大自然当中长久地存在。

如果画设计图纸的人也能理解树木的性质，也了解树材是怎么组装构建起来的，那情况也许就不一样了。现在的人，把每个业种都分得很细，这也是很无奈的事情。师父当初让我去学习绘图，就是考虑到绘图其实也是我们木匠的分内之事，也是一项非常重要的工作。木匠加工木头的时候看看图纸，一边看图纸，一边加工。那时候师父就经常说："图纸要读，不要看。图纸上的木头是这样的，木头的后边又是什么样呢？所以，看图纸不能光看上边，还要能看到它的背面。"

另外，我们做一个建筑的时候，是不能完全按照图纸上标记的尺寸建的。因为木头的生命还一直在延续着，如果严格地按照尺寸建造，那么木结构的建筑是不能很好地存活的。我们木匠的口诀中不是就有"堂塔的木构不按寸法而要按树的癖性构建"，所以，如果没有木构的经验，最终就会像建钢筋水泥的房子那样，只依赖具体的数据绘制施工图纸，但是对待木头是不能这样的。对于这个，自古以来就是一个自然的戒律。

法隆寺的魔鬼

据说有人称西冈师父是"法隆寺的魔鬼",也就是说,他在人们的心目中很可怕。了解西冈师父出身经历的人,以及熟悉师父做事原则的人就会知道,他是从小就为日后能成为伟大的栋梁而接受严格而全面的教育的人。他居住的地方是法隆寺西里,师父一生的绝大部分时间都是在这里度过的,应该说没有法隆寺也就没有大木匠西冈常一。

把师父培养成栋梁的他的祖父是生于江户时代的人,祖父的家世世代代都是奉公于法隆寺的木匠,在他祖父这一代荣升为栋梁。那个时代的人的责任感,就是倾尽自己之所有也要保护好法隆寺。他自己没有儿子,于是招了入赘的女婿。作为长孙的常一刚一出生,祖父就决定要把自己的技术完完全全地传承给这个孙子。在常一六岁的时候,他把自己栋梁的职位移交给弟弟,从而把自己全部的精力都用在了培养女婿楢光和孙子常一上了。他的培养方法非同寻常,从替孙子挑选学校开始,考虑到将来作为栋梁,不光要了解树木,还需要了解土地,于是,祖父让他去上了农业技术学校,毕业后又从事了两年的农业劳作以后才正式去做木匠。所以师父的内心想的也都是法隆寺的事情,因为自己家族世代的使命就是为法隆寺奉公，从小接受的就是这样的教育。这跟我们从外边来入门的徒弟在对待法隆寺的时候，从情感上也是不同的。我们也很难理解他们的心情。所以，我们即便修得了宫殿木匠的技术和心得，师父的那份对于法隆寺的深厚情怀，我们还是很难做得到。

从师父的父亲那一代开始，各地"废佛毁释"运动让寺庙进入了艰难时期。佛教的衰退、法轮寺三重塔的烧毁、战败以及法隆寺金殿的火灾，那简直就是像噩梦一样的年代，但是西冈师父就是在这样的时代下，延续并传承了栋梁的技术。

他被公认为法隆寺最后的栋梁，他经历的是最艰难的时代。那是一个寺庙自身生存都很难保障的贫困时代，很多靠着寺庙为生的手艺人后来都转行干了别的业种，但是西冈师父却固执地坚持不干除了寺庙工作以外的任何活计。他遵守祖父的教诲，甚至连建民宅的工作也不做，就连自己家的房子都是请别的木匠建造的。

为了完成法隆寺的解体大维修，他把睡觉的时间也都用在了钻研上，把这个飞鸟时代的建筑的每一个角落都透彻地研究了一遍，认真地抚摸寺庙的每一块木料，了解它们的特性。而也就在那时候，一些学者跳出来提出了各种各样的意见。但是在西冈师父看来，这些学者有什么资格提这些意见？他无法理解他们所说的，跟这些学者发生过好几次争论。当时，西洋的思考方法已经成为建筑行业的主流，业内甚至没有像西冈师父这样熟知古代建筑的专家。学者们仅仅对文献和资料进行了调查，是属于先入为主和纸上谈兵式的研究，而西冈师父拥有的是靠经验和口诀传承下来的精湛技艺。所以，从一开始，双方的阵营就完全不同。

在师父看来，这些专家学者所说的都是错误的，至少绝大部分是错误的。此次在现场实际担任修复任务的是师父本人，他很清楚，自己身为法隆寺的栋梁，不能接受错误的看法，所以，拼了命也要阻挡错误的决定。

为了证明自己的意见是正确的，那段时间，他进行了大量的实地考察，也读了很多书，连佛教经典都读了，把全部精力都扑在了工作上，也让家人和亲朋受到了不少怠慢。

他这样的姿态，在一般人看来一定觉得像"魔鬼"一样。

但是在师父看来，如果这时候自己后退了、让步了，那么，延承了一千三百年的这个伟大的建筑就将毁在自己的手里。

对于法隆寺，他有着非同寻常的感情。当年入伍离开了几年，返家的那天，他在回自家之前都是先去了法隆寺祭拜。

　　师父有两个儿子，虽然儿子们都没有继承他的手艺，但是他们从小玩的是木匠的工具，被灌输的也是木匠的技艺。师父在心里一定希望孩子们继承这个手艺，据说他们小的时候师父的教育还是很严厉的。人都是一样，对待自己的孩子往往是最没有耐心的。也就是那个时期，寺庙的生计惨淡，而靠寺庙的活计维持生活的师父每月只能从庙里领到很少的生活费。一家人的生活很难维持。那段时间他们一家人有多么艰难是可想而知的，孩子们正处在成长期，而师父自己又染上了肺结核，生死未卜。但即使在病中，师父也没忘记读书。他的儿子们每当回忆起那时候的往事，都会记忆犹新地说，父亲太用功了，太受累了。后来，日子终于好过一点了以后，师父家依然不能像别人家那样给孩子们买心爱的玩具，所以，孩子们从小感受的就是憋屈的生活。但是在师父看来，那些都不重要，因为自己的心思全都用在怎样才能保护法隆寺上了。那时候，有一种叫strike mind 的异常高价的抗生素是专门治疗肺结核的，师母背着师父卖了耕地换了钱用来买药，给师父服用了两年，治好了他的肺结核。这期间夫人也受了很大的苦，她出身农民，对于木匠的事情完全不懂，除了生病的丈夫，还要照顾公婆和四个孩子，日子都是挺着过来的。

师父的儿子们因为从小看着自己的父亲所付出的辛劳，以及母亲所承受的苦难，所以才没有选择宫殿木匠这条路。师父的长子太郎说过："如果没有战争，我也许就理所当然地继承家业了，自己其实也很想成为宫殿木匠。"师父也曾经对次子贤二说过："如果想继承我的手艺，就先到大学去学习建筑学，然后回来再说。"

在跟学者们的争论中，师父痛感作为手艺人的意见是怎样地不被重视。贤二回忆起当时的争论："父亲常说的一句话就是'不是先有了学问而后有的建筑。法隆寺、法轮寺、药师寺都是由没有学问的匠人们建造的，在匠人备受尊敬的时代建造的。学者们是后来才出来指手画脚的。所以，学者应该在匠人之后才对'，父亲一直都保持着作为匠人的自尊。"

我觉得，师父希望贤二先去做学问，再来继承手艺的意图，是出于将法隆寺的技艺和学问更好地整理和衔接的考虑吧。但结果，贤二也并没有继承这个祖业，倒是来了我这个外姓人。我刚入门的时候，他们在心里都觉得，居然还有这样的怪人想要学这个手艺。

作为师父，大概也不想让孩子受跟自己同样的苦。因此，从那个时候起，他已经意识到了自己也许将是法隆寺最后的木匠。他在很小的时候，牺牲了所有跟小伙伴们玩耍的时间，每天被祖父强行地带到法隆寺的工作现场，那种悲苦自己是受过的，甚至也想过为什么自己会出生在这样的家里。所以，长子、次子都没有继承这份家业，对此，他没有任何怨言。

师父即使在家也很少说话，每天都读书、写东西到很晚。他的这个形象一直在孩子们的脑海里挥之不去，在孩子们眼里他是个严厉的父亲。因此，师母以及他们的四个孩子在说到师父的时候，会异口同声地说他是"好可怕的人"。

但他们所说的这个厉害和可怕，并不是因为师父发怒，而是因为他的生活方式，他对人严厉，对自己更严厉。他的哲学就是，如果对谁娇纵了、放任了，那么，那里一定会留下隐患。所以在家里，他也会像"魔鬼"一样严厉。只要是他在家的时候，全家人都会压低声音说话，蹑手蹑脚地做事。但是即便如此，师父还是会像普通的父亲一样，哄孩子们入睡，唱军歌给他们听，有时候也会给师母揉揉酸痛的肩膀，因为他骨子里是很善良、很柔情的。

如今，岁数大了以后的他变得更温和了，温和得让人难以想象那就是人称"法隆寺魔鬼"的西冈师父。前几天，我去他住院的医院看他，听到他正发自内心地跟师母说："让你受累了。"

师母也笑着说:"几十年了,还是头一次听他说这样的话。"

我刚入门学徒的时候,师父还是很严厉的,其他的匠人也都这么说。真正觉得他变得不那么严厉了,是在他放下自己的工具以后。他说过:"让别人为你干活,不容易啊,感激啊。"这在从前是很难想象的,师父能说这么软的话。

长子太郎也说:"父亲八十五岁才离开干活的第一线,六十几年如一日地勤奋工作。但自己真正地理解父亲所做的工作是在这二十几年,真的觉得他不容易。"

后来,时代发生了变化。当被落雷烧毁的法轮寺三重塔获得了再建,药师寺的伽蓝也获得了复建,当这些梦想一个一个地开始实现的时候,作为宫殿木匠的前途也渐渐地出现了曙光。

从祖父手中继承下来的飞鸟和白凤时期的工匠们的技术和智慧,在他这一代上开花结果,终于迎来了新的时代。

这也正是因为师父这股魔鬼般的精神才得以实现的。由此看来,倒真应该感谢这种魔鬼精神。宫殿木匠迎来了新的时代,真好。师父精湛的手艺得到了肯定,再一次有了用武之地。在他八十几岁的年纪还能受到家人和周围人的尊重和爱戴,在现在的日本实属不易。

师父宁愿把自己变成"魔鬼",也要坚守的到底是什么呢?当然是法隆寺的一切。同时,他的那种对于树之生命的尊重态度,以及如何让一棵树有尊严地按照自己的个性延续生命的宫殿木匠的心得和技术,并且,如何让自己更深层次地体会先代工匠们关于树之心的智慧,他把自己所有的心思都用在传承这些上了。

最后的大木匠

西冈师父应该是传统意义上法隆寺最后的专职宫殿木匠。我从他那里继承了作为宫殿木匠的全部技艺,但是并没有延续他的脉络。我接受了他的技术,也希望这个技术能一直留传后世。尽管如此,师父跟我的立场还是不同,因为我们生活的时代也不同。师父作为法隆寺的专职木匠,醒着的时候,睡着的时候,脑子里想的都是关于法隆寺的事情,一刻都没有停止过,法隆寺几乎占据了他全部的生活。即使他在法轮寺和药师寺的工地,但在他的内心深处,法隆寺的地位还是最重要的。现在也依然如此,尽管他嘴上不说。

　　他的一生都是为法隆寺而活的。他从一出生，就是按照将在法隆寺度过一生的专职栋梁来进行培养的。关于这一点，他自己也是很清楚的。因此，当法隆寺没有活干，即使一家人都吃不上饭，他也依然不放弃作为法隆寺木匠的尊严，不去干别的木匠活计。难怪那些专家和学者在背后称他为"法隆寺的魔鬼"，因为他是在用他的执着之念坚守着法隆寺，而支撑他的信念的是对圣德太子笃深的信仰。我觉得师父的内心一定是这样想的。

　　我是西冈师父唯一的徒弟，但是我跟师父之间却有着很大的差距。我们虽然也建造寺庙或神社，但是在我们的内心没有像师父对于法隆寺的那种强烈的情感和意识，同时也没有来自它的束缚。只要有需要，我们会有求必应地去全国各地建造，这是我们看起来自由的一面。但相应地，我们也没有归属感，不会像师父那样，有一个法隆寺这样可以归属的地方。他的一生是归属于法隆寺的。我们虽然也是能建造宫殿的木匠，但是我们并不专门侍奉于某个寺庙，也不是专属于哪个寺庙的木匠。

　　师父在思考问题的时候，脑子里始终牵挂着的都是关于飞鸟时期建筑的事情。飞鸟时期的建筑就像是他的血肉。法隆寺的每一个斗，每一根椽子，都是由师父亲手解体和维修的。而他的维修可不是形式上的，所以，法隆寺从每一处的每一块材料到整体的构造，他都了如指掌。当然，这也是他作为法隆寺专属木匠的职责吧。

时代变了，"寺庙专属工匠"这一传承了几百甚至上千年的传统，要在师父这里画上句号了。但是延续了一千三百年的法隆寺还将延续下去，虽然它将不会再拥有专门维修和保护它的专属工匠了。师父就像宫殿木匠口诀中说到的那样，"建造寺庙的时候，要亲自进山去挑选材料"。他是在用自己的生命维护法隆寺的，即使让自己的家人跟着吃苦，也要坚守自己的阵地。即使为了生计卖掉自家的田地和山林，他也要坚守自己的信念。因为师父始终就是那样一个不拘泥于小事的人，因此你也就不会从他的身上看到所谓的悲壮感，尽管他的孩子们都觉得他干的是连饭都吃不饱的工作，但是师父却一路坚持着挺过来了，而且毫无怨言。这样的人在现世中太少了吧。师父所处的时代是个不幸的时代，就像他自己说的，"很多大树都倒下去了，自己却幸存了下来。自己作为法隆寺的工匠为世人所认识，而其实，我们的工作是哪里都有的，技术也是一样的"。

我觉得，西冈师父是真正的最后的木匠，是代代传承下来的法隆寺最后的木匠。

但是我们不同。我跟着师父在法隆寺，跟着他学到了飞鸟时代工匠们的思考和技法，但那只是很多内容中的一部分。

当我自立门户去做宫殿木匠的时候，师父对我说过："就目前看，法隆寺再过两百年也不会有问题，药师寺两百年内也不会有问题。所以你们要去开发新时代的寺庙建设，否则的话，仍然吃不上饭。"

我完全赞同师父的说法。看到师父的工作态度和思考问题的方法，我想到的是，一定要让有手艺的工匠能吃饱饭，所以我选择了试着去做一个独立的宫殿木匠。我想延续师父的传承，但是他那里的路断了，无法继续了。于是，我在这条路的边缘，找到了一条新的可以开始的道路，是师父引领着我站在了这条路的边缘。

我创立了木匠集团"鵤工舍"，自己也开始培养徒弟，我们要去建造佛堂和佛塔。如果徒弟成才了、独立了，分散到全国各地，那么西冈师父传承给我们的技术，就可以在各地的寺庙神社开花结果了。甚至，再过几个世纪，如果有一天法隆寺、药师寺到了需要解体维修的时候，那么有着同样技艺的匠人们就会从全国各地集合而来。那将是多么美好的事情。我觉得只要坚持住信念，西冈师父传给我们的那些传统就能得到保护和继承。

法隆寺是木匠的教科书

对于我来说，法隆寺就是恩人，也可以说是人生的向导。当我徘徊在人生的十字路口时，法隆寺的五重塔给我指引了方向。跟西冈师父的相识也是在法隆寺。可以说是五重塔改变了我的人生。

我作为宫殿木匠的原点是在法隆寺，这是多么幸运的事。如果当初是从江户时代的建筑开始入门的话，可能就会被那些表面上的华美装饰吸引，却忽略了作为建筑本身的朴素优美的力量。我在当初修学旅行的时候看到五重塔，只是觉得它太美太神圣了。之后，在师父门下学徒的那些年，逐渐了解了古代建筑的真谛以及法隆寺的伟大和它深远的意义，我更加被建造了这样伟大建筑的飞鸟时期的工匠们深深地打动了。

首先，一个建筑能保存一千三百年，这本身就多么了不起啊。那些木头是如何能持久的？而且它并不是摇摇欲坠地勉强站立着，而是保持着跟从前一样的姿势凛然地耸立在那里。这正是古代工匠们在熟知了树材的特性以后，很好地活用了它们的结果。这样的伽蓝建造，是现代人的技术所不能及的。无论机械技术多么发达，即使今天的科技已经可以让人登上月球，但是这样的建筑是不可能再有了。相反地，对机械的依赖越厉害，手上的技术也就越快地被遗忘了。

每一次去法隆寺，我都会想古代的工匠是如何挑选木料，又是如何将这些木料按照它们的个性进行组合构建的。法隆寺的伽蓝在建造之初，一定汇集了全国最好的工匠。大家都抱着一个共同的热情，那就是"要建造一个伟大的弘扬佛法的寺庙伽蓝"。因为在它之前，日本还未曾有过如此之大的伽蓝，想必前来参与建造的工匠们一定非常享受这个建造的过程。我在自己的工作中也会跟各地的手艺人合作，每当建造佛塔或大殿的时候，脑子里经常会想象飞鸟时期的匠人们建造法隆寺时的场景。

在我看来，最重要的还是法隆寺整个建筑的结构美。那种省却了多余的装饰，让木头本身所持有的力量发挥得淋漓尽致的朴素的美。

师父曾经告诉我："其他什么建筑都不用看，你只要仔细地观察法隆寺就好了。"所以，我每天去法轮寺干活的路上，都要故意地穿过法隆寺，每天都要仰望一遍佛塔和大殿。干活的时候遇到不懂的地方，也来法隆寺看一下。因此，法隆寺对于我来说就好像是教科书一样。五重塔的里边和后边我都去过，那里边装满了飞鸟时期的匠人们为了更牢固地支撑塔身所想出来的所有智慧。这些智慧都集中体现在如何让树材发挥它们自己最大的能量上了。还有，为了适应日本的多雨风土，在塔的建造之初，工匠们将塔檐的长度做了额外延长的处理，塔的内部能看到他们为此而下的功夫。

每当看到这些细微之处的结构时，我就会被他们在建造这些殿塔时用尽浑身智慧所想出来的功夫深深打动。佛塔也因此才耸立了一千三百年之久。我常常感叹他们是如何想到和做到的。

在建造佛堂佛塔的时候，我事先都会绘制图纸，一会儿这样，一会儿那样，自己总也不满意。但是，师父说过，法隆寺在建造之初是没有图纸的。劈了木头，凭着想象，在木头上画上记号，再一根一根地组建起来。匠人们是凭着这些记号把它建造起来的。这也更说明了，当时汇集来的手艺人都是一流的。同时，如果每个匠人想的是只要做好自己那一部分就好的话，也不可能有法隆寺的今天。要结构不同尺寸的斗和不同长度的柱子，还要考虑如何能让它们持久，当时的现场栋梁真了不起。木匠的口诀"百工有百念，若能归其如一，方是匠长的器量……不具备将百

法隆寺 Nekosuki/ 摄

小川三夫与西冈常一在法隆寺

论归一器量的人，请慎重地辞去匠长的职位"，站在法隆寺的庭院里，会特别理解这些话的意义。

当你身处法隆寺中时，你会对很多法隆寺工匠的口诀感受极深，比如，"营造伽蓝不买木材而是直接买整座山"、"要按照树的生长方位使用"、"堂塔的木构不按寸法而要按树的癖性构建"。

法隆寺全都是遵循这些口诀而建造的。现在的人已经不再重视这种自古以来的建造方法，什么都图简单、迅速和省事。我觉得，我们应该反省，应该重新认识这种适应日本的气候和风土的日本式建筑方法。如果要问哪个是最代表日本式的传统建筑，那当然是法隆寺。

我跟着西冈师父掌握了宫殿建筑的技能和建造它们的心得。今后，我的徒弟和同仁们也会继续传承这个传统。这个传统的技术到底有多优秀，法隆寺就是最好的证明，所以说法隆寺是我们的教科书。从事木匠工作的人，如果遇到不懂的地方，只要去法隆寺看看就一定能找到答案，因为它会告诉你什么是真正的木结构建筑。

但我还是觉得，新机器的诞生和科技进步的反面，带来的是人的能力的退步。如果今后什么都继续崇尚便利快捷的话，社会会变成什么样，这是我很担心的。特别是像我们这样靠手干活的人，会变成什么样呢？结果是难以想象的。法隆寺也许正是在技术进步的时代给我们提出的警告。

伟大的建筑是可以穿越时代而长久流传的，它的美是经久不变的。作为宫殿木匠，法隆寺的存在，代表的是我们的根源，有这样的根是多么令人自豪的事。

后 篇

要做能吃饱饭的宫殿木匠

西冈师父是祖祖辈辈在法隆寺奉公的木匠的后代。我虽说继承了师父的技艺和心得，但是我跟他们这种一脉相承下来的木匠的身份是不同的。

他们严守法隆寺木匠的口诀和尊严，在寺庙没有活计的时候，靠耕田种地养活一家老小，他们绝不为了利益建造民宅。早年间，还有由这些宫殿工匠们组成的太子讲经会[1]，但现在一切都变了，法隆寺变了，工匠们的立场也变了。

---

[1] 太子讲经会：各类手艺人都以圣德太子作为自己的守护神，由此而成立的赞奉圣德太子的讲经会。

法隆寺所在的街道叫"斑鸠"，那里有一个叫"西里"
的地方。

西冈师父在西里出生并长大。那里曾经聚居了众多跟
法隆寺有关业种的手艺人，泥瓦匠、石匠、木匠。有栋梁
级的人物，也有一般的工匠。他们每天都在法隆寺里巡视
修缮，也会为日后进行大型维修而整材备料。

我去投奔西冈师父的时候，他的父亲、师父本人以及
他弟弟楢二郎都是法隆寺的专职工匠，这样的情况放在现
在是不可能的了，他们当时做的工作现在全都交给工务店。
法隆寺已经没有自己的专职工匠了。从前，如果法隆寺有
什么工程要做，马上就会汇集众多手艺很棒的工匠。建造
药师寺的大殿和西塔的时候，就汇聚了来自全国各地的手
艺好的匠人，大家都抱着一种"这也许是今生唯一一次机会"
的想法来建造殿塔。当然其中有不少人是想在西冈师父的
手底下干活，也有的人是读了高田好胤师父的书以后前来
要求参与的。

我通过建造法轮寺的三重塔明白了，如果自己不培养
徒弟的话，我将无法继续自己的工作。

因为，建造宫殿需要巨大的木材，但是一个人休想挪
动那么粗大的柱子。无论你技术多么精湛，工具用得多么好，

你都无法一个人去挪动那些巨大的柱子。做这个至少需要三个人，两个人抬柱子，一个人准备台案。因此，我需要徒弟，一起干活的徒弟。但是要想培养徒弟，如果没有一个组织或机构，就是不正规的，也很难持久。如果不能持久的话，那么我们宫殿木匠这个业种还是不能延续和传承。

我们木匠一般是付日工资的，栋梁也是。如果休息了就一分钱都挣不到。直到最近，栋梁的日工资应该都是一天一万五千日元[1]这个标准，就连西冈师父也是这个价码。

他是一个对于金钱完全没有概念的人，只要能干自己喜欢的工作，就连祖祖辈辈留下来的耕地和山林都可以变卖掉。虽然为了生存那些都是必要的，但是他也不会执着地保留。其实，那些山林中有很好的可以用来做刨台的橡树，还有可以用来做手斧柄的硬木的树，如果用它们做手柄的话，用的时间长了，手柄就会留下饴糖色的光泽，那真是好木料啊。但，即使你跟师父说这些，他也只是"噢，是吗？"，然后照样出让给别人。他就是这样的人。

西冈师父家世世代代都是宫殿木匠，但是师父的儿子们一个都没有继承家业，倒是我这个外来汉继承了他的手

---

[1] 约合人民币八百五十元。

艺。师父作为法隆寺最后的宫殿木匠，把一生都贡献给了法隆寺，是个了不起的人，我在他身边多年，感触很深。但是我不可能像他一样接任法隆寺的木匠工作。

我想尝试着做一下师父认为不能做的事情。需要徒弟的时候我就收徒，如果不能让徒弟吃饱饭的话，我就找能吃饱饭的活计，其他的没考虑太多。因为我的性格本身也不会过多地考虑太遥远的事情，考虑太多反而无法迈步前行，拖了自己的后腿。现在的孩子们都太机灵了，他们知道接下来会出现什么，也很会随机应变。我不喜欢这样做事。我还是更喜欢明治维新时那种"单纯一彻"的精神，无论结果怎样，只要先行动起来，让自己动手干起来，我想我是这样的人。

我们木匠的工作，在一般人看来，每一步都要经过精确的计算，要考虑得很周全，还要想得很远，其实也并不是那样的。是需要先粗犷地考虑，然后在关键的节点上再细致地考量和处理。"哪里不太了解，就先不做那里"，这种做法是不能做好一件事情的。无论怎样，先做起来，即使暂时做错了也不用紧张，后边还是可以改正过来的。即便开始的时候不能改，但是很多时候在做的过程中还是能纠正过来的。

我经常看到师父拒绝那些前来投奔他想要学徒当工匠的年轻人。我想，无论你有多好的技术，如果你自己连饭都吃不饱，那这个技术就不能被称为职业了。如果不能让有技术的人吃饱饭，那还谈什么文化啊。技术的传承也是一样，连饭都吃不饱，谁还愿意传承？谁还愿意接受这门技术？

创立技能工舍 "鵤工舍"

昭和五十二年（1977 年）初，西冈师父因为做胃癌手术住院了。病患虽然是轻度的，但是因为接下来他要领导大家建造药师寺的西塔，如果在建造途中病倒了，会给工程带来很大的麻烦，所以他就提出来住院把手术做了。这是因为师父对药师寺寄托了很深的情感吧。虽然这个时候还只是建造西塔这么一个工程，但是在他的脑子里，想的已经是药师寺整个伽蓝的再建。手术后一个月，师父就顺利地出院回家了。

也就在这时候，有个叫北村智则的高中生找到药师寺来，说希望入门学徒。我一边画着图纸一边问了问他的情况，虽然这时候我还是师父的徒弟，但我想，也许等这孩子高中毕业了，我就可以收他做我的徒弟了。后来我就这件事问师父的时候，他只答了一句"噢，是吗？"，估计他也觉察到了我有想收徒弟的想法。

过了没多久，我就创立了自己的工舍，取名为"鵤工舍"。那一年的五月，我把药师寺西塔的图纸都画好以后，就离开了那里。

我离开并不是不想继续在师父手下工作。当时师父的身体已经恢复得很好，他可以继续在药师寺做他喜欢的事情，没有我也一样能做得很好。而对于我来说，一直待在师父身边的确很轻松，但是我也需要锻炼，就想自己应该出来做点儿事情，开辟自己的天地，我觉得那样更好。我在跟师父商量这件事的时候，他也表示支持，说"挺好"。

他还当了我们鵤工舍的顾问，因为，本来我能够独立出来做事也是因为我的背后站着西冈师父这样一位有力的后盾。

我记得那时候我说过这样的话："虽然我知道我这样说很不自量力，但是对于飞鸟、白凤时期的建筑，我通过画图纸以及亲自参与现场的修复和建设，也有了不少的了解。趁师父身体硬朗，我也想去别的地方看看其他时代的建筑，比如镰仓、室町时期的。否则的话，我可能只会沉浸在飞鸟时期的建筑里边，对别的时代一无所知。那样的话，我觉得作为宫殿木匠的视野就太狭窄了，我希望更广泛地学习一下古代建筑，所以请允许我离开。"

一年以后，在鵤工舍对外发出的寒暄函上，我是代表，师父是监理，那时候制作的工舍简介上面，印着师父的话：

昭和五十二年五月十一日，据日本文部省第九十一号通知所示，我被认可为文化财产保护之技术持有者，并以技法传承为由接受国库拨款的辅助金，以此为机，与我唯一的弟子小川三夫共谋并创立本工舍，以传承法隆寺及药师寺等古代建筑技法为根本，旨在进一步切磋和研究传统的技法，精进技艺，为使这些优良的技法得以传承和发展而一路迈进。

我们将在广大宽容的施主的鼎力相助和提携下精进工舍的实力，奋进前行。特以此文向各位致敬。

昭和五十三年弥生吉祥日

工舍大工 西冈常一

是的，这一年的五月，西冈栋梁被国家认定为"文化

1977 年，小川三夫在栃木县设立宫殿木匠集团鹱工舍

财产保护技术持有者"。

北村在这年的四月从高中毕业，一毕业他就住到我家来学徒了，也是从练习磨工具开始的。我呢，自从离开药师寺，还没有碰到一个像样的工程，但是也没太着急，心想反正做做家具也能挣口饭吃，就做了一段时间的家具。

同一年的十一月，药师寺派人来找我，说那边的工程已经开始处理木料了，但是进展很不顺利，问我能不能去帮忙。我正好没工作，也没钱，就答应他们去了。但是他们说不能带徒弟，我说如果不让带徒弟的话那我也不去了，跟他们发生了小小的争执。

最终，我还是带着北村去了。在药师寺的工地现场，西冈栋梁是总栋梁，我被任命为现场栋梁。我想干吗那么繁琐，栋梁有一个西冈师父不就够了吗？于是最终就变成了一个栋梁，西冈师父。

后来，在看药师寺建造委员会的记录时我才发现，当时是因为西冈师父指出来，工作流程不能顺利进行的原因是没有现场栋梁进行有效的指挥，所以才叫我来了。但是师父事先什么都没跟我说过，我也完全不知道这件事的来龙去脉。

西塔的建造工作很有意思，图纸是我画的，不同业种的工匠来自全国各地，有不少都是很优秀的手艺人。西塔的工程结束以后，大家又都回到各自的城市去工作了。像建造西塔这样的大型工程，如果没有这些手艺人的配合是无法完成的。一起干活的期间，闲下来的时候，我们会经常在一起喝酒畅聊。西塔在昭和五十六年（1981年）的春天落成完工了。

我没等到参加落成庆典就走了，因为从东京来了大的订单，要建造国土安稳寺的祖师堂。这可是鵤工舍成立以来的第一个工作啊，是上千万甚至上亿金额的大工程。这也是托了西冈师父的福，因为他在接受电视采访的时候说："我的徒弟小川虽然独立了，但是因为没有建造寺庙的工作，所以一直在做家具为生。"还在电视上介绍了我是个什么样的人。

于是，安稳寺的人看了这个电视节目，就真的找上门来了。安稳寺可是个历史悠久的寺庙。他们先是找到西冈师父，师父对他们说"小川绝对没问题的"。

那算是西冈师父为我打的保票，否则的话谁会把那么大预算的工程交给我呢，而且那些钱可是从护持寺庙的檀家手中集来的善款啊。拿这些善款找谁来建造，也是要冒很大的风险的呀。除了师父的肯定，当然，我确确实实地参与了法隆寺、药师寺等这些大型寺庙的修复和建造，这些经历也帮了我。我想是这些经验让对方对我有了信心，就像西冈师父经常说的，建造的现场就是最好的教室。

做完安稳寺的工程以后，鵤工舍的工作就接连不断了。建造了不少的佛堂和佛塔，徒弟们也在这些现场中接受了训练，通过实际的操作真正地记住了活计。现在我们工舍已经有二十几个徒弟了。

独立后的第一份工作

我离开药师寺独立以后，承接的第一份工作是建造东京足立区国土安稳寺里的祖师堂。现在想想，他们当时真有勇气把这个项目给了我。虽然我参与了法隆寺、药师寺的建设，但那都不是以我为主做的，都是因为有了西冈师父才得以完成的。我活到这个年纪，要感谢的人太多了，但是我最想感谢的还真是这个项目，是它给我带来了机会。

那时候我三十三岁，这个工程的总预算是一亿几千万日元，这么多的钱一下子给了我，工程到底能不能完成，能完成得如何，连我自己都不知道。只是因为我是西冈师

上：西冈常一给鹝工舍当顾问

下：1994 年，在龙之崎的正信寺工地，下午三点间歇时的情景，徒弟们围着小川三夫进行交谈

父的徒弟，就有了这层信任。我们的工作在最初的时候是没有什么保障的，而且建造寺庙这样的工程又不可能等到全都建好后再付款，它不可能根据完成的好坏来决定支付费用。所以，选择谁来建造是要冒很大的风险的。

在跟着西冈师父的那些年里，都是师父打头阵，我从没独立做过栋梁，虽然我也是非常努力和认真地做好自己的事情，但基本上都是在为师父做助手。接安稳寺工程的时候我就想，虽然他们可能相信我的人品，但对于我的建筑可是没有任何保障的。仅仅因为西冈师父的一句"小川没问题的"，就让我接手这么大的工程，我实在是心存太大的感激了。

安稳寺曾经是将军们去猎鹰或去日光度假时用于休息的必经之地，历史悠久。从前它是在旧日光街道的沿途上，去东照宫的时候一定会取道而去的。有一次，第三代将军家光途经此地时，当时的住持对他说："从您的面相上显现出您将有不测，望您多加小心为好。"这个还真让住持说中了，家光将军险些就被吊顶的暗器所谋杀。正是因为听了住持的劝告，将军才躲过了一劫。事后他赐予安稳寺"天下长久山国土安稳寺"的寺号，并把它确立为日莲宗的寺庙，同时还被允许使用德川家三叶葵的家纹。对于这样一个历史悠久的寺庙,我尽管接受了他们的邀请,高兴的同时,心里的确在打鼓,不知自己是否能完成这个工程。但是在心里,还是要给自己打气,无论如何也要完成它。

后来师父跟我说起这件事的时候,也说过:"虽然当时我跟人家说交给小川没问题的,但我其实也不太放心。"

可不是嘛,万一我真的失败了,那可不是我一个人的羞耻,连替我打保票的师父也会受到连累。

据说师父直到来参加上梁仪式,在看了现场以后,才算松了一口气,那之前他也一直很担心。

现在想想,那个工程也是西冈师父对我的一个试炼。每次师父教给我一个新的事物,也一定会再给我准备一个新的大课题。但我自己当时是觉察不到的,只顾拼命地干,一心想顺利地完成师父交给的任务,根本无暇想到那其实是自己往前又迈了一步。师父当然也不可能告诉我他的用意。但是我觉得正是这样全身心的投入,才让我一次次地获得了新的进步。

细想一下,这不就是一场考试吗?安稳寺的工程就是毕业考试,就像通常情况下学生接受的考试那样。如果自己的技术和心理储备都没有达到师父所期待的水准,那就是不及格了。那就还需要继续修炼,仅此而已。照理说,教的一方不需要承受太大的压力，但是西冈师父的考试，几乎每一次都是我们师徒一起来完成的，从一开始就是。他总是让我来承接那么重要的任务，而这些任务一旦失败，又将都是师父的责任。从一开始到这个安稳寺的工程，师父就像是在我身上下了赌注一样，他把作为宫殿木匠的骄傲和业绩都托付在我身上了。日后，当我明白了这些以后，后怕得冷汗都渗出来了。

我们承揽的工程都是成千万甚至上亿金额的寺庙佛堂的建造。常有人问我如何能接到这么大的工程，我觉得这应该是我们对于每一个工程都能做到一丝不苟认真对待的结果吧。作为手艺人，谦虚是必要的，但多少还是要有一点"我能"的自负，在工作的过程中也要不断地练就"自信"和"自负"的精神。

所谓的自负，就是当你遇到大的工程的时候，首先不能胆怯，要让自己有一定的"自负"，才不至于被任务吓倒。这种"自负"的胸怀还是很重要的。安稳寺的建造，是我独立完成的第一个工程。它标志着自己成为宫殿木匠的第一步，为我搭建了最初的基台，而把我赶上去的正是西冈师父，我发自内心地感激他。

收徒

来我们工舍学徒的徒弟们，都是怀着"不建民宅，只造寺社"这样的志愿的，都要成为宫殿木匠，并以此为荣。我从不给他们灌输任何所谓的"宫殿木匠的自尊"，因为其实我们干活的时候跟普通木匠也没什么太大的区别。

但是，木料的大小，的确还是跟民宅有所不同的。我们接触的都是巨大的木料，于是心态自然而然地也会慢慢地变大。但是,研磨工具这样的修炼却是一点都不能怠慢的。因为我们的工作面对的是木料，要想在它的上边表达自己的意愿，那需要先学会用好工具，这是第一条件。然后就无需教什么了，所谓的技术，只要在工程的现场，大家一起干活，自然而然地就掌握了。

如果你是在刨一根很干净的木料，那你一定不会穿着鞋踩在它的上边，也不会脏着手去摸它。类似这样的事情，在工作的现场，徒弟们慢慢地就会懂得了。还有，即使你已经掌握了干活的技巧，是一个熟练的工匠了，但是要想挪动那么大的木料，单靠你自己的力量是不可能做到的，要靠大家互相协助着才能完成，于是，自然而然地有了能相互伸出援助之手的爱心。

但是，木匠的修炼需要经得起时间的考验，因为这个学习的过程是很漫长的。现在什么都讲短时间内学习，快速地创造利益。如果那样的话，是无法培养出真正的人才的。工匠，是一个需要时间修炼的工种，需要一点一滴地积累，慢慢地体会，最终成为人才。

西冈师父对我的教育方法就是，他自己刨一片刨花递给我，说"你去照着刨吧"，仅此而已，这就是他的育人术。如果一上来就手把手地告诉你这么做、那么做，也许很快你就掌握了一定的技巧，但是它并没有渗透到你的身体里，因为修炼的时间还不够。

如果学徒的人只是一味地接受师父所传授的技术，不用自己的大脑思考为什么会那样，那么，当你在工作中遇到一个事态的时候，你也不会想出为什么会那样，也不会找到答案。因此，你即使接受了来自师父的技术，但你还是寸步难行，也不可能成为真正的木匠。我记得师父经常说的一句话就是"慢慢煮，慢慢熬，最终会让你的直觉敏锐起来"，师父的意思是说"不要诡辩，不要矫情，只管用身体去记住活计，那么，终有一天会让你收获一片蓝天"。也正是为了这个，才不能"教"，而是让学徒的人用自己的身体去修得。

　　工舍不是学校，需要徒弟们靠自己去修、去练。但是现在的境况比起从前已经有很大的改善了，现在入门的徒弟们都是有收入的。虽然刚入门的孩子只能干干清扫、整理、炊事等这些杂事，以及在这些活计的空闲时间磨磨工具。

　　真正拿着工具进行实际操作至少需要三年的时间。这期间，想要使用工具的欲望会随着时间的推移越发地强烈。我该做的就是督促他们一点点地向前进步。对于新人，不能一开始就让他们拿起工具干活，那是不可以的，因为他们还完全不会使用工具，对工具也完全不了解。让他们用，反而会很痛苦，因为毫无任何乐趣可言，反而会在脑子里留下痛苦的感觉。于是，先不让他们用工具，让他们忍着忍着，一直忍到"特别特别想上手用工具"的地步。这就像是我跟徒弟们之间的一场忍耐比赛一样。

　　等到"差不多可以上手了"的时候，就趁其不备地给他派活儿，就像是给他一个意外惊喜，而且一来就让他去上手大的树材。这种时候，徒弟们一般都会非常惊喜，但又会表现出很不安的样子。因为他们手里的木料可不是一般的木料，都是价值连城的上等名贵木料，因此，他们会反复地测量再测量，考虑再三以后才对它动手。而让他们上手，对于我来说，心一直都是悬着的，因为自己要负很大的责任。这之中当然会出现失败,但那也是没有办法的事,不能因为怕失败就不让他们去做。

但是如果他们做成了,那可是确确实实地掌握了技能,他们一下子就会变得信心百倍。

培养人说起来容易,但是做起来可真不是件简单的事。

就拿树木来说吧,头三年是要在苗床上进行培育的,然后再移植到山中。如果在苗床的时候它是朝东培育的,那移栽到山里的时候也要让它朝东。如果硬让它朝西栽种的话,用不了一年它还会再拧着朝东长回来,然后就长成了扭曲的形状。植树的人告诉过我,他们不可能把每一棵树都按照苗床的方向移栽,因为他们都是有指标的,而且要在一定的时间内完成指标。

其实我觉得,现在无论学校还是家庭,好像都在完成什么指标。从前,孩子在家里的时候多,很多习惯和教养都是在家里教育出来的。但是现在,孩子都交给了学校,要不就是私塾,每天回到家就关进自己的房间,也很少跟大人交流,所以,大人们慢慢地连自己的孩子变成什么样都不知道了。也因此,很多事件发生了,很多孩子出现了问题。作为家长,这时候才发现原来自己对孩子并不了解。孩子们在学校被等同对待,就如同树苗全都被栽种在斜坡上一样。

收了徒弟，我想按照他们的秉性以不同的方法对待他们，跟他们一起吃饭一起作息，我们过的是集体生活。这样做的好处，是让我能了解他们都是什么性格的孩子。还比如，干活的时候，他们会有些不好的习惯，但这些不好的习惯如果不去掉的话，又怎么能进步呢？

以千年为单位的时间

当初，我高中修学旅行去法隆寺，看到一千三百年前建造的五重塔而感慨万分，于是立志要当能建造出那样的塔的匠人。有人会说，"无法理解千年这样的时间概念"。这些古老寺庙里很多巨大的柱子都是保存了上千年的。西冈师父常说的扁柏，在挑选它们的时候，都是选树龄在一千年以上的最精良的树材，而且建成后还要让它再保持一千年。

通常，建造大型的佛堂或佛塔，柱子一定要用树龄在一千年或者两千年以上的扁柏。药师寺就是这样，当然法隆寺更是。经我的手刨过的那些树木，我是能感受到它们的年龄的。

另外，我们宫殿木匠的工作，很多时候还需要时间来帮助我们进行最后的完善。比如，在立法轮寺芯柱的时候，要把芯柱的高度控制在比塔整体的高度低不少呢。

每一层塔的高度都是经过严密计算的，每一层都要按比例缩，当塔建成，最后安上顶部的相轮、顶瓦这些来自外部的重力，这时候，整个塔就会慢慢地往下沉，因此，在建造塔的时候要把这些因素都考虑进去，然后才能计算芯柱所需要的高度。另外，如果是用台湾扁柏的话，因为它的质地比日本的树材硬，所以，要想让它最终缩三寸的话，就得完全凭自己的感觉计算了。

再比如，建造国泰寺的时候，屋顶铺设的不是瓦，而是铜板，比瓦轻。那就需要让建筑本身重一些，于是我们就在屋角的各个柱子里加入了墙泥。

如果法轮寺和国泰寺的三重塔都能保持两百年的话，那么，建造它们之初，按照我们计算好的尺寸画的图纸，即便是完工了，还是要经过一段时间的调整，才能让整个建筑最终达到理想的形态。我们的工作不仅仅是准确无误地按照图纸去建造一个建筑，我们的建筑有时候是需要时间来帮助完善的。两百年、三百年，我们需要把这些时间考虑到自己的建筑里边。

如果不能理解漫长的历史时间，你也不可能理解"耐久"这个概念。学徒的过程中是没有什么快乐和轻松的时间的，有时候甚至很痛苦。看看自己的周围，从前的朋友、同学都已经作为一个成熟的社会人在做着自己的工作，而自己却还在打扫卫生、给别人打下手。一年过去了，两年过去了，还不能被允许使用工具。而等到终于有一天，师父说可以拿起工具干活了，才发现原来已经过了那么长时间。木匠这个职业就是需要漫长的学徒期，每一个阶段都不能省，因此选择做木匠其实是选了一个很麻烦的职业。

我给徒弟们介绍过法隆寺一千三百年的佛塔。在法隆寺放置木材的材料库里，存放着的都是从建造法隆寺的那个年代就栽种下的，至今已经是上千年的扁柏。开始的时候徒弟们都不太能理解，会露出很不解的表情。他们对千年的岁月这个年数还反应不过来。这是可以理解的。因为他们之前的生活，就是成天被妈妈催促着，什么都是"快点、快点"。吃饭的时候，学习的时候，玩儿的时候，都是以时间"短"为标准的。比如，在学校学习的时候，一千年前发生的事情，无非也就是被整理成一张纸那么大的文字放进了教科书，所有的内容也就说完了，根本感受不到岁月的漫长。而刚入门的孩子们大多都是十五六岁中学刚毕业的学生，之前他们待得最长的也就是小学吧，有六年的时间。

但是一旦入了门，从学习做饭开始，扫除、磨工具、用工具，这其中的每一项都"快"不了，都需要一分、一秒、一个小时、一个月、一年地用时间、用身体去慢慢地掌握。如果所做的事情都是快乐的、轻松的，那时间一定过得很快。但如果是艰难的、痛苦的，那就会感到时间过得异常地缓慢。我是希望徒弟们慢慢地、不着急地一个个地掌握，没有着急的必要。这些看上去似乎不必要的时间，无论从技术上，还是从人格上，都是培养优秀工匠的必经之路。只有耐住了这么漫长的时间，当大工程出现在你面前的时候，你才能沉得住气，才能临危不惧。

能够耐得住时间考验的人，一定能理解时间的长度，能理解千年这样一条时间的长河。仔细看那些古代的建筑，工匠们的每一项工作都会清清楚楚地体现在建筑上。在山里伐的树，要经过多长的时间才能运到这里，这些都能带给我们很多思考。修学旅行参观法隆寺和药师寺的时候，只会被告知"这个建筑建于一千三百年前"、"这个形状代表了白凤时期的建筑"，我们只是很被动地接受那些乏味的解说和告知，再加上一些先入为主的课本上的知识，因此，当你站在那些建筑面前的时候，你不会有太大的感动。

告诉现在的孩子们时间是什么，时间是怎样的，他们也不会理解。如果想要了解"时间"的话，必须要体验"忍耐"，这是很关键的。

鵤工舍的师徒制度

西冈师父把我培养成一个合格的宫殿木匠，他用的是最传统的师徒传承的方法。有人觉得师徒制度是封建社会遗留下来的产物，但是我自己觉得，如果要想培养一个技术和智慧都合格的人，磨练他对事物的感觉，那么必须要经历这种慢慢的学徒过程。

但是，这种学徒的方式很大程度上取决于师父的人品和人格。因为，你要在师父那里去掉自身的个性，完全按照师父所说的从事，同时学习技艺。如果遇到不好的师父，那就太倒霉了。因为要跟他朝夕相处在一起很长的时间，吃住生活都在一起，那么，师父的习惯、思考、好恶以及很多的东西都会传给徒弟，好的、坏的都会有。如果徒弟对工作的掌握不是太顺利，还有可能会遭到师父的恶语和拳脚。以前大家都是这样过来的。有时师父还没有开始教，手就先挥起来了，这样的师父也大有人在呢。过去，学徒的时间一般是五年，就是说要用五年的时间训练出一个能靠它吃饭的手艺。这期间，跟师父同吃同住，如果师父是个急脾气，他会经常发脾气。来学徒的孩子们刚入门的时候什么都不会，师父要用三到五年的时间，把一个什么都不会的年轻人培养成一个合格的匠人。虽然徒弟出师后会为师父白干一年的活计，但是作为师父，培养一个徒弟还是很不容易的。

我很幸运地成为西冈常一的徒弟，并且从一开始也没想过能用五年的时间学成。我想的是，无论花多少年，我也要学会那样的技术和智慧，所以我一点都没着急。西冈师父也是按照传统的做法，慢慢地、循序渐进地培养我的，所以说我很幸运。最初我真不知道自己会用多长时间才能学成。

我曾经用了三年的时间，才真正成为了西冈师父的徒弟。那三年中，我在别的地方学习和修炼工具的用法，但是到了师父那里，一切从头学起。通常刚开始学徒时需要做的家事，因为我在别的地方已经做过了，所以师父没怎么让我做，很快就带我去工地现场了。本来，应该先干很长时间的扫除、做饭这样的杂事，才能去现场。

有些人会问："你学的是木匠，为什么要打扫卫生和做饭呢？"他们还会说："不是有'职业训练所'那样的学校吗？到那里去学不是也一样吗？"但是，木匠的工作，到后来就会发现很多无法用语言传达的东西，比如："我磨了刨子，您看看行吗？""不行。""哪里不行呢？""没有哪里，全都不行。""怎么分辨好与不好呢？""靠触摸的感觉和直觉，总之在明白这些之前只有尽管地磨。""……"

有些事情真的是无法用语言来传达，只有通过做了才能体会。按照通常的理解，任何事情都是可以用语言和文字来表达的，但那确实只是有限的一部分而已。气味、声音和手的感触，这些你认为能用语言表达吗？能表达清楚吗？

我们人，除了大脑以外还有身体。木匠的工作说白了，是要靠身体去记忆的。当然，数据的计算、图纸的描绘这些是需要用大脑的。但更多的时候是靠双手来完成的，是真正的手作。磨工具、削、刨，这些环节完成得好坏都需要用手来确认，靠着肌肤触摸的感觉来判断。当然，时间长了，积累了经验以后，用眼睛也能判断。"这样就差不多了"这句听起来简单的话，那可是凭着直觉说的。木匠的培养其实就是这种直觉的培养。

在学校和训练所能培养出这种直觉吗？我并不觉得学

校什么都能学得到。

要问这个直觉是如何培养起来的，那回答只有一个，只有遵循自己的师父的指导，没有捷径。但是每个人的性格和能力各有不同，作为师父，教的时候也要根据徒弟各自不同的性格和能力，把握好时间。当徒弟做到这一步了，那么下一步该告诉他什么，做到那一步了，下一步又该告诉他什么，不是随时随地不停地教的。

不可能有性格完全一样的人，因此也就应该采取不完全一样的方法进行培养和教育。人就像树木一样，都是有癖性的。如果无视这个癖性，那是教不好的。但是如何很好地利用这个癖性，同时还要让它很好地发挥作用，就靠师父的眼光和工作了。西冈师父说过："人的身上有着与生俱来的个性，真正的教育是如何很好地让个性得到发扬。"

按照个性进行教育的话，无论是学还是教，都不会容易。首先，不可能像在学校那样，所有的人都集中在一个教室，以同样的步调进行教授。在传统的师徒制度中，在成为徒弟之前，师徒二人是完全不同且毫无关系的两个独立个体，其中的一个个体要看穿另一个个体的癖性，然后还要因材施教地进行培养，直到把他培养成一个优秀的匠人。你说这是一件容易的事吗？

　　我觉得，在这个学徒过程中，徒弟跟师父同吃同住同呼吸，徒弟要时刻觉察师父对事物的感受和反应以及思考的问题。这一点以我自身为例，就是这样的。我入了西冈师父的门，每天跟他吃住干活都在一起，师父摸的东西我也摸摸，跟他保持步调一致。师父跟我说，把大脑放空，什么都不要想，书也不用看，报纸也不需要，只顾埋头磨工具就好了，我就真的照着做了。

　　对于来我门下学徒的孩子们我也是这样要求的。这个方法虽然需要花点时间，但是我认为，要想成为一流的工匠，没有别的捷径可走。

　　因为最重要的，正是通过一起生活，同吃一锅饭，同呼吸一个空间的空气，师徒才能得到真正的沟通和理解。如果把宫殿木匠的工作拆分开来的话，能分成磨、凿、刨、锯、钻、画图纸这么几项。试着把这几项都写在一张纸上，每完成一项就划掉一个，比如先学会了凿，接着学刨，这样一个个地一直学到最后，也算是全都学过了一遍。这些内容如果是在学校学习的话，大概应该是这样教的吧。

　　但是这里边有很多东西是无法传授的，比如工具的使用。可能你会想，不就是工具跟手的关系吗？对待不同的树材，工匠们会有怎样的想法？是不是把表面处理得光滑了就是合格呢？但有时候从美观需要上，可能会故意让刨刀的痕迹留在树材的表面，一切可能都取决于现场的感觉，甚至只有当你见到那个树材的一瞬间才会有的感觉，那是一种像呼吸一样的东西。你说这个又怎么传授呢？还比如，师父一个不经意的动作，边走边嘟囔的只言片语，这些也都是无法具体传授的吧？有人看到松树会想到五重塔。每个人所感受到的情景和事物都有所不同。这些感受充满了工作以外的时间，而所谓的"感觉"也正是在这样的时间里培养出来的。

跟友人在一起的时候，你们常常会因为看到了什么不约而同地一起发笑吧？之前不需要任何的暗示，却会有同样的感受，出现同样的反应。这也正是师徒之间产生的"感觉"，而这个是需要时间才能培养出来的。很多东西是教不尽的，但它会在不知不觉中，从师父那里转移到徒弟身上。但是这种转移需要很长的时间才能做到，需要花上一定的时间让师徒的个性融在一起。我认为这正是师徒制度下最基础的教育方法。

现在的时代讲究快节奏，都把赌注投在最后的结果上。没人愿意花时间去慢慢地学和慢慢地教。人跟树一样，都是不规则的、各有癖性的。因为忘了这个，所以连我们的教育也出了问题。

但是，师父带徒弟这种一对一的教法，不仅花费的时间长，能教出来的人也太有限。再加上，宫殿木匠的学徒还必须要有实践的现场才能成长，因为他们需要在现场见识真材实料的扁柏，并在认识它们的过程中学会如何使用。因为我了解这个过程，所以才创立了鵤工舍，工舍就像是一个传统的师徒传承的学校。我们师徒在现场共同生活，一起工作，徒弟们跟着师父或者师兄们一起学习、成长。在这个过程中，每一个徒弟掌握的程度和进度都会不同，这种形式有点像乡下学校里的复式学级，只是学习方式不同。这里不会主动地教，而是看学生自身如何去吸收。如果是像教授文化课那样带徒弟的话，那是不是应该让徒弟给师父付课时费呢？因此，在工舍谁都不会刻意地去教谁。

无论是在现场，还是在宿舍，每个人都可以从自己力所能及的事情做起来。你可以根据自己的能力选择自己能做的，这个过程本身就是学习了。但是，因为用来建造寺庙佛塔的善款都是从住在这些寺庙周围的百姓那里募集而来的，我们要倍加珍重。也因此，在现场会要求很严格。

这就是目前我们工舍实行的师徒制度。

鵤工舍也算是一个靠手艺和人品支撑的纵向阶层的机

构吧。

最上一层当然是"番匠"西冈常一,"大工头"小川三夫在西冈师父之下,然后下边是很多"大工"。"大工"就是具有成熟的技术和良好的人品,能在现场顶替栋梁完成建造工程的工匠;在大工之下是"引头",引头是刚刚完成初步的学徒,能使用工具的人;最后是刚入门的新徒弟,叫"连",也就是新生的意思。我们就是这样一个组织,这个排列跟从前的木匠身份制度一样。

学徒最初的工作是做饭和打扫卫生

我们鵤工舍的工作是建造佛堂和寺社,同时也是培养宫殿木匠的地方。我把自己在西冈师父那里学到的东西,在这里传授给徒弟们。与其说传授,准确地说应该是让他们自己在这里通过一起工作修得作为宫殿木匠所需要的一切要素。我不会刻意地教他们什么,但是会给他们创造机会,让他们在这些机会中自己锻炼成长。

我们那里经常会有年轻人造访,"我想入门"、"我想建造寺庙"、"我想建造五重塔",他们带着这样的希望前来工舍。

　　我对这样的年轻人从不拒绝，想做就来嘛，这叫来者不拒吧。但是对于中途因为忍受不了痛苦的修业过程而想要退出的人，我也从不阻拦。所以我的徒弟们形形色色，什么人都有。有从大学毕了业来的，也有从企业辞了职来的，有中学刚毕业就来的，也有高中没毕业就来的。有学习成绩好的，也有不爱学习的，还有特别另类不合群的，总之，凡是想来的我都不拒绝。

　　但是，有一个条件，就是无论你是谁，只要入了门就必须跟大家一起住在工舍里，跟大家同吃、同做、同住。这是工舍的原则。只白天来干活，晚上回自己住处的一律不接收。奈良的工舍，一楼是徒弟们的宿舍。每人有一张比一叠榻榻米稍大一点的床，并排摆放着。餐厅在二楼。干活的工房在法隆寺和法轮寺的附近，那是一个叫斑鸠里的地方。有的徒弟往返于宿舍和工房，也有的徒弟往返于宿舍和附近的其他现场，还有的徒弟在茨城县正在建一个大的伽蓝，那里也有他们的宿舍。除此之外，我们在关东地区的栃木县还有一个工房，那里也有宿舍。还有，在九州有一个跟我相当于师兄弟的手艺很好的师傅，他是专门做学术用模型的，我的徒弟中也有去他那里帮忙的。还有些徒弟给从鹪工舍独立出去的师兄们帮忙去了。总之，我们有很多的现场。

但是，无论在哪个现场，新来的徒弟都是先从做饭和打扫卫生开始。

即使什么都不会的新人，只要一入门，我们就会按每天的津贴付给他工资。这是劳动基本法规定的，最低的酬劳是必须要支付的。这一点就不像从前了，入门学徒，在师父家吃住，帮着做家务，跟着师父学手艺，不取分文。现在不行了，新来的徒弟也是要每天支付津贴的。

同样是学习，如果是进正规学校学习的话，是要付不菲的学费才可以吧？但是，一旦到了社会上，即便实质是在学习，但也是领着工资，在工作中学习的。这已经是普遍的现象了。

不光是鹬工舍，任何一个公司和企业都是一样，要给一个刚走出校门什么都不懂的年轻人支付高额的工资。而年轻人只挑那些给自己高工资的地方才会去，工资低的话，他们干不了多久就会辞职，然后再换另一家公司。刚来的时候他们是什么都不会的，拿着工资学习，但是有的孩子刚学了点皮毛马上就跳槽走人了。

鹬工舍在性质上跟社会上的这些公司是一样的，也要给原本是来学徒的人付不低的工资，而这些工资其实是靠有手艺的人干活挣下的。所以，在我们这里，新来的徒弟必须要找到自己力所能及的事情做。新来乍到的他们又能做什么呢？也只有做做饭，打扫打扫卫生了吧，这个的话一般的孩子都应该会。匠人一般都起得很早，新徒弟要比他们起得更早，准备早饭，还要准备午饭的便当，所以他们最晚五点就得起来了。

晚上从工地回到宿舍，他们又要马上准备晚饭。如果做得好吃，会受到表扬，做得不好吃，还有可能挨骂。新徒弟对于教自己干活的师父或师兄要怀有感恩的心，有了这样的心，你就会认真地为他们做饭了。每天的这三餐真是不简单。有些孩子在家从没做过饭，他们就下功夫学着做。而他们的工作还不仅仅是这三顿饭，做饭只是其中的一小部分，是利用干活的空隙来完成的，因此要在很短的时间内做得又快又好，内容还不能重复。买食材的时间也是要计算好的。师兄们一般不会提多余的要求和表示不满的，因为他们自己也是这么过来的，了解新徒弟的辛苦。大家吃饭的饭费都是均摊的，开销大了，大家也都没有怨言。这个做饭的差事一直要到再进来新人为止。有的人曾经做了四五年呢，因为没有新人入舍。运气好的，刚做了两个月，就来了新人，可以替换了。但一般这时候，老徒弟还是要帮把手，虽然没人命令他帮忙。

徒弟中也有干了几年中途辞职了，过了不久又回来的人。对待这样的人，我们工舍的做法是，他们必须像新人一样从头做起。不管你之前在这里多少年，也不管你的手艺是不是已经很好了，因为你离开又新加入，那就得从头做，从做饭开始。他们自己也会说，"想再重新做一次"。

刚开始的时候的确很辛苦啊。既要很早地起来，又要考虑每顿饭的食谱。起得晚了，做得难吃了，老做同样的，就该挨骂了。

习惯了挨骂，那再苦也不觉得苦了，一切就慢慢地适应了，包括干活。如果你觉得为别人做事是一件痛苦和委屈的事，那你还不可能从别人那里学到什么，别人也不可能教给你。新人干得最多的活是准备磨工具的水，为别人干完活的现场善后，打扫卫生，师兄们说需要什么就得赶紧给他们递什么，这就是新人的工作。

但是，这些也都是很重要的工作。西冈师父说过，他小时候经常被祖父带到干活的现场，就让他坐在那里看着。其实祖父的用意一定是想让他感受那里的气氛和空气，那么小的年纪什么也不可能做，即使做也只是干扰别人而已。

即便是准备磨刀水这样看似简单的事，也是需要用心的啊。我们工舍有一条铁的规则，就是"整理整顿"，干活的地方必须干净利落，否则不可能做出漂亮的东西。在到处都是垃圾的地方怎么可能做出美好的东西来呢？所以，干活的地方需要有人去收拾和打扫。削砍过的端木以及刨下来的刨花随时会出来，特别是如果有很多匠人一起干活的话，那收拾这些零七八碎的东西本身就是非常忙碌的活计了，还要给搬运重物的人搭把手。另外，其他工匠特别仔细地刨出来的树材的光滑表面，你可不能用一双脏手去抬吧？那是要挨拳头的。抬的时候要把轻的一头让给师父或师兄，自己要抬重的一头。这些细微之处的用心不会有人刻意地去教你，只能靠自己在干活的现场慢慢领会。

有的木料重得两个人抬都很吃力，建造寺庙一般都是用那种大木料，大木料需要亲自去摸去抬，否则你不会知道它有多重。这个触摸的过程，也是让你真正地了解树木的过程，是用你自己的身体去理解树的身体。光凭想象，谁都能想象树木的样子，就连小孩子也会说"那棵树看上去好重"。当看到吊车把一棵巨大的树吊起来的时候，孩子的脸会憋得通红跟着一起使劲，就好像是自己在搬那棵树。是这样，一般人用大脑和眼睛去感受的大树，我们要用自己的肩膀和腰去记住它们。

刚开始搬运大木料的时候，都会觉得怎么这么重啊，很难把它抬起来。因为自己的身体还没准备好。同时，也会侥幸地想：尽管自己抬不动，但是会有别的人帮着抬。这种想法如果表现在行动上，你就会挨骂了。搬这种特别重的木料的时候，你一定想尽快地把它放下，因为你会很在意自己身体的感受。但是在现场干活的过程中，逐渐地你能搬得动这么重的大树材，就连触摸它们的手法都会发生改变，自己手上的感觉也会发生变化。这些细微的变化绝不是你自己刻意地去改变的，而是靠时间，靠在现场干活的过程，自然而然地培养起来的，慢慢地你甚至会觉得自己变成了树的一部分。

木匠的一生都是在跟树木打交道。只有让树木渗透进你的手，你的身体，甚至你的大脑，才能说是真正地领悟了木匠的神髓。

用身体去记忆

当初我到西冈师父家刚入门的时候，师父对我说："从现在开始，你书、报纸和电视都不用看了，只顾磨工具就可以了。”

因为师父只收了我这么一个徒弟，所以我身边没有师兄弟，每天吃了晚饭，我就一门心思地磨工具，每天都会磨到很晚。

现在，在我们鵤工舍里有很多徒弟，他们不会觉得孤单。而且，如果想看电视的话也可以看，我也不限制他们看书看报。周日休息的时候，也可以去看电影或出去散心。

但是我们工舍的徒弟没有一个会那样做，他们也是吃了晚饭就都去磨工具了。我们在奈良工坊的宿舍一楼还专门设立了一间磨工具的屋子。不住宿舍的徒弟也会在那里摆一块磨刀石，大家的磨刀石并排地摆放在那里。

吃过晚饭，他们会一起到那里磨工具。新徒弟收拾好大家的碗筷后也会加入其中。大家会磨到很晚。从没有人要求过他们必须那样，但是因为师兄率先去磨了，所以师弟们也就跟着磨了。我们在干活的中途，有时候因为树的品种不同，也会磨磨刃口再去刨。

徒弟们在工地干活的时候，常常会遇到其他业种的手艺人，他们就会去看那些手艺人的工具，还会根据工具的状况来推测这个匠人的水平。就像我刚到西冈师父那里的时候，师父对我说“让我看看你的工具”一样。工具就是

新入门徒弟的第一项工作是做饭

匠人的脸，匠人的水平体现在工具上，所以大家都会用心地磨。

但不可思议的是，如果你是有些坏毛病的人，那你很难磨好工具。而我们工舍的徒弟几乎都有自己的癖性，个个都有很强的个性。因为这些孩子中有不少是被社会抛弃的，不好好上学，甚至学坏的。他们嘴上说是要学徒当木匠，但是，在来我这里之前，他们身上已经带了很多跟他们的年龄不相当的坏毛病。如今的时代，自己主动要求当宫殿木匠的人，相比一般人，一定是个性强烈而且毛病很多的人。这些孩子中，有的一看就知道是什么工作都无法胜任才来我这里试试做木匠的，这样的人刚开始的时候不可能磨好工具。

磨工具，简单地说就是，把刃具放在一块平整光滑的磨刀石上笔直着磨就可以了。但是，磨刀石本身也是有癖性的，另外，别小看这个在平直的磨刀石上笔直地推来推去的动作，做好了还真没那么容易。"磨"这个动作真的不简单。

作为栋梁，必须要牢记的法隆寺木匠口诀中有这样的说法，"堂塔的木构不按寸法而要按树的癖性构建"。这就是告诉我们，要学会看透树材的癖性，然后将它活用在建筑之中。这一点，其实也可以用在如何用人上。我的工舍里有二十多个徒弟，我们一起来完成一个庞大建筑的建造。徒弟大多是属于有特殊癖性的，有的孩子干活很快，有的孩子眼睛里总是看不到活，也有的孩子把凿子用得熟练到没人能比，但他们都有很强的癖性。

这些身上的癖性和毛病不去掉，是无法磨好自己的工具的。通常，只要看一下工具的锋利与否就能判断出这个匠人的水准如何。

无论如何，木匠的首要工作是磨好工具。一磨就知道了，为什么我的刀刃总是往右偏呢？这就是所谓的癖性。发现这个毛病以后，我们会用力把往右偏的往回扳，但是，这个癖性已经长时间地在你的身体里了，你迄今为止的生活和经历都在这些癖性里呢，所以不是那么容易就能改过来的。脑子里想着别往右别往右，但是手却不听使唤。所以，需要以"无心"的状态面对手下"磨"的这个动作，在不断的反复的练习中，你的手腕、肩膀和腰会自然地适应过来，扭转过来。这个是需要时间和阶段的，但是一旦达到了那个阶段，就会发现，徒弟们连表情都会发生明显的变化。

有的孩子，不但身上的毛病很多，而且还很固执，但是他能意识到自己必须改正坏毛病。因为，要想成为好的木匠，磨好工具是第一步。也许从前做过的很多事，都是按照"差不多就行了"、"下一步就会了"那样很乐观地处理的，但是，木匠可不同，工具磨不好的话一切都无从开始。而要想磨好工具，首先要改掉自己的一些习性，带着这些习性的话是绝对磨不好的。

类似这样的事靠大脑是记不住的，需要慢慢地积累经验，用自己的身体去记忆。在学校里考试，将就得个八十分就算还不错，但在手艺人的世界里这是行不通的，没有将就。开始的时候，总是不能随心所欲，总是做不好，这是没有办法的，因为你并不是在什么都没有的零的位置上，你身上的毛病决定了你其实是在负的位置上。你需要尽快地改掉毛病，让自己处于零点的位置。但是在回归零点之前，你都不会有太大的进步。

我到西冈师父那里学徒的时候，一开始是被师父拒绝的。理由之一，正如他所说的他自己也没有工作，所以无法带徒弟。第二点，是因为他觉得我当时的年龄过大了。师父认为，要想学手艺，就不要弄学问，越早地开始学徒越好，中学毕业的年龄是最合适的。因为，中学生的身体还算听话，且没有任何的坏毛病，更容易接受新的事物，还没有被身外多余的东西所感染。

　　年龄稍大一点开始学徒是很艰难的，身体上精神上都难。因为你总有一种仿佛自己被甩在后边了的感觉，跟你一起走出校门的同学们，已经步入社会独立工作了，已经挣到工资了，已经被当作是一个完整的独立的人了。

　　我刚到佛龛作坊去学徒的时候，工资是一天一百日元。而跟我一起毕业的同学，在我还身处学徒期，每月挣三千元的时候，他作为汽车公司的业务员，月薪已经达到八万元了。跟他一比，我简直惨不忍睹。但是没办法，我需要从头学起。在学校里我们都是用大脑进行记忆的，但是要想成为手艺人，就要学着用手和身体进行记忆，而这个是没有近路可走的。这一点，在鵤工舍里还好，因为大家的目标是一致的，都是志同道合的伙伴，互相是能理解的。谁快一点，谁慢一点，相互都能体会。但是如果把我们的这种行为放到一般社会层面上的话，我们会被认为是不务正业，在浪费时间，一般的人是会这么认为的。也因此，有不少徒弟在中途就放弃而选择去做别的事了。我在学徒期间最不愿意回家了。我们这里，在新年或盂兰盆节假期回家而不再回来的也不乏其人啊。

　　另外，学徒的时候经常会挨骂，这也会让你失去信心，你开始怀疑这个工作是不是适合自己。每个人在学徒期间

所花的时间有长有短，但是只要认真地、踏实地、不着急地坚持做的话都能干好，最终都能有所成就。我们花很长的时间去磨练手艺是没有办法的，因为只有这样才能学会。

有一种人，干什么都能很快地掌握要领，学得快，会经常受到表扬，你觉得这样的人适合做手艺人吗？我说还真不一定。因为我们的工作不是靠快速地掌握和很快地学会，而是需要慢慢地熟练，再点滴地渗透进自己身体的"芯"里，才能永远地记住，才能不忘。快速记住的一定忘得也快，这就是用大脑记忆和用身体记忆的差别。也许有的人用五年记住的，你用了十年，那也没关系。用十年记住的手艺日后到了实际的现场，也许你做的还会比别人更好呢。

我的徒弟中，有的孩子一心想尽快地掌握要领，于是从书里找窍门，找捷径。书里说"刨子的刀刃怎样怎样比较好"、"遇到怎样的情况需要怎样"等等。这家伙把自己在书里看到的这些内容告诉周围的同伴，大家也说："噢，原来这样就可以了？"他们好像一下子就理解了。

用语言表达是最简单的做法，听的人也会觉得好像自己完全理解了，并找到感觉了。徒弟们有时也会到我这里来问，但是，我是不会用语言来解释的，只会给他们做做示范。在书本上看到的，并没有经过自己的手的实践，所以即使我给他们做了示范，他们也很难理解。这么说来，在我们手艺人的世界里，看书其实就显得并不那么重要了。同时，如果你的头脑里总想着书里说的，反而会干扰你手上的作业，还会拉你的后腿。西冈师父曾经在给我的信里说，学徒的时候，"祈望你忘掉一切，专心精进于技能的磨练"，我觉得就是这样。

不怕花时间

宫殿木匠的学徒是需要时间的，而且这个时间很重要，也是必须的。因为无论是建造佛塔还是佛殿，都需要至少两到三年的时间才能完成。我在西冈师父那里学徒的时候，几乎所有的活计都是跟着他在工地上学会的。我们宫殿木匠，如果没有实际建造的现场，想学技术基本上是不可能的。

所幸的是，鵤工舍自从一成立，就活计不断，所以，徒弟们一入门就有很多机会在这样的现场学习技能。辗转过几个现场以后，他们就能积累不少不同内容的工作经验了。这可真是难得的机会。

建造一栋普通的民宅，大概需要半年的时间就能全部完成了。因为每一项工作的内容都不需要花费太多的时间，也不允许有漫长的学习时间。

在我们工舍可不是这样的。那里有上百根的木头等着被刨成椽子，光是处理这些木料就得花一年的时间。即便在刚开始学徒的时候，还不知道自己该做哪部分的工作，随着时间过去，你也能慢慢地明白自己在其中的作用，然后找到自己力所能及的事情。这是很关键的，它能让你明白自己的工作跟别人的工作之间的关系，从而看到自己的工作。

磨工具也是一样，也需要花长时间去学着磨。等到有一天真要让你去建造佛塔佛殿了，尽管之前你已经修炼了很长的时间，这时候你还是会在心里犯嘀咕："我真的能建造这么大的建筑吗？"又因为建造一个寺庙或佛塔需要两三年的时间，心里开始变得没有底。人很容易被这样漫长的时间所吓倒，甚至想要尽快地逃脱掉。因为两三年的时间里会发生什么是很难预测到的，如果说几天、几周，那多少还是可以预测的。而两三年的时间是个漫长的过程，如果是对于在上中学的学生来说那么三年后高中都要毕业了，可不是短时间。

为了让自己不输给时间这个"重量"，就需要我们花时间用身体去体会这个过程。所以新入门的徒弟就要花时间学着磨工具、做饭和打下手，这些时间是省不下来的。只有经过了长时间的基础修炼，等到有一天真的到了现场，你才能有机会从头到尾体验所有的工序。徒弟们赶上现在的时代，真是太好了。

我的师父和他的师父，也就是他的祖父，是通过对古建的解体维修来完成手艺的学习的。但是他们虽然掌握了技术，却在很长的时间内没有机会建造新的建筑。西冈师父的家世代都是法隆寺的专职工匠，但只在他这一代上才赶上了重建法隆寺和药师寺的佛塔和佛殿，而他的先代们都只参与了维护和解体维修的工作。我们工舍现在承接很多新的佛殿和佛塔的工程，有很多机会参与建造新的工程。我们也像飞鸟和白凤时期的匠人们那样，有机会靠自己的手艺建造新的佛殿和佛塔。对于宫殿木匠，这是再幸运不过的事情了。

时间是能把一个人培育成有用之才的，就像我当年跟着西冈师父在现场学徒一样，我们呼吸同样的空气，一起锯木头，一起担木头，一起吃饭，我就是在这个过程中慢慢地掌握了木匠技术的。

如果是在学校学习的话，孩子们总是被要求要在一定的时间范围内，尽快尽可能高效地掌握书本上的知识。因为都是为了应付考试，只要考完试一切就都好了，所以考试的前一天，一定要拼命地死记硬背。

但在我们这里是没有这样的时间概念的，花多长时间都可以，只要能牢牢地记住，能让技术深入到身体里，花再长的时间也值得。

在我们这里每个人都有适合他的事情可做，因为在你的前边有比你多掌握了一些技术的师兄，他们就是你的榜样。所有的人同吃一锅饭，同在一个空间干活，彼此之间在想的事情应该是相通的。一个雄伟的建筑不是靠一两个人的力量就能完成的，需要很多的人，花很长的时间才能完成。

首先要学会应对巨大的木料

刚学徒的时候，每天的工作内容就是磨工具。除此之外，就是在现场看其他的匠人如何工作。慢慢地，自己就有了跃跃欲试的感觉，想试试经过自己的手磨出来的工具是否锋利。尤其是打扫工地、帮助师兄搬运大的树材，就更会激发你想上手的心情。看着师兄们刨下来的那些轻盈飘逸的刨花，就好像是只要把刨子轻轻地往木料上一放，刨子在上边轻轻地划过，那些轻盈的刨花就会飘落下来了。想象一下就知道这个动作是多么酷。

如果你看匠人们干活，觉得他们很酷，那说明你爱上这个工作，也想自己试一试了。这种心情会随着时间的推移和手艺的进步慢慢地高涨起来。当你磨工具的技术有了一定的提高以后，师父就会瞄准时机给你派活了。但是之前是需要忍耐的，徒弟需要忍，师父也需要。

忍耐不是件容易的事。像有些母亲，孩子想要什么马上就给，其实孩子反而不会珍惜了。人就是这么奇怪，越是容易得到的东西，越是没有成就感。所以，我的主张是，要给他他想要的东西，就要先让他着迷。但是这个时间分寸要掌握好，给早了，他还不能胜任；给晚了，他的热情又过去了。所以要瞄准时机地对他说"来，你来刨刨看吧"，然后交给他一根巨大的树材。记住，可不是那种小的边角料木头。新徒弟们在这之前已经深深地了解了匠人们是如何珍视材料的，他们在走到这一步之前，也许曾经因为不认真对待材料或者因为用脏手去触摸材料，而挨过师兄的拳头。

虽然，建造庙宇用的材料都是巨大的高价的材料，基本上都是昂贵的扁柏，而且每一根都有三百年或五百年的树龄。如果是用来做柱子的树材，那还有可能是上千年的大树。

第一次接受重任的他们还从没有弹过墨线，所以师兄会把弹过墨线的树材交给他们。因为是第一次上手这么大的树材，他们心里多少会有一些震惊和紧张。当初我们建造药师寺的时候，那些已经在别的地方积累了不少经验的工匠，在看到药师寺巨大的树材时还是受到了不小的震撼。

同为木匠，建造一般的民宅和建造佛殿佛塔，最大的差别就是使用的材料会截然不同。大的树材带给人的震撼和它的魄力是无法用语言表达的。

你有过这样的经验吗？在寺庙里行走，当路过那些巨大的杉树或楠树的时候，心都会为之一颤，还会有小小恐惧的心理活动。所以我特别理解为什么人们将巨大的树木视为神树，这样的神树作为建筑材料用在建筑上的时候也一样啊。

我们木匠每天都要跟木头打交道，对于木材的一切都很敏感。当大的树材出现在自己面前的时候，能否很好地驾驭它，心里都在犯嘀咕。每当这个时候，就是考验自己的本领和胆识的时候了。眼前的木材可不是随便用来练手的廉价木料，而是真正用于庞大建筑上的巨大木料。你将要对它们下手，用凿子在木材的身体上凿出榫卯来。这时候你是不是会想，我这样做对吗？凿的深度应该到哪里？会一直在心里这样紧张地问自己。但最后，是要靠自己的胆识把它们做好做完。一旦过了这一关，那你就找到很大的自信了。

通常，这个时候是最能看出性格的。有的人不由分说地下手就干，有的则一遍又一遍反复地用曲尺丈量来丈量去，就是下不去手。看着这样的徒弟，我都想跟他说"你还要量多久？差不多就行了吧"。

但是，哪一种性格都无妨。你会在这个过程中慢慢地适应，当一棵巨大的树材摆在你面前的时候，无论是哪一种人，最终都能以平常的心去面对它们。大的树木真是能帮助人成长，这是了不起的事情。这是盖民宅无法遇到的事情，盖民宅的话，也许你一生都没有机会接触到上千年树龄的大树。操控大的树木，会让人的心理也变得强大起来，这是很不可思议的事情。年轻的时候，总是为时间为金钱操心，心理会变得越来越弱小。但是在我们这里，需要大刀阔斧地干，没有时间顾及细小的事情。

先用好工具再说

一旦学会了使用工具，你马上就能觉察到自己身上存在的不足了，也会觉察到自己与身旁干活的别的手艺人之间的差距。这个差距会让你很不自在。首先，从工具的磨法上可能就不一样。也许在这之前你觉得自己已经很不错了，而这时候才发现，自己连人家的脚趾还不及呢。人家的工具用得那么自如，干活的时候身体的活动没有丝毫的多余，动作也很漂亮。

于是自己就想学他们，使出浑身的气力努力地效仿。这样一天下来，都是在重复跟别人同样的动作，把自己累得疲惫不堪。本来觉得自己在体力上相比年长的手艺人还是有优势的，但看到人家能那么身轻脚健地干活，自己就越发不可思议了。木匠在干活的时候是不能靠蛮劲来使用手里的工具的，劲用得轻与重以及能否自如地用，这都是要花时间练，也是要靠经验积累的，不可能一下子就到位了。

说到底，我们木匠的本职就是跟木头打交道，能不能自如地使用工具是最先决的条件。你只有能自如地使用工具了，才能自如地表现自己。通常，能按照自己的意愿用好手里的工具，至少需要十年的时间。

在工具的打磨和使用上，每个人都有自己的习惯和脾性，同时也一定有不可否认的天性。这些在学徒的过程中都会显现出来。在学校里，向来以平等对待学生为由，对所有的孩子都以同样的方法，让他们接受同样的教育，但其实每一个人都是完全不同的。学习的时候，有的人快有的人慢，有的人学得好有的人学不好，有的人灵有的人钝，几乎没有一样的。作为师父，他的工作就是要全面地看待这些徒弟，根据每个人的能力和特点，因材施教，给他们安排适合他们的现场。

虽然是在学徒期间，也要给他们提供真正的"现场"。工具的使用不是靠嘴上教出来的，而是要在现场上演练，要让他们真的去用，他们才会明白，原来那个柱子的表面是这样刨出来的，原来刨子是这样用的。先了解了这些以后，再听听师父和师兄的指正，去修正和弥补自己的不足，所以说必须要给他真正的现场，他才会自然地成长，因为当你面对真正的场合的时候，你不可能不认真地对待。不体验真正的现场，只在一块废旧的木头上进行练习，怎么练都不会进步的。

西冈师父就是这么培养我的，他会很随便地把一根大木头交给我削啊刨的。我呢，就是在这个过程中慢慢地建

立起自信心，同时也能找到工具的最佳用法。所以，我带徒弟的时候也是这样做的。招徒弟的时候，不能只招聪明伶俐干得好的，只要是愿意学技术的，我都愿意培养。我可以慢慢地锻炼他们，把他们身上好的东西挖掘出来，发挥出来。学手艺不能着急，一急就会敷衍，敷衍的结果最终会体现在工作上。

我们建造的都是不同于民宅的佛殿佛塔。一般的民宅能维持几十年就不错了，而我们建造的庙宇用的是上千年的树材，把这样的树材用在建筑上，那也要让这个建筑有同样的寿命才行。如果草率地做事，很有可能会扼杀了树材的生命，同时一个好的佛殿佛塔也会随之短命。

建造一个这样庞大的建筑，维修起来也不是一件简单容易的事。当一座佛塔建成以后，一旦去掉了假顶，就无法再调整了。假顶去掉，当第一次面对眼前刚建好的这个建筑，如果你发现了问题，而且知道错在哪里，也知道还有哪里需要改进，但是，不可能马上进行修改和改进。所以，我们必须时刻怀着一颗紧张的心去面对自己的现场。

你如果不能自如地使用手里的工具，那说什么都没用。如何才能自如地使用好工具，这要看你付出什么样的努力了。说实话，我们的工作的确不容易。但是当你每向前迈进一步，每取得一个进步，它都能让你有很强烈的成就感和愉悦感。对做木匠有兴趣的人，会觉得在木头上刨啊凿啊这样的活计很有意思，就连枯燥的磨刀具，也会觉得有意思。让刚学会使用工具的徒弟刨一根椽子，如果碰到的是一根听话又顺当的木料，那他会刨得很顺手，很舒服，他马上就会觉得"原来我这么棒？"，这么一下就能让他感觉到其中的乐趣，他会更努力地练习，更细致更用心地去刨。

用很锋利的工具去刨木料的时候，那种感觉是很爽的，爽得让人难忘。所以，有的匠人甚至不愿意停止干活去当师父培育新人，他们更愿意一辈子在现场干活。木匠这个工作就是有这样不可思议的魅力。

不用机械的理由

在我们鵤工舍，尽可能地使用人力进行所有的作业。宫殿木匠的活计经常会用到又大又重的巨型树材，如果用吊车或叉车会很省力也很方便。正是因为这些机械工具所带来的便利，我们现在只需要飞鸟时期工匠们建造法隆寺几分之一的时间和手段就能建起一座寺庙了。

用机器，的确很省事。机器能把很重的木头轻而易举地挪来挪去。飞鸟时期的工匠们可是一步一步地喊着号子靠很多人登着脚手架抬上去的。我这么说，并不是强调靠人力去扛就好，机械就不好。谁不希望省点力呢？但是，如果过于依赖机器的话，作为工匠，会变得不愿意动脑子了。

都说木匠的工作可以分成十份，其中的八份取决于你能否合理地安排工作的顺序，眼下要做什么，接下来做什么，再下边做什么。我们木匠的工作从头到尾都是有顺序的，就连堆放木料的顺序，都是需要考虑进去的。马上要用的材料放哪儿，它的上边该放什么，下边该放什么，这样看上去很简单的事情都需要认真地考虑，不是单纯地堆放。木料该如何刨？如何建构？都需要缜密的考量。如果什么都被机器简单地解决了，那木匠思考的空间就没有了。如果没有了认真的思考，建筑本身就很危险了。

使用电刨也一样，鼻子里一边哼着小曲手上就能很轻松把木头刨了。如果用手刨的话，你能切身地感觉到木头上的树节和筋、纹这些痕迹。我学徒的时候，这些都是经历过的。不是不可以用电刨，只是那样的话你就感受不到木头的身体了，不能体会用手去触感树材的感觉。

我们工舍的电动工具只允许手工工具已经用得很好的

徒弟使用，而且也只在最初粗加工的时候用。手工工具用得好的人，电动工具也一样用得好。

那么，搬运沉重树材的时候怎么办呢？那一定是大家一起搬运。我们看到堆积如山的木材，开始的时候会怀疑怎么能搬得动。年轻的徒弟们会想尽办法搬动它们。尤其是一起搬运特别沉重的东西的时候，谁都不能松气，都要保持紧张的气氛。如果有一个人松动，那就一定有人会受伤，而且是重伤。一个人的不慎，会造成其他一起干活的人的生命危险，大家是绝不能掉以轻心的。所以，每个人都会很认真地对待，齐心合力，大家会很自觉地往前站去搬。我不是夸自己的徒弟，我们那里从不夸人。即使没有任何机器，我们一样能干得很好，靠我们自己的手。

如果不理解这些，那么，当没有了机器或因故不能使用机器的时候，你会变得不知所措，连活都干不成。这就表示人成了机器的奴隶，机器占了上风。我们在工作中，一定会遇到无法用机器处理的树材，但是机器不可能根据树材的形状或硬度而改变刀刃的磨法和角度。那最终就是放弃使用这种有癖性的树材，只挑选好用的、省事的用。慢慢地，匠人手上的功夫也就退化了，技艺也会随之死掉。技艺一旦没有了，再想建造真正的建筑，再想回到从前跟古代的工匠进行对话，去思考该如何是好的时候，就很难做到了，甚至连建筑都很难建成了。

西冈师父经常跟我说："你的手如果不能很好地使用工具，那你就根本无法表达木匠的本意，所以无论如何都要练好手上的本领。"我很理解这句话的含义。

"任何工作最终都是靠人的智慧才能完成"，这一点要时刻铭记心头。法隆寺和药师寺因为是靠人的手建造出来的才会那么美，绝不是机器能做到的。

鵤工舍的职责不仅仅是建造寺庙，还要育人。我们的工作虽然辛苦，但是当自己身在其中，成为大家中的一员的时候，你就能深深体会到我们这个工作的乐趣了。我觉得西冈师父当年也是抱着这样的心愿培养我的。

照顾新来的弟子

到了一定的阶段，就会把照顾新入门徒弟的任务交给老徒弟了。工舍的徒弟有二十多人，我一个人不可能全都照顾得到。当初，在西冈师父那里只有我一个徒弟，而现在我们这里的情况不同了。当一个徒弟的能力到了可以被委派一些活计的时候，让他去照顾新人也是很难得的经验。我还是西冈师父的徒弟时，就开始收自己的徒弟了，算是比较早的。手艺人一般都很固执，都活在自己的世界里，所以，培养别人对于自己来说其实也是一个很好的学习过程，特别是像我们这样最终是要成为宫殿木匠的人。

因为我们的工作不可能一个人完成。即使你有再好的手艺，也不可能独自完成一座宫殿的建造。一个人连一根柱子都无法挪动，一定要有帮手。用人和用工具都是很重要的，就好像用凿子、刨子一样，不可能一上来就会用。带徒弟也一样，突然让你去照顾新徒弟，也不是马上就会照顾的，一点都不比用工具容易，太温和了不行，老发火也不行，手把手地教更不行。"教"这件事本身也是很需要能量的。

俗话说，只有当自己有了孩子，才能理解父母的心。道理是一样的。只有当自己到了带徒弟的时候，才能理解当初师父说的内容，才能理解师父说的做法。自己在不知不觉中做过的事情，只有当你站在教育别人的立场上时才会反思，而这一切都会直接关系到你的进步。

我们的技术是传承了一千三百年的技术，但是能自己独立完成的部分一个都没有，而且我们还身负着把这个技术传承下去的使命，所以，"教"的过程也是重新审视自己的技术，思考我们做得是否正确的好机会。

我自己带了徒弟以后，对很多事情就有了深刻的理解。而当我的徒弟们能独立工作的时候，他们也同样可以带他们自己的徒弟了。所谓的传承就是这样进行的吧。

关于阿研

在工舍里，每一个人都可以发挥自己的专长，同时也都有各自的职责。刚入门的新徒弟，虽然什么都不会，但也可以打扫卫生、做做饭，做自己能做的。大家在一起共同参与完成一个工程就是最重要的。

建造一个佛殿或佛塔，需要很多人在一起工作很长一段时间。这时候，一起参与建造的人个个都是手艺精湛、水平相当的匠人当然好。但是，技术参差不齐，但人品都很好的匠人们聚在一起，也许更有利于长时间一起工作。我们工舍的人真是形形色色，有的徒弟用起工具来甚至比我这个师父用得还好，还有的徒弟已经完全可以胜任栋梁的工作了。一个工程如果能汇集这样形形色色的人才是最好的。

法隆寺木匠的口诀中，有这样的话："百工有百念，若能归其如一，方是匠长的器量。"这句话的意思是说，如果有一百个人，就会有一百个想法，若能把这么多的想法聚拢为一，你才是栋梁的材料。的确是这样，我们工舍现在有二十几个徒弟，这些孩子的性格和技术都各不相同。有的工具用得好，有的很差；有的能跟人交流，而有的完全不能；有的善于算账，有的就不擅长。

我常常会暗自观察他们，这家伙虽然在人面前不愿意承认自己其实是能做的，但是，只要把工作交给他，他一定能找到自己在大伙中的位置和责任，而且还能很好地发挥作用。

有的徒弟善于总结别人的意见，即使我不说他也会做。木匠的工作不能完全依赖别人，只有自己亲力而为，才能学到本领。任何事情不要等别人，自己做起来就对了，这种习惯我是在跟着师父学徒的时候养成的。

如果去我们的工地现场，你会发现徒弟们之间很少讲话，都在默默地干活。没有人会不停地提问，也没人会发怒骂人。因为大家都知道自己在现场该做什么，很少交流。每个人的工作和位置都是定好的。我从前跟着西冈师父一起干活的时候也是一样，多余的话一句都没有，即便在工作中遇到了不懂的，也是靠自己思考自己解决。

前些时候，两个徒弟在贴屋顶的顶板。贴着贴着，到了最后，不知道最边上的地方该怎么结束。之前一直是下边一个人、上边一个人分开着贴上去的。那么最后的一块，也要让它从上边落下来，如果按照一个在上一个在下的话，那会有一个人留在里边了，怎么办？这样也不行，那样也不是，他们俩想啊又想，说是想，可不是坐在那儿抱着脑袋空想，他们手里拿着那最后一块天板，这里放一下，那里摆一下。最后的部分怎样都总是浮着，而最终的效果是不能让它浮着。那该怎么办？还不能把板子锯小。实际上只要把周边的沟槽弄深一些就能解决了，但是他们翻来覆去不停地试验，始终没有找到好的方法。而周围的人又都在各自干着自己手里的活计，有人在刨横梁，没人会提醒他们应该怎样干才对。自己也不好意思去问，其实如果去问一下的话，其他人一定会告诉的，但他们绝不会去。就这样，两个人思考又试验的，一起把这个问题解决了，迈过了这一关，而且完成得很好。

我想这如果是发生在一般的学校或家里的话，那么马上就会被告知："来，你这样做就行了。"

"教"是很简单的事情。如果赶上工地很忙，必须在短时间内解决问题，需要赶快结束那个活，那有的师父也许就会冲徒弟喊了："你连这个都不会吗！"然后，师父自己上去三下五除二地就替徒弟做完了。但是我们这里不这样做。当然，如果这两个人想了三四天还没想出办法来，那也的确有点为难了。但这种情况几乎没有，基本上他们很快就能找到办法。因为整个天花板都是一直这么贴下来的，最后那块的收尾处理虽然跟之前的稍有不同，但一定能解决好的。

西冈师父被政府指定为"文化财产保护技术的保持者"。他了解飞鸟和白凤时期这些古代建筑的技术和木构结构，也了解那个时代工匠们技术上的内涵。到了昭和年代，当药师寺准备重建佛塔的时候，西冈师父跟学者们就该不该放钢筋一事发生了强烈的意见冲突。师父是这么说的："飞鸟时期的建筑从没用过钢筋，但它们已经存在了一千三百年之久。"对于师父的这个说法，学者们是这样反驳的："如果所有的工匠都有像西冈师父你这么好的技术也行啊。我们无法保证每个时代都会有像你这样优秀的匠人，所以放钢筋就是为了保险起见。"

这是不对的。当一个"物"没有了以后，也许连同制造它的技术也一起消失了。但如果是一个好的木匠，那么，当他看到这个"物"的时候，他应该知道这是怎么造出来的。

这也是木匠跟一般在公司就职的职员不同的地方。木匠不但要熟知自己的本职，还要了解周边相关的一切，要让自己丰富和全面。

技术是靠一点一滴地积累起来的，在工作中遇到始料不及的突发事态并不太多，所以，只要认真学徒，认真修业，一定会一步一步地成长起来的。我们木匠的技术就是这样修得的。凭着主观就片面地认为后世的人不可能再有这个技术，这种说法太不负责任了，太失礼了。你都没有在现场干过，对宫殿木匠都不了解，怎么知道现场的空气？凭借什么武断地认为后世不可能有同样的技术呢？这种人，仅仅是在简单的层面上判断事物和下结论。我们可不是这样的。我们需要把工具和材料放在手上，然后再判断自己是不是可以，如果不行，该怎么办才能可行。也许在干之前不会想得太多和太复杂。这些在学徒的过程中都会受到训练。

通常，在我们干活的工地上会有很多人，但是大家都不交谈，只默默地干活。虽然都不说话，但场面并不紧张，大家是在一个和睦的环境下愉快地干着手里的活。当然也会有一点点紧张感，因为大家都太专注了。尽管如此，现场的气氛还是很和谐的，总会有人在现场制造出这种和谐的气氛。说是制造，但并不是胡来、瞎逗的那种。

有个徒弟叫阿研，中学一毕业十五岁就来学徒了。他身材不高，瘦小，现在也没怎么长高。他的父亲就是手艺很好的木匠。他住在和歌山县的龙神村，在家的时候会帮助父母照顾农田，有时候去钓钓鱼，一直都是过着这样的生活。这孩子在学校学习不太好，所以他父亲就把他送到我这里来了。

他不太善于言辞，不擅长算数。刚来的时候，按照惯例，作为新入门的徒弟，他需要给大家做饭。让他计算大伙一个月需要交多少伙食费，他算出来的结果是每人要交十三万两千日元，把大家都吓着了。怎么可能那么多呢？于是让他把计算明细拿过来，又让别的徒弟计算了一遍，结果完全不一样。还不单纯是位数不一样的问题，是他根本就不会计算。因为不会计算，所以他连买东西都不愿意去。即使去买，也从不带零钱，就一万元或者五千元的整钱去，找回来零钱，自己也从不计算，直接把它们都扔进存钱罐里。他也从不买衣服，更不买书。因为从不消费，所以他存了不少钱，但自己到底有多少钱他也不知道。他没有欲望，什么都不需要。

这样的孩子，英文也一定不会好。有一次，我带着几个一起干活的匠人去唱卡拉 OK，阿研虽然唱得不好，但是也拿起麦克风唱了一曲，唱到歌词有英文的地方，他就停在那里不唱。我当时还想这小子干吗不唱呢，后来才知道，英文一点都不会。我问他到底有多差，他说："学校的成绩最低一级是一，但实际上我是零，老师说没有零这个级别，所以给你一吧。"

我又追问才知道，算数的话，加法还可以，减法一般，乘法会一点点，除法完全不懂，完全不明白是什么意思。一听说做除法，脑袋马上僵硬，小数点、分数这些就更不懂了。为什么数字的上边还有数字，数字的中间会有点，完全不懂。

我想到我自己上高中的时候，在全班五十五名学生中排名第五十五，就是倒数第一，但尽管这么差，他说的这些我还是懂一些的。我们木匠干活的时候用的是规矩术，计算方法并不简单，所以如果完全不懂算数的话那可为难了，只会加法也不行啊，除法、小数点、分数都需要。于是，跟他一起干活的徒弟们去书店买回了小学的算数题，开始教他。孩子们真了不起，晚上收工以后又开始学算数。

就是这么一个看上去呆头呆脑的孩子，在现场还真起了不小的作用呢，而且谁都无法跟他比，但是阿研并不是故意地在做。如果他是故意做的，我倒觉得他了不起。

阿研到底起了什么作用呢？他的作用是缓解了现场紧张的气氛。因为只要阿研在工地现场，现场就会变得和睦和松弛。一个工程一干就是几年，就是说大家有几年的时间要在一起干活，阿研这样的人的存在是非常重要的。这个作用可不是谁都能起的。这跟一个优秀的栋梁去统帅一班人马还不是一回事。只要阿研在，大家就会自然而然地变得团结并融洽，这太不可思议了吧？如果把他放到外面的社会上去，他连算数都做不好，说话也不擅长，简直就是一个被社会遗忘了的差等生，甚至都不会有人搭理他。但是在我们这里，他是一个宝贝。

能和谐现场的气氛，缓解大家紧张的神经，这就是很大的贡献。他率直天真的天性在其他地方也起了不小的作用。这样率直的孩子在干活的时候也是笔直不弯曲的，不会想别的，不会开小差。所以，刚来的时候，我没让他做别的，就只让他磨工具。我给他做一遍示范，告诉他"照这样磨磨看"，这孩子磨得那真叫好啊。

他的父亲就是一个有点另类的人，所以就连自己这个木匠都做了什么工作，工具怎么用，都没对他说过。阿研来到我们这里是第一次接触工具。

如今他在我们这里已经整整八年了。论磨工具他是一流的，谁都比不过他，所以，不会算数又有什么关系呢？他会磨工具，干活也很仔细，让他用凿子镞木料，那也是很棒的。到了这个程度，他甚至都有资格来判断别人能力的好坏了。我经常会问他："阿研，你看那个孩子怎么样？""不错，但是他有点着急。"阿研说得往往都很准确。

因为阿研的自知之明，他即使已经干得很好了，但也从不表现得比别人高一等，或者有站在别人上边的姿态，只是踏实认真地做着自己的本分工作。如果有新徒弟进来，我就让他去指导新徒弟磨工具，因为他的性格很温和，从不生气，也不发怒。

阿研的家在龙神村有不少农田，他又是长子，没来工舍之前一直在家里帮父母种田。我问他将来想当什么样的木匠，他说，农忙的时候种地，不忙的时候就去做木匠。这不也正是从前法隆寺木匠的生活状态吗？也是最后的宫殿木匠西冈师父那一辈人本来的生活状态。他们了解自己的工作性质，所以终生都不能离开土地。有地就有饭吃，只有这样，才不会被眼前的利益所左右，才不会急于求成地快速施工。

这样一想，阿研这种人完全不是靠聪明伶俐在社会上生存的。那也就是说，"聪明伶俐才是最好的"这种生存的价值观并不是完全正确的。阿研这样的孩子是多么可贵，他教给我们即使不聪明伶俐，只要勤奋并舍得付出，同样能找到自己的生存空间。

建造一个巨大的佛殿或佛塔的过程中，有适合各种不同性格的人的工作，也有能发挥不同本领的工作，每一个都很重要。大家同息同做的这种工作方法，会产生一股强烈的力量，让所有人齐心合力地去完成一项伟大的工程，而所有人又能在这个过程中学习和成长。在这样的现场，不仅栋梁和师父是老师，这里的每一个人都会展现出自己最擅长的一面，而这一面正是可以相互学习、取长补短的地方。这不才是"学习"真正的意义吗？

关于儿子量市

阿研的父亲松本仁是当年建造药师寺金殿和西塔的时候，作为副栋梁在西冈师父手底下工作过的手艺很棒的匠人。很多人都尊重地叫他"仁师傅"、"仁师傅"，我在前边提到过的菊池、冲永那些人都受到过他的关照。药师寺的工程结束以后，我就把他请到鵫工舍来带年轻的徒弟们了，当然他也是我们工舍的主要干将。

那时候，正好阿研中学刚毕业，仁师傅对我说："能不能让阿研来这里学徒？"因为我听说阿研在学校是个调皮捣蛋不爱学习的孩子，于是就对仁师傅说："好啊，没问题，我来接管他。但是很抱歉，那你就必须得离开工舍了。"他的儿子要来学徒，父亲怎么能在身边呢？仁师傅有很好的手艺，到哪儿都能找到活计，但他一走对于我们工舍来说却是莫大的损失。可是为了他儿子的学徒和成长，我也只能这样选择了。不能半途而废，因为我也要对阿研的一生负责。

仁师傅听了我的话，点点头说："明白了。那就多多拜托了。"他就这样离开了我们工舍。开始的时候，我把阿研交给我的大徒弟北村，并跟他交代："尽管这孩子可能难以管教，还是希望你把他锻炼成人才，即使是在木头上简单地凿洞，也要让他成为与众不同的人才，其他的不管，只要能成为有用之才就行。"

人，即便是手慢脑慢，但只要踏实认真地只做一件事，用比常人多的时间也一定会做好的。等洞凿好了，再教他怎么用刨子刨木头，这样比什么都会但都不精的人反而更好。现实中，阿研还真是这样。

　　我的大儿子量市从小就是个问题少年，中学的时候经常闯祸，我隔三差五就要被叫到学校去赔礼道歉。但是我并不觉得有那么严重，不爱学习又有什么关系呢？他本人想上高中，成绩将将够，可老师给他写的在校记录实在太差了，哪儿都不要他也是没办法的事情。走投无路的时候，我问他："你是找地方就职去呢，还是来我们工舍学徒？"他回答："我想去鵤工舍。"我就带他到西冈师父那里去了，去跟师父打声招呼。师父对他说："你会愿意做这个吗？我很感激你啊。"师父能这样对他说，太难得了。放到一般人那里，一定会说"不管怎么样，总该把高中念完吧"，但是西冈师父却以感恩的心态对他说："你真的愿意来做这个吗？"

　　后来他还是上了一个私立高中，自己想了想决定去上高中，就来跟我说："我还是去上高中吧。"他告诉我的时候，我已经知道他要去上高中了，听了他的话，就对他说："等等，你这个态度也太傲慢了吧？我还没想让你去读私立高中呢，如果你真想去的话，是不是应该跟我说'请让我去那个高中吧'，对不对？"[1]

　　他马上严肃地对我说："请让我去那个高中吧。"

---

[1]　私立高中收费不低，除非特殊情况，一般的家庭是不会选择让孩子就读私立高中的。

小川三夫与儿子小川量市

后来他去了那个高中。刚开始的时候，学习还算认真，排在第十名左右。后来不知道因为什么，对学校产生了质疑，这下就不行了，开始跟同学打架、骑着摩托车到处狂奔，甚至还吸了大麻。染头发、打耳洞、浑身上下丁零当啷地挂满了装饰品。但是我老婆作为母亲，还是希望他能坚持把高中读完。

我跟他说："把学退了来我们工舍吧？"我当时想，不管这个孩子傻到什么地步，最后我都要接过来，所以我没像我老婆那样骂他。

最终，他自己去把学校退掉，进了鵤工舍。来的时候，穿着特别肥大的裤子，吊儿郎当的。到了我这里，我就要从头开始教育了。

虽说是进了工舍，但是不可能让他在我的监管下学徒，我把他交给其他徒弟。我们工舍里，高中不好好读书、打架、另类的孩子的确不少，当然也有大学毕业生。所有的人，不管你学历高低，只要进来了，都是从磨工具开始，新人跟着师兄们边干边学，一起成长。我们这里不能使用暴力、不能骂人，更不能命令别人，这是工舍的规矩。如果你有什么不满的，随时都可以离开。师兄们也不能打骂师弟，不能让师弟为自己洗衣服以及干不近情理的事。至于为大家做饭和打扫卫生，是因为新来乍到还什么都不能干，只有这两件事是属于新人力所能及的范围。量市也跟别的新入门的徒弟一样，一来就住进了宿舍，负责做饭和打扫卫生，余下的时间练习磨工具。他特别努力。

让儿子在自己的工舍里学徒，是因为实在不好意思把他交给别人。那时候他实在是太混了，交给谁都是给人家添麻烦。但在我们工舍并不是我来管他，我把他交给别的徒弟了。开始想的是让他在我们工舍扳一扳身上的坏毛病，过几年再去别的地方，按照正常的学徒内容调教他。先在我们这里掌握一些生活和木匠的基础以后，再去别的地方进行正规的学徒。

尽管知道要想培育人才就要给他们提供工作的环境，让他们在其中锻炼，但做起来也不是那么简单的。

遇到失败的时候

我们在工作中总会有失败的地方，有些过后想想都会出冷汗。接手一个要花两三年时间才能建成的大工程，总会担心自己是否真的能胜任。我刚从西冈师父那里独立出来，接第一个工程的时候，心里不安得不得了。直到现在，这种紧张的心情依然还会有。虽然自己心里明白，自己是有能力的，完全可以接，但是这种担心会一直伴随着。因为建造这样庞大的建筑，靠自己一个人的力量不可能完成，需要集合很多匠人一起来完成。

我对自己徒弟们的水平还是很了解的，每接一个大的工程，他们都能在这个过程中成长一大步，同时也会给自己定下更高的目标。作为师父，我是既欢喜又担心。他们只有不断地给自己设定新的目标才有可能进步，而只有在工作中体会到自己确实进步了，他们才会成长，才会在完成了一个工程的时候，有很大的成就感和发自内心的满足感。

我们做的工作，基本上没有重复的时候，几乎每一个工程都是新的。不仅建造的佛堂佛塔各不相同，就连我们使用的材料扁柏，每一根也都不一样。当全部的工程都结束了以后，再回过头来看的时候，还是会想："那个地方如果这样处理一下可能会更好吧？"总是会有这样那样的小遗憾，这小小的遗憾会成为下一个工程的经验。但是每每到了真要开始建造的时候，还是会担心。就先把图纸画好，经过反复的揣摩和确认之后再出原寸图纸。在原寸图纸上，再进一步地确认木构是否合理，拐弯是否合适，还有没有需要改进的地方，如果有，就要在这时候改。这些都做完了以后，木匠们就要根据各自的需求，在木料上弹墨线并开始下料了。这个阶段以后如果再想修改就不那么容易了，所以在这一步之前是要经过反复的修改和确认的。即使如此，常常也会出现不对劲的地方或者不够完美的地方。因为要用那么多的树材，要花那么长的时间，建成那么大的一个建筑，很难达到最完美的状态，难免会留下小小的遗憾。这不是谦虚，我真的觉得建佛殿佛塔不是一件简单的事情。

古代工匠们建造的法隆寺和药师寺，已经那么完美了，不也还是有缺憾吗？不也还是需要日后进行修补和完善吗？那些后来修补过的痕迹都依稀可见。比如法隆寺，每一个斗拱的尺寸都是不一样的，每一根柱子也都是不一样的。在一千三百年前的时代，加工木料的手段以及能用的工具决定了，无论是加工板材还是角材，都只能靠"劈"。因此，不可能有尺寸完全一样的材料，每一个组合、每一处的榫卯，都需要不断地调整着才能进行施工。这么一想，即便在尺寸上是稍稍的误差，也不会造成太大的影响，我们也不会因为这小小的误差而太过于胆战心惊。

当然，也出现过事后让人脊背发凉的情况。有一次，我们抬着树材准备往土台上放，这时候突然发现应该有土台的地方居然没有。难道是算错了尺寸？于是我让大家先休息一下，自己利用这个空当，用柱子把土台的位置弥补上了。

如果徒弟们在工作中出了错，正赶上我经过他们身边，那我马上就能觉察到。因为那时现场的气氛一定很紧张，我就会问他们："怎么了？"然后他们的回答通常会是"锯多了"或者"尺寸算错了"这样的。没办法，只好在现场马上修改过来，不能将错就错。一个建筑，如果一个地方错了，其他地方也一定会受到影响，所以能补救的就要马上补救。

每个匠人都会在做完一个工程以后，笑谈自己在其中的失败和遗憾。有人会说"那时候我是这么处理的"，也有人会说"我把彩虹横梁削反了，当时死的心都有了"、"那天我又去看了看，发现尾椽的尺寸好像比其他地方稍长了一点"。我们的对话内容都是这些失败的笑谈。

但是，木匠的好处就是一旦发现什么地方错了，可以以最快的行动进行补救。如果材料切割短了，那把它们接起来还是可以的。

我不认为严丝合缝就是最完美的。每一棵树都有它们各自不同的癖性，有的干燥得很快，收缩得很厉害，即使建造完了，也不能说是完美的建筑。还有的由于受到顶瓦的重压，也许要在两百年后才有可能达到最完美的姿态。我们的工作，就是会有众多的各种可能。

因此，我们不会太在意眼前的和现在的情况。我们遇到什么场合就在什么场合进行调整和修正。用机器是可以毫厘不差地施工，但在我看来，虽然看上去不那么规则，不那么规整，但是只要对它们进行适度的调整和组构，一样能成就一座伟大的建筑，就像法隆寺那样。它比任何一座看上去严丝合缝、毫厘不差的建筑都更美丽非凡。

觉察到做错了就立即改正，不躲闪、不放弃，更不无视。

作为宫殿木匠的分内事

西冈师父曾经说过："宫殿木匠就是为护法者建造道场。"

但是我觉得，我们的工作应该是"受寺庙住持之托，为供养寺庙的檀家建造让他们满意的殿塔"。这就是我们作为宫殿木匠的工作。檀家不是一户，在筹集资金的时候，很多檀家会聚在一起，把净财集中起来，大家是共同出资来建造一座属于他们的寺庙，因为这个地方是让他们的心灵得到安慰的地方。我是这样想的。

　　西冈师父把他的技术传授给我，而他又是从他的祖父那里修到的。他从祖父那里学到的仅仅是宫殿木匠的基础，而更多的知识还是靠他在日后的学习和钻研中修得的。但我觉得，西冈师父从他的祖父身上学到的是真正的古代建筑的心得和技术。当然祖父又是从他的父亲和祖父那里学得的。这样一代一代地往上追溯的话，就能抵达一千三百年前的飞鸟时代，抵达为了建造法隆寺而汇集在一起的工匠们那里。

　　现在的建筑讲究的都是新的技术和新的材料。高楼大厦、大桥和高速公路比比皆是，建造的方法也都是最新的。建造于一千三百年前，直到今天还巍然耸立着的法隆寺和药师寺虽然就在我们的身边，但是人们只把它当作美术作品来欣赏。当然，从美学的角度看，它们的确是很好的建筑艺术。但是，它其实跟高楼大厦、桥梁一样，也是一个活生生的建筑啊。它们身上蕴含着的技术和智慧，那是很了不起的啊。

　　对于这样的古代建筑，它所蕴含的智慧和传承的技法，专家和学者们为什么都不去研究呢？只有像我师父西冈常一这样的工匠才去研究。同时，还有我们这样在末端坚守和继承着的人。这样的技术和智慧不是靠专家学者记录在书本上的，是要靠工匠用身体来记录的。只有用手来传承这样的技艺，才有可能代代相传。否则，这样的技艺是不可能留下的。

无论是新工具的诞生、新机器的引进，还是所有的作业都依赖于电动了，你自己手上的技术是什么都无法替代的。如何让每一根树材物尽其用，古代的工匠们之所以能很好地发挥树材的癖性，都是因为他们自己有对于建筑的基础和法则的理解，绝不是因为用机器把材料都加工成统一的尺寸和模样。

因此，我觉得，虽然看上去有些麻烦，但还是要按照从前的方法来传承技术。我觉得从前的方法没错，倒是新的做法中存在着很多牵强。很多时候是为了贯彻新想出来的方法，在很勉强地附和和执行。一味地贯彻这些新方法的话，传统的方法会变成什么样呢？我相信会有那么一天，人们想回到从前，再一次反思。那时候，人们一定会被已经渐渐忘掉的传统的方法和智慧所教育，然后才恍然大悟。

我的脑子里总是在考虑这样的事情。所以，我觉得遵守传统的方法是我们作为宫殿木匠的分内事。

现在的苦恼和对未来的考虑

想想宫殿木匠今后的方向和做法，结果其实并不那么乐观。虽说现在的状况比西冈师父的那个没事可做、没活可干的时代要好很多，现在会有不少建佛殿佛塔的工作等着我们去完成，但是，有时候我们会产生出一种罪恶感。

在西冈师父的时代，宫殿木匠所做的事情跟历代的宫殿木匠一样，只是对日本古建进行维修和保护。无论是法隆寺、药师寺还是法轮寺，这些都是国家级文物，工匠们通过对这些古建的维修和翻新，把宫殿木匠的技术和智慧一代一代地传承了下来。因为有这样的技术，才会从遥远的台湾把两千年的扁柏运回来，因为有上千年的寺庙等着它，两千年的扁柏是值得的。

然而，我们现在做的工作，是募集了很多钱，然后去山里砍伐很大的树，再去建造很大的佛殿和佛塔。我经常想，砍伐这么多的树，就是为了建这么大的殿塔，真的好吗？这是不是太自我满足了？虽然这些钱是信众们自己募集来的净财，但我还是会想很多。

我曾经批评自己在银行工作的父亲，认为他动用别人的钱财，所以不是生产力。但事实上我又有什么区别呢？

从前在法隆寺和药师寺跟着师父一起干活的时候，从没想过这些问题。

现在，遇到要建造大型寺庙的时候，需要年数老的大树。但是，年代久的扁柏在日本已经几乎找不到了。自古以来，宫殿木匠的工作都是因为有扁柏才得以传承下来的。在我这一代上估计还不成问题，但是照这么建造下去的话，有一天扁柏一定会消失的。那么，这个从飞鸟时代传承下来的技术和智慧就无法再继续传下去了，将会一起消失。我有这种担心。在西冈师父的时代，日本能用于宫殿建筑的扁柏就几乎没有了，所以才会到台湾去找，在台湾的山里还有。但是，那种上千年的树材，全世界估计也很难找得到了。因为没有人栽种，所以一定会消失的。

扁柏，是日本特有的树种。用于民宅或普通建筑上的树材应该还能找得到。但日本自古以来，用于宫殿的建造和解体修缮的都是巨大的树木，而这样的树材现在越来越少了。我们现在建造佛殿佛塔用的都是这样名贵的树材，所以，用的时候心情是很复杂的。这就是我的苦恼。但是，光苦恼也解决不了问题，所以就把它当作对自己的锻炼和考验吧。

比如，现在已经很难找到树纹很直的，适合做佛殿里工艺精细的物件的树材了，因为山里已经没有了。能找到的，即便它是有树节的、弯曲的甚至扭曲的，我们都要想办法来活用它们。其实，法隆寺在建造当初，工匠们也是这样使用树材的。如果到更遥远的地方去找也许还能找到，总之，法隆寺周边已经找不到好的扁柏树材了，已经被用尽了。从前的时代，即使在遥远的地方有好的树材，也只能当它没有，因为运输更难解决。所以，能在近处找到的树材，无论它是什么状态都要用上，但又不能因为树材不好而委屈了建筑，要建就要建最好的。一千三百年前的工匠们就是用那些不规则和不完美的树材，建造了保持一千三百年之久的伟大建筑。所以，我们也要思考我们该做的事情。

年代久的树都很温顺听话，而年轻的就像人一样，会有很多的毛病，不顺从。今后，我们也会用到很多这样不听话的树，我们需要顺着它们的癖性使用它们。这也正是考验我们的地方。"不了解树材的癖性，就无法建造木结构的建筑。"这样的时代还会再一次到来。这样一想，我们必须踏实谦虚地工作。我想到了徒弟们的时代会更加艰难，他们也许还会用到除了扁柏以外的其他树种的树材。到那时候，他们就要靠自己的智慧想出新的技法才行。也许到了那个时候，才是我们真正地跟飞鸟时期工匠们一比高低的时候。但是，我们的进步最终还是离不开他们的智慧基础，因为有了昨天的他们才会有今天的我们。我们只不过是添加了一点点而已。

这样一想，我跟徒弟们现在用大的树材建造大的建筑，也许是有历史意义的。我们通过建造佛殿和佛塔，让这个传统的技法和智慧得到传承。因此我们需要更加用心和更加努力地去做。真正探寻树材的生命，同时更好地活用它们，这就是我们的工作。

i

为 了 人 与 书 的 相 遇

树之生命木之心

木のいのち木のこころ

作者－西冈常一、小川三夫、盐野米松

译者－英珂

卷

广西师范大学出版社
· 桂林 ·

目　录

鵪工舍棒球队

导 语　宫殿木匠的业余棒球队

1994 年 5 月 23 日，在千叶县印旛村中央公园的操场上举行了一场棒球比赛。

以茨城县龙之崎市为中心的地域，每年都有上百支业余棒球队参加这个比赛，每支队都是由一些热爱棒球的人组成。这一天的比赛是决赛前的友谊赛，参赛的两队是第一次在一起比赛，是在当地体育用品店的协调下才促成，从大老远跑到这里来参加比赛的。

其中一队是荻原凤凰队，另一队就是鹈工舍。球场上，荻原凤凰队的队员们全都穿着整齐的球衣，而鹈工舍的队员们，有人穿着布袜子，有人穿着运动鞋，身上穿的衣服也各自不一，有的是工作服，有的是运动衣，也有的穿着POLO背心。看上去他们不像是来打球的，倒像是来干土木工程的。要不是因为他们手上**戴着棒球手套**，在场上追赶着球的话，还真不知道这帮人在干什么。

其实，鵤工舍的球队刚刚成立不久，这是他们的第一场比赛，还没来得及做球衣呢，就连棒球的棒子还是他们昨晚连夜用木头赶做了两根带来的。对方球员们完全被他们的架势搞蒙了。体育商店的人听说鵤工舍的队员都是宫殿木匠，他们敬神仰佛，做的都是在佛殿上精雕细刻的工作，料想他们人也一定都很腼腆安静。这也是一般人心目中宫殿木匠的形象。

鵤工舍的这帮人可不一样。他们穿着干活时穿的胶底布袜子，头上系着毛巾，看上去一副可怕的样子。而且，不穿球衣也就罢了，自己做的棒球棒也是够奇怪的。可是他们就这副样子站在球场的击球区里了。

听上去简直像是在开玩笑吧？但就是这样的"玩笑"实实在在地发生在1994年5月了。

这些孩子真不愧是宫殿木匠，球棒是用扁柏做的，而且刨得很完美。其中一根球棒现在还在他们龙之崎的宿舍里放着。

坐在鵤工舍球队队员休息区的椅子上意气昂扬地高喊"使劲打啊！"的人正是鵤工舍的核心人物，栋梁小川三夫。

队员们既不管他叫"教练",也不管他叫"栋梁",而是都管他叫"亲方"[1],因此,也难怪对手看到他们的时候都目瞪口呆了。

特地在比赛前赶到的小川与球队队长大坚工树立下了一个约定:"如果你们打赢了,我就给你们做球衣。"这些孩子当中,只有大坚是真正打过棒球的,他在上高中的时候练过棒球,当过投手或者内野手,但那也是十年前的事情了,这十年来都很少摸过球,其他队员就更没怎么练过了。鵤工舍还是第一次组建棒球队。

宫殿木匠的工作是围绕着全国各地展开的,接到新的工程就要赶往那里,一驻就是两三年,完成一个建筑,然后再转移阵地。他们也会同时在几个不同的城市开工,一个地方有几个人。因此能凑齐打棒球的人也不是简单的事,除非是遇到特别大的工程,因为大工程需要很多人一起干活。

目前,鵤工舍正在建造的工程是茨城县龙之崎市的正信寺,总面积为八百三十平方米。做完土建工程,开始木料加工是在 1993 年。整个工程全部完工需要五年的时间,现场的负责人正是二十七岁的大坚工树。工地上平常至少

---

[1] 亲方:Oyagata,日语中师父的叫法。

会有十个鵤工舍的徒弟一起干活。他们会从栃木和奈良这两个基地交替着前来帮忙。

也正因为这样，在龙之崎的工地，是够组建一个棒球队的，因为人手够。白天干完活以后，他们可以练习一下投球和接球。虽然这些孩子平时拿惯了锤子、凿子、刨子，但是直到决定参加这个比赛之前，他们连正儿八经的练习都从没有过。今早，他们早早地来到了球场，九个人聚在一起练习，这是自从球队成立以后的第一次练习。

他们的师父小川说赢了就给他们做球衣，这里边应该有两个含义：第一，他觉得他们不可能赢；第二，假如真赢了，有了球衣，在工作的空隙打打棒球也是一件不错的事情，还能起到缓解疲劳的作用。小川这么多年带着徒弟们，还是第一次说这样的话。

小川三夫师从于法隆寺宫殿木匠西冈常一栋梁，是西冈师傅唯一的弟子。他在学徒的五年时间里，没看过电视，没看过报纸，也没看过书。西冈师傅只让他一门心思地磨工具。这也是西冈自己的师父，他的同是宫殿木匠的祖父培养他的做法。

小川在高中修学旅行的时候造访了法隆寺，被五重塔的雄伟所震撼并立志要当宫殿木匠。但是，高中毕业的时候他已经年满十八岁，这个年龄对于开始学徒来说已经晚了。西冈拒绝了他的请求。年龄太大是一个原因，还有一个更重要的原因就是，在那个时期，宫殿木匠还是一个吃不饱饭的职业。小川造访西冈的时候，西冈自己因为没活干正在为法隆寺做锅盖。他的孩子们谁都没有继承他的手艺。没有活干的话，也就谈不上传承了。

但是小川并没有放弃。西冈常一对他说："先找地方去学会用凿子和刨子，然后再来找我吧。"于是，小川三夫去了做家具的工房，去了做佛龛的工房，在那里学徒，磨练工具的用法。然后再一次去敲了西冈师父的门。这一次西冈仍然没有接受他，但是帮他在有关的文物部门安排了画古建图纸的工作。那时候他虽然已经开始着手复建法轮寺的三重塔了，但由于资金还没有到位，因此他还无法让小川来，只他一个人先开始准备着，他计划如果这个工程进展顺利，资金到位了，他就把小川收为徒弟，一起来建法轮寺。没过多久，工程的进展终于有了眉目，法轮寺就要开工了，这一次小川才算正式成了他的徒弟。从第一次造访西冈师父到正式入门，经过了四年的时间。

小川按照西冈师父的指示，每天坚持研磨工具。因为学徒最初需要干的很多杂事，诸如帮师父家做家务等，他在别的地方已经做过了，所以，西冈就没有再让他做，每天只做跟木匠有关的事情。但是，打棒球这类休闲娱乐是从来没有过的，准确地说，学徒期间是没有休闲娱乐的时间的。

　　其实西冈自己也是这样过来的。他的家族世代都是法隆寺的专职宫殿木匠。在他祖父的那一代上升到了栋梁级的职位。为此，西冈从很小的时候就是被当成栋梁的人才进行培养和训练的。伙伴们玩耍的时候，他要在祖父的身边研习木匠的活计。关于幼年时期的经历，西冈曾经这样回忆过："那时候祖父正在做塔头的修理，我每天都被他带到现场去，那时候我没上小学。我的伙伴们就在法隆寺的院落空场上打棒球，我看着特别羡慕，想跟伙伴们在一起，不愿意跟祖父去他干活的地方。其实祖父把我带到他干活的地方，也并不让我做什么具体的活计，就让我坐在那里看着他们干活。他是想让我尽早地感受现场的空气。可是，别的孩子就在旁边打棒球啊，我根本不可能精神集中地看他们干活。到底还是小孩子嘛，也想跟伙伴们一起玩儿啊。偶尔伙伴们也会招呼我一起玩儿，但是棒球我根本不会打，因为从来没玩过。现在想想，自己的童年真是悲惨。"

鵤工舍的棒球队中，大堅工树最年长，在他之下，有中学刚毕业才满十六岁的，有高中毕业的，也有高中半途退学的，还有中专毕业以后在别的地方工作了几年以后来的。这些孩子的经历各不相同，都还在学徒中。学徒中的孩子能在周末享受棒球运动，应该是一个划时代的进步。这么一个简单的周末休闲娱乐，在一般人看来一定没有丝毫特别的地方，但对于传统师徒制度下的他们来说，已经是不得了的事情了。

这场比赛，由于大堅的两个漂亮的本垒打，一下子就挣得了七分，最终，鵤工舍队以八比四获胜。

小川履行了给大家的承诺，为球队的每个人，包括自己这个"教练"在内，做了新的球衣。他自己的球衣号是三十。"鵤工舍队"算是正是成立了，这么一支由宫殿木匠组成的棒球队就算正式成立了。

这本书记录的，是在法隆寺宫殿木匠西冈常一唯一的徒弟小川三夫领导下，鵤工舍年轻徒弟们的姿态。传统的技法如何传承？鵤工舍为此采取的现代社会下的师徒制度是怎样的状态？用年轻人自己的语言和行动来展示吧。

书中一切敬称从简。

鹓工舍成立二十五周年纪念

一 师父 小川三夫的想法

关于鵤工舍的创立

我先简单地介绍一下鵤工舍。

鵤工舍是小川三夫还在跟着西冈常一师傅一起工作的时候创立的宫殿木匠集团。创立的缘由起于很多年前，西冈师傅曾经给想要当宫殿木匠的小川写过一封信，他在信里写道："我家世世代代均为宫殿木匠，但始终家境贫寒，自身的生存都难保，没有充裕的生活状态收徒弟啊。说出来都觉得可悲，但这是实情。自古名工多赤贫，从赤贫这点上看我够得上是个名工了。"

就在小川刚入门的时候，西冈师傅依然对他说："宫殿木匠很难养活自己，也很难娶到媳妇，这就是我们的工作。"

小川虽然接受了西冈师傅这些悲观的言辞，但在心里埋下了很大的不服，"有这么好的技术的人居然吃不上饭，岂不是太奇怪了。我一定要当能吃饱饭的宫殿木匠"。

于是，小川创立了鵤工舍。

西冈师傅是祖辈代代沿袭下来的最后一个法隆寺专职木匠。小川虽然继承了西冈师傅精湛的技艺，但是他不可能完全像西冈师傅那样也留在法隆寺做专职木匠，因为时代不同了。他可以按照自己的做法，把从西冈师傅那里习得的技艺继续传承给年轻的下一代。但是，苦苦地劳作再加上忍受贫穷是不可能让人持续长久的。宫殿木匠的工作，从经济的角度看，如果不能作为一个职业自立的话，这门技术最终也会消失的。

工作中，宫殿木匠们使用的木材非同于一般民宅所用的木材，它们体积都是巨大的。即使你是著名的工匠，也无法一个人搬动一根柱子，至少需要两个人一起来抬，同时，还需要一个人来摆一张台子供操作之用。因此，他们的工作最少也得需要三个人。

如果说，吃不上饭，养不起人，那就不能称之为工作了。再者说，等到有了工作再临时招呼可以共事的匠人，总不如身边有几个心手相通的匠人一起工作，养成默契。还有，如果想带徒弟的话，没有工作的现场怎么行？当初西冈师傅一直拒绝收小川为徒就是因为没有工作的现场，直到有了法轮寺这个工程，才把小川叫去的。人，只要把他放在工作的现场，他自然而然地就会记住怎么工作。这也正是西冈师傅的教育方法。

只要有了现场就能带徒弟。小川希望自己能有更多的现场，能培养更多的徒弟。有了这样的人生目标，于是，在昭和五十二年（1977 年）五月，他创立了鵤工舍。

那之后的十七年间有不少的徒弟入得门来，但也有的中途改变了志向，另谋他职，还有的甚至不辞而别。

这些徒弟中有九个人从鵤工舍毕业，成为独立的宫殿木匠。目前，鵤工舍里有二十名徒弟。

小川给他这个木匠集团取名为"鵤工舍"的理由也很有趣。

我曾经问过他，是谁起的这个名字。他是这样回答的："'鵤工舍'这个名字是我想的。当初要成立这个集团的时候，我想请作家幸田文来命名，因为当时我们正在建造法轮寺的三重塔，因此几乎每天都能碰面。但是被幸田文拒绝了。她说：'我是一个女人不行，起名字这件事最好还是让男人来。女人起的话，万一遇到什么需要特别力量的时候，那股力量很有可能跟不上，那可就糟糕了。咬紧牙关

勇往直前才是大男人该做的。我希望你的事业顺当，当你
遇到困难的时候也愿意助你一臂之力。幸田露伴也曾说过，
女人最好不要成为命名之人。'幸田文就这样拒绝了我的请
求，但是真令人敬佩。当然我还没到艰难的那一步，也无
法理解那一步的严重性，也许名字真具有这样的力量。后来，
我还是请西冈师父当了为鵤工舍起名的家长。"

小川解释"鵤工舍"的含义是："聚集在斑鸠故里的匠
人集团。"法隆寺就是斑鸠的故里，也是他的师父西冈常一
的住所所在。就在前不久，那里还聚居了很多为法隆寺奉
公的各职种的匠人，西冈居住的西里就曾经居住着泥瓦匠、
石匠以及木匠。小川作为宫殿木匠的一切学习都是在这里
完成的，因此他特别选择了这里作为自己的根据地。

这里是鵤工舍的出发地，那它到底是个什么样的地方？
还是让小川本人以及鵤工舍的徒弟们，包括出徒后独立出
去的徒弟们来谈谈他们的感受。

师父小川三夫谈鵤工舍

我首先向小川询问了一下，他的组织到底是一个什么

样的机构。

鵤工舍是个什么样的地方？简单地说，就是一个汇集了宫殿木匠的集体吧。说是木匠，但并不是所有的人都是成熟的工匠。

我们这里有已经能独立工作的木匠，也有昨天刚入门的还什么都不会的新人。因此，我们这个集体就算是一个以宫殿木匠为人生目标的集体吧。

在我们这个集体中，每个人都有自己的身份。

首先，"番匠"就是西冈常一。他是鵤工舍的精神支柱，如果把鵤工舍比作佛塔的话，那他就是最重要的芯柱。接下来就是我，我是"大工头"。

下边是"大工"。能称为"大工"的人必须具有一流的木匠水平，是有责任心、能担待，具有统帅才能并能带领其他匠人顺利地完成工作的人。这样的人，需要有一定的胸怀，并且受到手下的信赖。不光是技术上，作为人，也应该是经得起考验的有职业精神的人。在现场担任总指挥的很多就是大工。

一般的人通常会认为，手里拿着刨子和锤子的人都是木匠。虽说同样是木匠，但是所谓的"大工"还是不一样

平成二十八年

鵤　工　舎

舎主　小川量市

職長 大工頭	大工	引頭	長	連
小川量市 前田世貴	遠藤洋平 石田秀明 舘林明憲	上山哲朗 柳沼伸亘 工藤正雄 儀間謙信 野崎洋介	金田　隆 佐藤雄大 小平量大 鵜飼　聖 森下一将 和野多加志	井上颯太 小平周宗 川邉佑哉 坂井竜二 藤田　樹 稲景恵理也 鉾呂真大 山本叡治
番匠 小川三夫 木寄啓夫 物江新一	監理 松永尚也	図師 片岡千晶	事務 前田千代 金子順愛	

温故知新の精神で
　　芯と技を磨くべし

的。无论技艺还是人品都要是一流的人，才有资格称为"大工"。把一个上亿元的工程，交给一个这样的人，不仅要在规定的时间内完成一座寺庙的建造，还要让出资人满意，同时，还要让所有在现场一起干活的人都能愉快顺利地工作，这可不是很简单就能做得到的。他必须具备统筹这一切的才能，这样的一个人，才是真正的大工。现在我们鵤工舍里有四个这样的大工。之前还培养过七个大工，他们已经从我们这里独立出去了。留在鵤工舍的人生活起居都是一起的，大家在一起生活，同时学习技能。但是，修成的徒弟不能永远留在工舍，因为那样的话就无法培养后继者了，构不成新老交替了。所以，从一开始我们就规定，到了三十岁就自动退出宿舍的集体生活，搬到外边去，反正到了这个年龄也该娶妻生子，开始自己的生活了。

大工的下边是"引头"。引头在现场起的是副栋梁的作用，协助栋梁工作。这个层级的木匠有技术，具有安排现场工作顺序的能力，有指导能力。我们的工作，即便你有技术，也不可能独自完成一个工程，必须要跟人合作，能用人也算是一个本事。我们工舍现在有四个引头，之前还有两人因为自家的事情离开了。

接下来是"长"。长是已经有三四年学徒经验的人，已经掌握了一定的技术，能完成交给他的工作，工具也用得不错了，还能教育下边的新人如何使用工具。这样的人有三个。

再下来就是"连"了。这个范围比较广了。比如昨天刚入门的新人也可以叫"连"。入门一两年左右，工具也能磨得不错了，这样的也叫"连"。总体来说就是，做饭、扫除、打下手，一边干一些简单的工作，一边观摩师兄们的工作，帮着搬搬木料，练习磨工具，还属于自我修炼的阶段，这样的人目前有七个。经常有人觉得我们这里很好，申请前来学徒，有的干不了多久就辞职了，所以，我们的人数是不固定的。从平安时代开始，这个身份制度就在从事建筑类工作的人中实行了。

现在我们工舍里，既有入门十八年的老徒弟，也有昨天刚来的新人。新人就像一只刚孵化出来的小鸡，从这样的小鸡到可以代替我去工作的成熟木匠，水平差距是巨大的，修炼是需要时间的。不同阶段的人在一起工作的好处，就是可以在不同的阶段学习。

这里不是学校

投奔工舍来学徒的人当中，总有些人把我们这里当成学校，抱着到学校来学习的目的前来，但是我们这里不是学校。首先，我们不收取学费，相反地，我们还会付给你工资。虽然我们在教你工作，但是是付钱给你的。即使是昨天刚来的，什么都不会，什么工作都干不了的，我们也要付工资给你。现在的社会就是这样，从前可不是。从前学徒的身份，只能得到一点零花钱而已，真的只有一点点。

那这些人还是会误会，还是觉得我们应该教给他。但是，木匠的工作是没有办法教的，是靠自己习得的。不会有人告诉你"这样干"或"那样干"，即使这样告诉你，也不会成为你的东西，不会渗透到你的身体里。

西冈师父几乎从没用语言表达过如何做。跟他一起生活，一起吃饭，在这个过程中，你会慢慢地理解他的所想所为，然后就是不停地磨工具。但是，这个磨工具却很难达到理想的境地。因为，我们从小到大接受的都是来自语言的教育，突然让你用手和身体去记忆一件事情，不是那么容易做到的。

打个不恰当的比喻，那种感觉就好像突然变成了盲人，什么都看不见了一样。原本是靠眼睛看的，但是突然有一天看不见了，然后要学着用手去感受、去判断。这就是训练。要清空之前的感觉，去重新磨练一种新的记忆。

学会这个是需要时间的。如果是在学校，老师肯定会直接告诉你如何去做，但这是不行的，必须要靠自己去体察和感觉。因为这之后你要终生从事这个工作，所以需要用你的身体去记忆才是。

为了这样的记忆，我们这里有充分的时间和机会。这里有师兄，也有现场，还有，我们的工作是几年才建造一个建筑，不会像建造民宅那样，一年能有四五次上梁的机会。我们需要三到五年才能完成一个，但是我们会同时有四五处工地错落着进行，所以，你能在不同的阶段学到不同的技术。事在人为，只要你有心，就能在我们的现场学到本领。这就是鵤工舍的情况。

入舍希望

今年是平成六年（1994 年），上半年以来就有三十多个人申请入门，还有十几封申请信。我忙得没时间回复，但其实是不知道该怎么回复他们。从信上看，这些孩子都不错，最终来见面的有二十几个人。其中一半都是他们的母亲更积极些，还有的先不提入门的事，只是说"我带着孩子去拜访，请一定先让我们参观一下"。她们大概是想看看工作的环境和人与人的关系。这些都无所谓，但真正想了解我们的工作，你不入门一起生活，是不可能了解的。

鵤工舍的今后

从今往后，在我们这里培养出来的徒弟如果有想留下的，我想就让他们留下。之前，我自己也还年轻，精力体力都还不错，年轻人入门、学徒、出去、独立，一直都是这么循环着进行的。从我们工舍出去的徒弟们也都干得不错，川本、高崎、田中、三轮田、佐藤、斋藤，还有虽然没有成为大工，但是也在建部干得不错的辻，以及虽然不是在我们工舍学徒的，但是也跟我们工作了很久的石本。他们中最大的也四十岁了。

这些现在已经独立出去的徒弟们，是在我收第一个徒弟北村以后不久就入门的。正赶上建造奈良庆田寺的大雄宝殿和高岗国泰寺的三重塔。那些徒弟在来我们工舍前都在别的地方进行了基础的学徒。川本好像做过2×4工法[1]，他提出要来我们工舍学徒以后让他等了三年。那时候我正跟着西冈师父建造药师寺，不可能收徒。高崎是辞了设计事务所的工作来我们这里的，他有一级建筑师的资格。田中和三轮田也都是在别的地方学过徒以后来的。

他们来我这里的初衷都跟西冈师父有关。那时候他们还不会直接来找我。

那为什么让他们离开鵤工舍呢？当时我们是这样考虑的：新来的徒弟多了，宿舍满了，他们的技术也到了一定的水平，我希望他们能独立，或者单干，或者接我们的活计。到了三十岁，就该离开宿舍自己租住民居或公寓，开始自己的生活。

徒弟们一旦决定离开工舍，就会来找我说："谢谢您几年来的关照，我请辞，明年离开。"之后，我就会委派他担任一个工程的栋梁，总指挥，完成了这个工程就让他们离开。这就像是一个毕业考试。川本担任过名古屋的一个工程的栋梁。有的时候没赶上大的工程，也一定会让他们通过小

---

[1] 2×4工法：正式名称是"框架组建壁工法"，是一种北美地区木造住宅的建筑方法，即在现成的框架上，将作为结构用的合板用钉子或其他金属工具固定住，让整个建筑成为一体化箱式，以使建筑更加坚固。

工程得到一次锻炼的机会，然后才会让他们离开。只有经历了一次这样的现场，他们才会有自信。

前不久，一个已经独立出去的徒弟要娶媳妇，但是女方的父母不同意，徒弟来问我该怎么办。我就让他带女方的父母去看他之前担任栋梁建造的奈良的莲长寺，看过那里之后又到我们工舍来参观。后来女方的父母也明白了，能建造那样建筑的人是可以相依托的，最后得到了很圆满的结局。我们的工作还有这样的效果呢。

常听说木匠娶不上媳妇。即使女方同意，往往女方的母亲也不愿意让自己的女儿嫁给工匠。

徒弟们虽然独立出去了，但他们永远都是鹬工舍的一员。新徒弟的入舍仪式，每年的慰劳旅行，都会让他们一起参加。

今后，我不想让他们到时间就离开了。现在工舍里的徒弟都是从没在别的地方干过活的纯净无垢的人。角间是在别的地方学完徒来的，为了来我们工舍，在别的地方等了五年。因此，今后在我们工舍学徒成长出来的徒弟，如果想留下来，我就让他们留下来。从前，收了徒弟，都是我一手把他们亲自培养出来，但是现在这个做不到了。就我本人来说，杂事越来越多，还要经常出去参加各种社会活动。这样一想，应该让由我一手培养出来的徒弟，代替我训练新徒弟。这样，鵤工舍才能得到全面的传承和发展。

我的工作也不轻松啊。为了一个工程，我需要跟施主们解释工程的方方面面，要说服他们。一旦承接了工程，还要设计、做预算、管理日常的劳务、计算徒弟们的工资、管理财务。另外，我们现在分别在奈良和栃木县的岩舟都有工舍，再加上茨城县有一个正在建造的正信寺现场。每一个地方都需要人，哪边都得兼顾着。因为我们是这样的集体作业，而且不是这样的集体还无法完成这样的工作，也无法培养继承人。

将来的事情

我之前说过，今后不想让我们自己培养的徒弟离开工舍了。为此，我又在栃木县买下了一千二百坪的土地。正信寺建完以后，我们需要一个放临时材料的工房，比如搭建脚手架等的材料都是很占地方的，而且量也很大。现在岩舟工房的地方已经不够，所以要建一个大点的。

还有，我现在首要考虑的，是我们工舍的年轻人结了婚，有了自己的生活，就不便让他们到很远的外省工地一干就是好几个月不能回家。所以，建造一个大的工房，能在那里加工木料的话，就可以让徒弟们把家安在工房的附近，便于他们干活。

至于外省的现场，可以让还在单身的年轻徒弟们去。有了家庭的就尽量留在工房里做基础的木作，如果是尺寸不太大的建筑，在工房里把木材加工好以后，搬到现场组装，那么，他们只要去很短的时间就能完成了。不能给他们的家庭带来不便，这些都是我需要考虑的问题，所以要考虑为他们建宿舍，建大的操作工房。

因为之前的很长一段时间哪儿都没有这样的设施和集体，所以，宫殿木匠慢慢地消失了。从前，还是有很多宫殿木匠的。我同学的父亲就是宫殿木匠，年轻的时候到全国各地去干活，老了以后住在栃木，成了建造普通民宅的木匠。

宫殿木匠是要到有需要的寺庙去工作的，在那里生活。从前这样的生活是很正常的，但是现在这种情况就不行了，仅仅考虑到孩子的教育就必须要一家人生活在一起吧，所以要考虑到这些问题。如果还像从前一样，宫殿木匠只身一人随处行走的话，估计就更没有人做这一行了。

我们在奈良和栃木，再加上福冈，有这么三个工房的话，大家就可以有个落脚干活的地方了。

另外，在不建造佛堂佛塔的期间，我要求徒弟们每年建一个像奈良宿舍那样的家居住房，用自然的木头本位地建造。不知你注意到了没有，那个房子里笔直的只有柱子，其余的部分都是用了木料的原样，弯曲的就弯曲着用，别有味道吧？那样的木料由于无法上整材机进行加工，所以非常便宜，伐木工人甚至都懒得把它们从山里搬运下来。但是，这样的树也是山里的生命。所以，我决定让徒弟们每年用这样纯粹自然状态的树材来建造民居。如果有人觉得这样的房子有味道有意思也可以跟我们预定工程。

但是我没有更长远的设想，比如，今年我们要发展到哪里，要成长到哪里，这样的希望都没有。龙之崎的工程做完后没地方放置搬回来的材料，还要到处去借场地，所以才动了买下刚才说的那块地的念头。

起初我也并没想要那么多的人，也没想把工舍做大，更不想把它做成大企业。想的是能盖自己想盖的建筑，能吃饱饭就足够了。但是，人越来越多。

奈良的宿舍就是工舍创立之初大家一起动手建造的。因此，新徒弟进来的时候我就会告诉他们，这个宿舍是你们的师兄们建造的，你们要怀着感恩的心情，爱护地使用，勤打扫。

为什么要做饭

总被问到为什么让新来的徒弟从做饭开始。做饭这件事能看出这个人的条理性和做事的顺序安排能力如何，做事井然有序的人做饭一般都很好。因为他们都是利用开工之前、干活途中或者之后的时间抓紧时间去做饭的。如果顺序安排不好的话，大家就都吃不上饭了。

还有，让他们打扫卫生也能看出这个人的秉性。不是越仔细就越好。特别仔细的和特别快的，在实际干活的时候就会表现出来了。所以，一看他打扫卫生就知道，噢，这家伙能做到这样，基本上心里就有数了。有的人会很不情愿地去打扫卫生，因为他不认为打扫卫生会影响到手艺。

播种

有很多事我常常还是会担心的。收下第一个徒弟北村的时候，我自己才三十一岁，随后经过了十五六年，我们就成了现在的这个样子。到大坚也收了徒弟，再过十五六年，我们的组织结构估计也就是二十几个人的规模吧。那时候，我们的工作量到底能有多少？也许有，也许没有。这跟整个社会的经济形势也是密切关联的，哪个寺庙很雄伟，都是跟经济基础有关的。不可能指望一个连饭都还吃不饱的人去修寺庙。所以，这些也都是我担心的事情。但是更大的担心是那些巨大的树材是不是会越来越少或者越来越不容易找到了，但是这件事又是我们木匠无能为力的，只有尽可能地珍惜我们今天能获得的树材，把它们更好地运用在建筑中。今后，木匠有可能再也无法找到巨大的树材，那会是很艰难的时代了。

鵤工舍在初期的时候只要一说是西冈常一的徒弟，别人就毫不怀疑地把工作交给我们。今后，我要让徒弟们说自己是小川三夫的徒弟，然后让他们也能有工作。但是，我更希望，大家不要只听小川三夫这个名字，而是看我们鵤工舍建造的建筑，看了以后肯定地说"这样的功夫是让人信得过的"。我们要建造让所有施主都满意的建筑。我是这么想的，因此我通常会在建造过程中进行最关键步骤的时候，停下手里的一切活计，赶到他们的现场，实际演示给他们看。有的徒弟会觉得我是因为人手不够才去给他们帮忙的，其实我是有我的用意的。要把关键的步骤告诉他们，然后指导他们。这样做是因为我也不知道什么时候我们这样的工作就没有了，因为现在日本的树材已经很匮乏了。所以，趁现在还有的时候，就尽可能多地告诉他们，尽可能地让他们多见识，让鵤工舍的徒弟们都能经历一下完整的过程。

做这行是不能考虑效率和成本的。我把徒弟们看成一粒粒种子，抛开所有急功近利的想法，让种子慢慢地发芽、成长。这样做，对于一个需要给员工发薪水的所谓的"企业"来讲是很艰难的，但是我愿意坚持。在我们承建的工程中，有些甚至是亏损的，但是我相信徒弟们会在这之中成长，只要给他们时间，因为他们都很努力。

其实，对于来学徒的新入门的徒弟，不付工资也是可以的，但我们是付的，虽然不多。如果支付很高的工资，我们也支撑不起。因此，鵤工舍的新徒弟们是在领着工资的情况下学技术的。等徒弟们到了娶妻成家的年龄，就要支付给他能养活一家人的工资了，否则他们没办法生活。

想想挺有意思的。一般的学校是需要交学费才能进去学习的，而我们这样的地方是学生收着钱学习，并且，这门技术是需要很长的时间才能掌握的。当今的社会，都在说时间是用金钱来换的，而在我们工舍流动着的时间，可是很缓慢的，因为着急是没有用的。如果是社会上一般的企业，都会以自己企业的经济利益优先吧，不可能这么慢慢地等着徒弟们成长，可能会立刻告诉他这样做那样做，然后很快地让他们去创造利益。因此，如果看中利益的话，索性就别收徒弟，直接雇成熟的手艺人，那才是省力又便利，见效也最快。

癖性也是重要的

到我们工舍来的徒弟形形色色，有考学落榜的、当暴走族的、高中退学的，还有吸大麻的，什么样的都有，但是这样的孩子来到我们这里以后都变得听话了。他们彼此也好像一下子就成了朋友，不扭曲了，也不孤僻了。因为在我们这里，这些毛病起不到任何的作用。而且，如果顽固地不放弃这些毛病的话，那么，在你磨工具的时候，这些毛病就会出来干扰你。当了木匠还一直执着于自己扭曲的性格，那不会有什么好结果。但是，个性上的扭曲和孤僻，一旦经历过一遍以后，说不定你会变得更人性、更坚强。

来我们这里想要学徒的徒弟们当中，有一半以上的孩子家里是从事跟木匠有关的工作的。大坚就是，阿研、原田也是。飨场也是木匠的儿子。松永也是，柴田也是木匠的儿子。角间、千叶和中泽不是。总之，三分之一都是吧。这帮小子还没想过将来是不是要接父亲的班，只是觉得木匠的工作好玩儿，有意思。木匠的工作看上去不起眼，但是只要认真地下功夫去做的话，终有一天你能看到经你的手建造出来一个完整的建筑。如今的时代，即使是正统大学毕业的，毕业以后进了一个正统的公司，虽然你有很好的学历，但是施展个人能力的空间却是非常有限的。任何一个机构或组织，都不可能允许你一个人自由地独行，你必须听从命令，忠实于企业才对。

但是，我们的做法跟那些正规的企业是完全不同的。我们工舍里的孩子们看上去很笨，傻乎乎的，而且他们要付出很大的努力，辛苦地干活才能在这个社会上找到生存的机会。他们需要不断地进取再进取。我们的工作要面对的是形形色色的木头，而且任何时候我们都要把它看作第一个工作那样认真地去面对，每走一步都需要自己做出准确的判断才能前行。

我们工舍有些孩子，原本都是很狂躁的，但是来到这里以后，经过一段时间，都变得很随和、很温顺。其实这当中谁也没有指责过他们，也从没有人要求他们该怎样怎样，但他们就是会变得很随和。估计他们内心也很清楚，靠着一身横劲是做不好木匠的工作的。

还有，当面对一根巨大的木头的时候，你身上的狂躁、蛮横和较劲丝毫也帮不上忙。

但是，在工作中，有时候也还是需要一点横劲的。在对待工作上，就需要有一股横劲，这股横劲会体现在工匠的器量和胸怀上。我想要培养的就是有器量的人。到了动真格的时候，我希望他们能毫不畏惧地面对任何局面。但这是需要不断地积累经验才能做得到的。

不要小看磨工具，它是很磨练人的。无论你是多么倔强的人，在磨工具这件事上，靠着蛮劲是没有任何结果的，工具也根本不可能磨好，磨出来的工具也不会锋利。

要想让工具磨得锋利是需要下一番工夫的。在匠人们眼里，磨工具也可以很"了不起"。把一件工具磨得漂亮，磨得锋利就是很"了不起"的事。在工地干活，都想让工具用的时间长一点。遇到有树节的部位，刨起来刀刃很容易折断，一旦折断了，就会耽误干活。

所以，我总是要求徒弟们在磨工具上多下功夫。但这个真的不容易。

刚开始的时候，也只能要求磨得像刮胡刀那样锋利就行，慢慢地再追求持久耐用。最后是锻炼如何把刨刀磨得不易断、不易锛。可能别的师傅不会要求这么仔细，只要能刨、能凿就行了，其中很多细节都忽略不计了。但是，尽管刀刃磨得像刮脸刀那样锋利，如果韧度不够的话，用不了多久很容易就会锛下去一个豁口，这对于我来说就是不合格的状态。所以首先，第一步要把工具磨得整齐不乱，这是关键的第一阶段。

刀刃这个东西很奇怪，它就像光一样，从侧面一看，就能看出问题，只要有一丝的弯度马上就能看出来，很神奇的。所以，要靠自己慢慢体会，然后就是精细地下功夫。没有别的方法。

进退两难

我收了一个叫冈田的徒弟，并答应带他三年，但就在前不久他离开了鵤工舍。走的时候他跟我说："在鵤工舍干过以后，恐怕我很难再适应从前的环境了。"

在我们这里，刨一根木料，磨一件工具都要花这么长的时间，到了别的地方怎么会允许你这样呢，都是要求效率越高越好，速度越快越好。本来有很好的技术，能下很大的功夫，但是为了追求速度就不可能做到尽善尽美，必须适可而止，这样的状态会让他们很懊悔。同时，他们迄今为止学到的本领，在这样的状态下甚至会成为累赘，会让他们不知所措。

无论是绘画还是陶艺，都是可以一个人独立完成的，你只要练就好你自己的本领就行了。但是我们这一行是不行的，建筑是一个综合的技术。光靠我们鵤工舍，再怎么认真努力，去建造一个能保持上千年的建筑也是不能完全做得到的，我们还需要泥匠、瓦匠和其他业种的手艺人的配合。他们的技术也必须要好。我们需要齐心合力，才能建好我们心目中最理想的建筑。现在，我们身处的是一个艰难的时代。

平成五年（1993 年），奈良的法隆寺被批准成为世界文化遗产。它之所以被选上，是因为自它建成以来的这千余年的时间里，法隆寺得到了无数工匠的保护和维护。今后，这些文化遗产的保护也需要有专业的工匠去做，包括为确保修复寺庙用的树材，就需要有专人在山里植树。

不仅是法隆寺，所有的历史建筑都应该保护起来。当初复原法轮寺三重塔的时候就曾经有一个学者说过这样的话："现在我们还有像西冈师傅这样能够复原飞鸟时期建筑的栋梁，但是一百年以后就不好说了，所以我们最好设计一个将来谁都能维修的形状。"他这样说是不对的，就应该按照原来的面貌复原，给后人留下真实的资料。那样做了，一百年以后的后人一定还会努力认真地按照原貌去修复。现在就预料到百年后的人无法复原而设计成一个假设他们能复原的形状，这是妄想症，也是不尊重后人的态度。

法隆寺就是最好的例子。千年以来，它始终保持着当初的原貌。手艺人不是傻子，当他们看到它的时候，会下功夫去研究它的设计，想象它的工艺，所以我觉得留下真实而完美的建筑才是重要的。工具也是一样，只需要把工具本身留下就好，不需要更多的解释，让日后见到它的人，能感受得到它是被匠人们出于什么样的考虑做出来的，又该是怎么用的。从这个意义上讲，只要把东西完好地保留下来就是最好的处理方法了。

修业"留学"

就像我收留冈田那样，我也打算让我们工舍的徒弟去木匠菊池那里去当"留学徒"。菊池是西冈师父在修建药师寺时慕名前来的徒弟。前些时候我问我们工舍的徒弟们有没有人想去菊池那里学徒的，原田这小子举了手说想去。但如果马上离开的话会对眼下的工作有影响，我会按照顺序安排他去，并拜托菊池帮我们带三年。当然，作为交换条件，我也可以接受菊池的徒弟前来学徒。干我们这行，不能总在一个地方干活，也需要呼吸一下别人那里的空气。让徒弟们自己判断一下，像我们这么仔细干活是对的还是没有必要。

我觉得，这种派出去学徒的形式是可取的。原田来的时候说好，学完徒以后是要回家的。前些日子我问他干十年左右就回家吗，他说不回，所以我才决定派他去"留学"的，我要对每一个徒弟的情况确认了以后再安排他们的时间。如果只打算干十年就走那就没必要去别的工房了，在我们这里干十年，回到自己家，还可以继续边学边干。但如果想一直留在我们工舍，那我就要考虑让他去别的工房感受一下别人的工作方法。

这就是干我们这行有利的地方。放到一般社会上的话，二十几岁的孩子已经被当作成年人对待，要努力工作，努力挣钱，娶妻生子，然后享受天伦之乐。但是，在我们这里，像原田他们这样的孩子，到了这个年龄还要继续留下来学徒，他们没有来自社会上的压力和紧迫感，时间是充裕的。在鵤工舍学了一定的时间以后，再到别的地方去积累经验，让自己再强大一些。"留学"的目的就是这个。

当然也可以去从我们工舍学成独立出去的徒弟那里，比如川本那里就是不错的地方。在他们忙不过来的时候，我们可以派人去援助，这本身就是很好的学习了，也是在呼吸别的空气，去个两三年再回来也很好。

培养一个人，如果能给他一定的宽裕的时间就好了，这个很重要。还有一个很重要的，就是要"忍耐"。在我们这里，看上去很多时间都是多余的，面对迟迟不能往前走的自己，不要成天想着如何去战胜它们，而是想如何耐得住。就是这么缓慢的生活方式，如果你还跟不上的话，那就只好选择掉队逃脱了。在学徒中途退出的人一般都是缺乏忍耐的。我从不阻止想要离开的人，只说："噢，是吗？"这也算是我们工舍的做法吧。说起来也许大家不太相信，凡是能耐得住、熬过困惑的那些徒弟，最后都能取得不错的结果。记得徒弟们在高冈完成了三重塔的工程以后，我问他们，之前你们想过有一天自己能完成一个塔的建造吗？他们异口同声地回答："从没敢想过。"

虽然我们还是一个不成熟的非专业工匠集体，但是只要大家齐心合力一起奋斗，就能完成一座座建筑，这也正是我们鵤工舍不可思议的地方。

连我自己也觉得不可思议。这些年徒弟们在全国各地建造了一些寺庙和佛塔，都建得很好。有时候，我看着着急，也想伸手帮他们，但我还是忍住那样的"着急"，给他们时间，让他们自己判断，在一旁静观和等待。因为只有那样，他们才能成长，才能变得强大。总是担心他们干不好，不敢给他们机会，那他们永远都不可能成长。你看，大堅就是在来鵤工舍第九年的时候担任栋梁，建造了正信寺那么棒的大雄宝殿。施主们开始是紧张和担心的，我当然也是担心的，但是我顶着压力让他干了，并告诉他，我来负所有的责任，你尽管放心大胆地干吧。在我们这里就是这样培养人的，今后还是会这样。

不要光听我的，也可以听听徒弟们怎么说。

以上是小川三夫讲述的关于鵤工舍的型态。

鲔工舍的入舍仪式

这些年来,每年都会有一些新人前来鲔工舍。他们当中,有的是弃学而来,有的是从别的工作转行而来,因为每个人的目的和时间不同,入舍的时机也就不同,因此工舍不可能每来一个新人就开一次欢迎会。通常,新人入舍的当天就要到现场去扫除、整理以及在师兄的指导下学着做饭。这也是最传统的学徒方式。

鲔工舍也会举办入舍仪式。那是只针对每年四月从学校毕业后前来入舍的人,会给这些人举办新人欢迎会,但这也就是近几年的事情。看了后边对徒弟们的采写内容就会明白,徒弟们怀着各自不同的心态和目的来到鲔工舍,但是参加过新人欢迎会的却没几个。

小川还记得,当初西冈收他为徒的时候,所谓的仪式也不过是在面前的案子上摆了一条鲷鱼,然后西冈宣布:“从今往后,我收你为徒,望你勤奋努力自立图强。”当时,作为见证人同时在场的是西冈师傅的父亲楢光。这样的仪式,会让师父感到自己的责任,也会让徒弟意识到自己的本分。

其实小川也想像西冈收自己那样给徒弟们一个仪式,但是,因为鲔工舍既没设定所谓统一考试的时间,也没采用集中招募的形式，有的孩子想来马上就来了，也有的孩子纠结了半天才来，所以每个人入舍的时间都不同。于是他们就做出了一条规定，每年凡是接近四月入舍的就凑一起搞一次入舍仪式。

平成六年（1994 年）四月，初中毕业的花谷和高中毕业的迫田作为新人加入鹬工舍，于是，四月三日为他们两人举行了入舍仪式 。这也算是在现代师徒制度下的拜师仪式。

仪式就在奈良鹬工舍宿舍的二楼举行的。这个宿舍既是徒弟们的宿舍，也是小川的家人生活的地方。一楼是徒弟们的宿舍和磨工具的房子，三楼是小川的家人生活的地方，二楼是饭堂和一间放了电视的房间，还有一间和式的房子是用来举办这样的仪式用的。

小川的家人，住在这里的有他、他的夫人、长女以及次子一共四口人。长子量市现在住在鹬工舍茨城县龙之崎的宿舍。入舍仪式时，是把两间和式的房子打开成一个大开间来举行的。新人花谷和迫田背靠着和室中凹进去的部分而坐。正对着他们，坐在左侧的是已经从鹬工舍毕业并另立门户的师兄们，从上往下是川本、高崎、三轮田和石本。右侧坐的是现在鹬工舍里的长辈，从上往下，小川、大工北村、大堅、角间，引头松本和中泽。坐在左侧最边上的

1994 年，鹃工舍新徒弟入舍仪式

是千叶和飨场。今年已经升格为引头的飨场还是第一次见识这样的场面。所有在场的师兄、同辈都是这两个新入门徒弟的见证人。除了新人以外，所有人都穿着印有"鵤工舍"字样的大襟服。这个大襟服是他们作为鵤工舍一员的身份证明。小川觉得，即使毕业了，另立门户了，也还算鵤工舍家族的一员，所以这样的场合就会把他们召集回来。每个人的前面摆放着一个餐盘，上面摆着几个小盘小碗，分别是红豆饭、汤、鰤鱼、昆布、煮物和醋浸小菜。每个人还有一条头尾齐全的鲷鱼。这些都是小川的夫人和前来帮忙的徒弟高崎的太太一起准备的。

小川对徒弟们介绍迫田："迫田君是打算在鵤工舍学徒十年后，回家继承家业的，他的父亲在熊本，也是宫殿木匠。希望迫田在十年这个期限内精进技术，奋发向上。"

正襟危坐的迫田深深地低头鞠躬，说了一句："请多多指教，拜托了。"他在上高中的时候是柔道部的，所以体格健壮，体重足有一百零五公斤。

接着小川又开始介绍花谷："花谷君是昭和五十四年（1979 年）一月十八日在九州的小仓出生的。就花谷君自己的简历介绍的'希望早日成为宫殿木匠'，我觉得你还年轻，需要慢慢地磨练自己。这个年纪最好经常被骂才对，不要为了怕被骂而耍小聪明，变成小滑头。你们俩也说说吧。"

花谷先发言。他是一个小个子，体重也只有四十五公斤左右，看上去还是个孩子。"我自己一定积极努力，不急不躁地精进技术，请大家多多关照。"

之后，师兄们也一一地做了自我介绍，接着，都往杯子里倒满了啤酒，大家一起干了杯。干完杯，小川又继续说到："你们两个人到底能不能成为木匠，完全取决于你们自己的努力。希望大家关照他们，拜托了。祝贺你们入舍。"

随后，拿出之前就准备好的一套工具，这是特别为他们准备的工具。一个纸箱子里边，装的是锯、没有手柄的锯、两种锤子、三把凿子、矩尺、卷尺、两个刨子、两块磨刀石、起钉工具大小各一。每一件都是崭新的。

小川在把箱子交给他们的时候说道："这些都只是最基本但也是最先用到的工具。你们的第一个工作就是要给自己的这些工具做一个工具箱。这是你们动手做的第一件东西。做好了工具箱才能带着它们去现场干活，带着这些凿子、刨子去干活。你们要好好对待它们，把它们磨得又快又光才行。从今往后，你们没有时间玩，可能连散步的时间都没有。迫田，十年的时间一晃就过去了。如果每一天都过得很紧密的话，一晃就过去了，一晃。另外，十年的时间里,充其量你也就能参与三个建筑的建设,平均每三年一个。但是刚开始的时候,你什么都不会,所以基本上派不上用场,也就给师兄们打打下手,帮忙搬搬木料,干些杂事,最多也就刨刨支撑屋顶用的大块木料,所以你需要特别认真和努力才行。否则,到了第十年你都很难回去。当然了,你也可以回去,但你离一个成熟的工匠还差得很远。所以你要牺牲睡觉的时间,比别人更加努力才行。"

工具的交付仪式结束了以后,大家就开始用餐了。小川一边喝着徒弟们给斟上的酒,一边跟已经独立出去另立门户的徒弟们说着话,因为像这样跟已经离开工舍的徒弟们见面的机会也不是很多。小川向每个徒弟了解他们的近况,同时也为鵤工舍的现状和今后的方向,征求徒弟们的意见。

我在这里介绍一些他们谈话的内容,就会有助于你了解小川跟已经另立了门户的徒弟们保持的是一种什么样的关系。

"石本,你那儿最近忙吗?能不能让我们家的量市到你那里修炼修炼?正信寺的上梁仪式一结束就想让他过去。让他在你那里修炼三年,我想让他也经历一下民宅的建造和修缮。如果可以的话,最好是一两个人交替着去,让他们在鵤工舍里把最基础的部分学好，凿、刻这些也都练好，剩下的就是尽可能地多体验、多干，熟能生巧。一个、两个都行，看你的需要。让他们先出去一下，然后再回来，再接着修炼，我觉得这样更好。让他们看看别处的世界，比如，京都町屋老街上的木匠一年要建造三四栋房子，而我们这里三年才能有一回，这样很难积累经验，积累不了上梁的经验。所以，我现在都是按顺序把他们发到别的地方去试练，然后再回来。能建造庙宇佛塔当然好，但是只这些还不够，作为木匠，所有的工作都应该积累一些。"

但实际上，石本原本并不是小川的徒弟。修建药师寺的时候，石本在西冈师傅的手下干活，那个工程干完了以后他就留在了鵤工舍。

让鵤工舍的徒弟们到别的工舍去体验不同的经验，是小川一直以来的一个构想。对于这个构想，老徒弟们都各自阐述了自己的看法。离舍出去的徒弟们也并不是都在从事神社寺院的建筑，更多的还是建造民宅。想听取他们的意见的话只有在这样的时候。

这边跟师兄们说着话，那边，小川也跟新入舍的两个人问着话。"你们要坚持十年，然后成为了不起的木匠，那时候我会赠给你们二宫金次郎的铜像。你们要努力争取得到这个铜像啊。还有，你们是来学徒的，要拿出本原的自己来，真正的自己，不要伪装，否则对你的修炼是有妨碍的。开始的时候即便什么都不会也没关系，不懂就是不懂，直接问就是了。但不是随时随地都可以问的，要先自己反复地思考，怎么也想不明白的时候再问，否则是要吃拳头的。迫田还好，不是太在意别人，花谷有点过于在意别人了。你看我们都是不太在意，而且大大咧咧的。一般的人可能会夸花谷懂事，因为你总是问'需要我做什么吗？'、'您有什么要做的吗？'，但这些都跟你没关系，这就属于会来事，小聪明。有一天，你真的当上了栋梁，这些都起不上任何作用。你只需要想清楚你作为木匠该想的和你作为木匠该做的就可以了，其他的都是多余的，没必要的事情不用刻意去做。你们听懂了吗？这个世界上，有这样的世界，也有那样的世界，你们从今天开始就算进入了匠人的世界，从此要在匠人的世界里生存。世俗社会中，粉饰自己、装扮自己的行为都不需要，只需要磨练好自己手上的本领就可以了。懂了吗？"

飨场和中泽坐在下边很认真地听着这个对话。

"西冈师父在书里曾经写过这样的话：'煮啊煮，熬啊熬，最终才会到达灵感的境地。'就是说，你要琢磨再琢磨，当你绞尽脑汁思考的时候，灵感就会豁然出现了。我也想问问你们在座的每个人，所谓的'灵感'，也就是'感觉'吧？这个灵感也好，感觉也好，是怎么培养出来的？你们是怎么认为的？"

高崎回答说它们来自"经验"。每个人都有自己不同的解释，也有的说来自"胜负"，也就是挑战。

"但是，有的东西是超越了经验的。如果仅仅是积累经验就能产生灵感的话，那是假的，是不对的。灵感是超越经验的东西。当你积累了丰富的经验，也有了一定的体验，那也只能说你也许能凭着感觉做一些事情，但那并不是灵感。西冈师父说过，煎熬复煎熬，才能到达灵感的境地，这灵感到底需要怎样磨练才能养成呢，是靠数量吗，是不是建了无数的建筑以后这种灵感就能产生了呢？我不这么认为。我觉得灵感是另外一种特殊的东西，应该是与生俱来的一种东西吧。通常，干活的时候，我们都能看得出哪个人干活快、哪个人干活漂亮，也能看出哪个人了不起，与众不同。手艺人的世界就是这样。那，我们到底该怎样磨练自己的灵感呢？按照顺序修炼的话，我觉得最先要修炼的就是磨工具。真正把工具磨得又好又漂亮，是要花费好一番功夫呢。这才是第一步。有人会觉得这是浪费时间，但是这一步至关重要。接下来就是尽善尽美地完成工地现场的活计。做到这个应该不是太难，只要你有心做。再往下，就分得比较细了，怎么让建筑的曲线更好看，怎么让空间更美好，这就要凭灵感了。这个是无法教的，要看每个人自身的灵感。这个是教不出来的，需要自己在工作中去寻找。把这些隐藏在自身深处的东西挖掘出来，磨练出来。就连我自己，也说不清楚这个东西到底是什么，它们到底藏在哪儿也不知道，只能脚踏实地地干活。至于所谓的栋梁的器量什么的，那就是再之后的事情了。有没有能力拢住大家，这就因人而异了，跟你付出的努力有直接的关系，你能得到多少人的信赖，就能拿到多少工作的订单，完全取决于你的人品。因此，培养人可不是件容易的事。"

这之后，小川又跟独立出去了的徒弟们聊到自己的心事和烦恼，劝告他们应该带徒弟，培养后人。

这些都告一段落以后，大家开始了掰手腕的比赛。

新人迫田最强，每个人都来跟他挑战，但没人能战胜他，就连对自己最有信心的人也没能战胜他，于是大家哄笑成一片。因为喝了些酒，大家纷纷开始回忆自己刚入舍时的经历，以及从前大家在一起干活时的一些趣事，也有的说到了自己的合同期，自家老婆的事，也说到了新结婚的徒弟的事情。就这样，仪式从下午一点开始，到五点才结束。

接下来，因为引头以上的人是从茨城县和枥木县的工地赶过来的，所以一完事，大坚、角间他们就赶回自己的工地了，因为手下的人还在那里等着他们。

新人花谷和迫田被分配到了大坚所在的茨城县龙之崎的工地现场。

这就是这一年鹑工舍的入舍仪式。鹑工舍虽然不大，但是有一种靠传统的师徒关系建立起来的人与人之间的信赖。

迫田在这之后，在茨城县的工地干了一些日子。一个月以后，他就丢下小川那天在仪式上交给他的工具离开了鹑工舍，选择在别的地方开始自己的学徒生活。小川没刻意去问理由，更没阻拦他。

二宮金次郎像

二 鵬工舍的徒弟们

鵬工舍的二宫金次郎像

小川很喜欢二宫金次郎，每次工舍去研修旅行的时候，宴会上他跟年轻人一起喝酒，喝醉了以后，都会唱二宫金次郎的歌。他还做了十尊六十公分高青铜材料的二宫金次郎的像。凡是掌握了一流技艺、能成为主力干将、能完成大工程的徒弟，在他们完成了一个大的工程以后，小川会赠送给他们这个铜像，以示他们的学徒可以告一段落了。

这尊二宫金次郎像，是二宫背着柴薪手捧书本正在步行的身姿。他手上捧着的打开的书上刻着"粒粒辛苦、不挠不屈、雪中松柏、神工鬼斧、及第为归、师旷之聪、桃李成蹊 鵬工舍"的字样。那是小川的师父西冈常一的字。

这个像，自从鵤工舍成立以来，只有北村智则以及在九州专门做学术模型的冲永考一这两个人得到过。

这个二宫金次郎像就好像是一个象征着"学徒完成"的毕业证一般的证明。

徒弟们的生活

现在鵤工舍里有大约二十个徒弟。这个数字不是一成不变的，有的没干几天就辞职了，也有的随时进来了。来的孩子基本上还不太了解宫殿木匠到底是干什么的就懵懂地来了。来的时候虽然理解要有十年的学徒时期，但是真正在这里开始工作和生活以后，有的还是受不了这番辛苦而辞职离开了。

所有入舍的人都要一起过集体生活。鵤工舍现在有三处宿舍。奈良的宿舍是跟小川的家人在一起的。栃木的工房只有徒弟们自己，现在由角间带着，一共有四个人一起生活。茨城的宿舍就在建造中的龙之崎正信寺的院落里，是一个临建的宿舍，所有参与建筑的人在这里同起居同工作，这里是由大坚带领的十人左右的团队。

除此之外，如果在外地有别的工地，那么徒弟们就会到那里临建一个宿舍或者租借一些房屋用来生活和工作。无论如何，都是同在一个屋檐下一起生活。只有被认可为已经出徒的北村和冲永有自己的住处。

宿舍里每个人的空间各有所不同。有的独自一人使用一个独立的房间，有的住在放着只有两叠榻榻米那么大的床铺的空间里。这个床的中间铺着榻榻米，周围铺着板子，以便把行李放在床底下。

这些徒弟因为工作场所的关系经常会四处移动，因此他们的行李都很少。固定在一地干活几乎不用四处移动的，目前只有大工大坚、角间和北村这三个人。其他人都需要根据情况到处游动，随时会被派到鹅工舍分散在全国各处的工地。需要他们去别的工地时，只要带着自己的干活工具、几件换洗的衣服、洗漱用具以及一些日用品就可以出发了。

住在北九州的冲永是专门做学术用建筑模型的，基本上一直在北九州。学术模型，跟实际的佛堂佛塔在形态上完全一样，尺寸是实际建筑的十分之一或者二十分之一，但是上边构建的榫卯部件是完全相同的。制作一个建筑模型也需要两到三年的时间。如果他的活儿忙不过来的话，也会让别的徒弟去支援。徒弟们工作现场的变化和移动都由小川来决定。

他们的工作从最初的处理木料开始，到搭建脚手架，到整个建筑的构建，再到最终完成，每一道工序都是自己做。如果是一个庞大的建筑的话，光是前期处理木料可能就要花三年的时间。现在，这几个工地都在同时施工建筑中。鵤工舍的徒弟们一起共同完成了无数个形形色色的工程，他们的工作情况可以通过他们的施工现场了解。平成六年九月，北村、大坚、角间，这三个大徒弟作为栋梁分别肩负着三个不同的工地的责任。

通常，他们每天的三顿饭和打扫卫生这些杂事都是新人的工作。他们不会雇厨师，自己的饭都是自己做。如果工地离宿舍有一定的距离，那么就连中午带到工地上吃的便当也是自己准备。小川有时会来现场查看徒弟们的情况，他也会跟徒弟吃一样的饭住一样的地方，不会有什么特殊待遇。作为他们的师父，小川现在的工作，就是巡视这些工地以及管理工程的进度，跟他们同吃同住几天，了解情况。

还在学徒初期的徒弟们会在工地自己找些力所能及的活计，也会做师兄交代的工作。他们的作息时间一般是早上八点开始干活，下午六点结束，也会根据进度有所调整。

下班后他们就完全没有上下级的关系了，师兄不会指使师弟替自己干私事，自己的事情都是自己做，衣服也都是自己洗。

因为白天工作的时候没有时间磨工具，所以，晚饭后，他们都会陆陆续续地到工具房去磨自己的工具，要磨得锋利磨得透彻才行。这是西冈让小川做的，也是小川跟徒弟们说的作为宫殿木匠最重要的基础。每个宿舍都有一个专门磨工具的房间，奈良的宿舍是在一楼，其他地方也会在工地现场专门搭建一个，里边摆放着他们各自的磨刀石，谁有时间就可以随时去磨。

跟当年小川在西冈师傅那里学徒不同的是，现在徒弟们的身边，电视、报纸、杂志、书籍什么都有，他们也可以出去玩，这些都没有被限制。在自己的时间内，干什么都可以，所以，休息的时候，有的徒弟喜欢运动，会去参加当地体育俱乐部的活动，也有的去学习茶道、花道和书法，有的会看看电视，也有的躺在床上看杂志。凑够了人数也会打打棒球、踢踢足球。

白天尽管如此，到了晚上他们还是会去工具房认真地磨自己的工具。磨工具的时间，有的会用两个小时，也有的用三个小时，一心不乱专注地打磨。

3 月出面　名前　柳沼 伸丞

日	曜	現場名	仕事	内容
1	火	大秦院	組	墨合せ
2	水	〃	拵	材料整理 敷居、鴨居
3	木	〃	〃	〃
4	金	〃	〃	〃
5	土	〃	組	妻飾 墨合せ
6	日	休		
7	月	大秦院	整解	高棚 地震
8	火	熊の木蔵	解	屋根 解体
9	水	工場	材	杉板 整理
10	木	熊の木蔵	解	屋根 解体
11	金	〃	〃	〃
12	土	休		
13	日	熊の木蔵	組	桁 母屋
14	月	工場	材	杉板 整理
15	火	熊の木蔵	組	屋根下地
16	水	〃	〃	〃
17	木	〃	〃	〃
18	金	〃	〃	〃
19	土	工場	材	杉板整理
20	日	休		
21	月	大秦院	仮	足場
22	火	〃	〃	〃
23	水	〃	〃	〃
24	木	〃	〃	〃
25	金	〃	拵	角柱 根切り
26	土	〃		
27	日	〃		
28	月	熊の木蔵	組	壁下地
29	火	〃	〃	〃
30	水	〃	木	杉板 木造
31	木	〃	組	壁 板張り

現 原寸 形切 模型
材 用材整理 運搬
木 木取り 木造り
墨 墨付
拵 木拵 きざみ
組 組立 取付 仮組み
仮 仮設小屋 足場
　　素屋根
解 解体 土工事
図 図面 実測 見積
　　木出し
雑 仕事外 現場移動

現 場	仕事	日数
大秦院	組	2
	拵	6
	墨	1
	仮	4
工場	材	3
熊の木	解	3
	組	8
	木	1
合 計		28

在龙之崎的工地干了四年的人甚至在当地找到了对象。当地有祭祀活动的时候，这些年轻力壮的徒弟们还是挑神轿的好手。

一年中，他们只在每周日、过年和盂兰盆节的那几天休息。徒弟们把自己每天干活的内容记录在名为"出面"的日记本上，每个月申报自己这个月工作的天数。鵤工舍从体制上是有限责任公司制，社保这些都齐全，也有补贴。工资按照自己申报的"出面"以日薪的形式支付。想休息也是可以的，只是不支付津贴而已。

从这个形式上看，他们也很像是公司的职员，拿着工资学徒的职员。徒弟们的身份分为大工、引头、长和连四个阶层。升级与否，每年的新年一过，回到工舍只要一看墙上更新的身份明细表就知道了。这些都是小川根据每个徒弟的工作情况判断以后决定的。

为了了解他们的日常生活、工作内容以及思考的事情，我在这之前不久（1995 年 8 月）对鵤工舍现有的所有徒弟进行了采访。从他们的谈话中，能了解到他们的志向和生活，同时也可以了解这样一个宫殿木匠集体的性质又是怎样的。

小川对待徒弟们的态度就是宫殿木匠口诀中树材使用

的方法，"要按照树的生长方位使用"、"堂塔的木构不按寸法而要按树的癖性构建"。这是流传在法隆寺宫殿木匠中的口诀，不破坏个性，让癖性自由发挥。

大工 北村智则

我是昭和三十三年（1958年）出生的，高中一毕业就来了，已经在这里十八年，都成长老了，真是不可思议。我出生在大阪的茨木市，父亲是做木制品的手艺人。我毕业的高中就是很普通的高中。其实我是糊里糊涂地上着高中，原本想初中一毕业就出来当木匠学徒，但是周围的人都劝我还是把高中读了吧，于是我就不太上心地去读了那个高中。本来我也不是太喜欢学习，更没打算考大学，所以连去学校都没什么兴趣。一直就想做跟木头有关的工作，也想过将来继承父亲的工作。那时候我很喜欢逛寺庙，看寺庙的建筑，心里想如果从事跟木头有关的工作，与其做父亲那样的木工活，还不如当个宫殿木匠更好。我父亲也觉得当宫殿木匠比干他那样的工作有意思，跟我说："不用考虑继承家业的事情，做你自己想做的就好。"

刚开始，我既不知道西冈师傅，也不知道小川师傅，毫无任何门路，不知道该投奔谁。巧的是，正赶上药师寺的大雄宝殿落成典礼，一下子出来了很多新闻报道，也就知道了西冈师傅和小川师傅。

于是，我想那就去药师寺吧，那里肯定有工匠，即使没有工匠也一定有人能教我。我找到药师寺的办公室，把情况跟他们说了以后，问他们那里有没有木匠，办公室的人帮我给工地打了电话，让我过去聊聊。去的时候正好小川师傅在，我就把我的愿望跟他说了，西冈师傅也在一旁听着。小川师傅说，你要真这么想入行的话，下次带着家长再来一次。后来我跟父母又去了一次，也算是得到了家长的认可。所以高中一毕业我就成了小川师父的徒弟。

上高中的时候我在学校踢了两年足球，高二的时候因为受伤就停下来了，还算得上有点儿运动细胞吧，但也不是太好。

常有人问我是不是鵤工舍的第一个徒弟，按顺序的话应该算是，因为我是第一个入门的。刚入门的那时候，小川师父还经常往来于药师寺，我就住在师父的家里，每天去郡山的工房干活。工房就在宿舍的旁边，师父不久前都还一直住在那里。

刚来的时候没想过自己到底是不是吃这碗饭的，也没想好自己是不是适合做这个，只想着顺其自然吧。我的性格本来也是挺闷的那种，什么事都不太深想。

现在都是师弟们做饭了，我刚来的时候基本上都是师母做。工房就在家的旁边，师父白天在药师寺干活，晚上回来也会在自己的工房里干活。我就在那里磨工具。师父对我不怎么严格，当然有时候也会发火，但从没骂过我。他都是因为我反应太迟钝而生气的，经常说："你能不能好好干！认真点！"

中途有好几次我都想一走了之了，具体是什么时候我也记不清了。有一次我说出了口，但最终也没走成，还继续留了下来。当时师父没有阻止我，只说："哦，是吗？"至于想走的理由好像也没什么特别的，就是觉得自己走到了瓶颈，不知如何是好，开始厌烦了，但是后来想了想还是留下了。当时师母也没说什么。我跟他们每天生活在一起，有时她会跟我说"好好干哈"、"加把劲啊"这样的鼓励的话。

要说我当时的烦恼，我记得，那是在我入门两年的时候吧，又进来了新人。那时候，工作上连我自己都还没弄明白是怎么回事，师父就把他交给了我，让我带着他干活，让我教他。我也不过刚开始学徒两三年而已，如果教错了都是我的责任，一想到这些就觉得压力很大。我想我自己还什么都不会，怎么能教他呢。工具刚磨得差不多了，还用不太好呢。

刚入门的第一年，药师寺西塔的建设要开工了，小川师父被叫回去参加工程的建造。但是寺里说不能带徒弟过去，师父坚持说如果不让带徒弟的话自己也不去了。后来寺里批准了他的要求，所以师父就带着我一起去了药师寺。在药师寺干活期间，师父主要负责画图纸的工作，我就跟着其他的手艺人一起干活。

从来没有人跟我说我已经是一个成熟的木匠了。但是，入门差不多十年的时候，得到了小川师父的肯定，还被赠予了二宫金次郎塑像，那就算是对我的认可吧。我们工舍得到那个塑像的算上我大概也就两个人吧。

这些年还是有很多次都想离开这里的。有一次还真走了，回家了。但是过了一个月还是两个月，又回去了。这并不是很遥远的事，就是前几年的事情。虽然也记得不那么清楚了，大概是在三十岁左右吧。按照一般的社会价值观来看的话，我这个年龄本应该已经是一个能独当一面的成年人了，所以，那段时间我很困惑，也很焦虑。包括工作的事情和年轻的师兄弟们的事情，我都不知道该如何是好，百思也不得其解，现在好像才终于想明白一些了。当时连工作都觉得没意思了，不像是在反抗，倒像是想自我毁灭的那种。

我们工舍迄今为止到底来过多少人？算上有些来了三五天就走的，前前后后应该有五十多人吧，这个数字不一定是全部，因为我去外地干活不在的时候，也许有人来过又走的。相比之下，那时候中途离开的人比现在要少。我觉得也许过去到这里来的人，都还是下了一定的决心才来的吧。

我是到这里来了以后通过学徒才成为木匠的。从前有不少人本来就是木匠，到这里是来工作的。也有的人自己家里本身就是宫殿木匠或者是类似的家业，这样的人在工舍学几年以后就回家继承家业去了。像高崎，家里本身就是做神龛的。其他人，有的家里是盖民宅的，这样的人在来这里的时候基本上已经能使用工具了，这种人还不少呢。

中途进来的这些人跟我们也没有太大的差别，只是他们的行动力和工作顺序的安排能力比我们要强一些，我们显得比较迟钝。鹈工舍的特征就是你会看到所有的人都不急不慌，慢悠悠的。这应该是个不好的特征吧，大概就是从我开始的，师父有时候也会说"你能不能稍微快点儿啊"。

　　所有徒弟中跟师父一起干活的时间可能还是我最多，参与建造的寺庙也是我最多。药师寺的工程之后，我们又一起修建了法轮寺的上土门 [1] 和一些其他的建筑，具体的已经记不太清了。后来又去信州蓼科的寺院修建了净水屋，也叫手水屋 [2]。那个工程是我跟师父、冲永还有相川四个人一起完成的，是在药师寺的工程做完以后，我们工舍开始有活儿进来的时候。

　　今后是不是会一直留在这里？这还说不定，目前是没有打算离开。我不打算自己单干。想独立的人会陆陆续续离开，但我是属于那种只要有活干就行，其他的不想操心。自己独立出去了以后，要操很多心吧。那些我都不擅长，嫌麻烦，不想为那些跟木匠活计毫无关系的琐事费脑筋。

　　坦白地说，我还没怎么完全掌握设计。前不久，第一次做了一个神社的设计。让师父帮我画了设计图纸，我自己画了原寸图。设计图中有些漏掉的部分，我把它们体现在原寸图中了，然后把这个作为资料保存起来了。

　　如果给我一个寺庙的设计图纸让我来建造的话，我觉

[1]　上土门：平安时期的一种建筑形式，在平坦的顶子上铺上土，建成门的形状。
[2]　手水屋：进寺庙参拜前净手的地方。

得我能把它建出来，造价的核算我也能做。

鹈工舍现在已经变得越来越大了。对这个我没什么特别的想法，只是觉得目前工舍对于徒弟的培养方法有点问题。我不是一度离开这里回家了吗？这也算是其中的原因之一吧。在我看来，应该是上边的人培养得差不多了，再招收新人，这样才是比较合理的。有时候，新人一下子进来很多，我就觉得很奇怪。我更愿意按部就班、循序渐进地慢慢开展。比如，工作现场有几个能顶得上劲的经验丰富的人，再有几个能干活的中坚力量，然后加上几个新人，我认为这种团队组合是比较合理的。哪像现在，一下子进来那么多新人，手底下干活的都是还什么都不会的新人。

在正信寺现场担任栋梁的大坚君真是了不起，他的团队成员几乎都是还在初学期的新人。我这样夸自己工舍的同门，听上去很不谦虚，但是我觉得他真的很了不起。之前也是他带着新徒弟们干活的，了不起啊。这就是我们工舍的做法，我师父的做法。

今年我又去了一趟国泰寺。想当初建造它的时候，大家都还是二十几岁的年轻人。虽说是西冈师父的徒弟，但是社区的施主们还是很不放心的样子，都怀疑我们真的能建好寺院。后来，随着建筑一点一点地完成起来，他们才慢慢地松了口气地说："噢，你们还真建起来了。"即便现在也还是一样，无论去哪里，刚开始的时候大家都还是很担心的，只是嘴上不说而已。等到建好了，他们就会说："哎呀，现在可以说出口了，开始的时候真担心啊。"跟当初建国泰寺时施主们说的一样。

我们"鵤工舍流"提倡的是：虽然每一个人都是不完整的，但是只要大家在一起就有活力，有干劲。话虽然是这么说的，但是进度真的跟不上啊。的确，在这当中，底下的师弟们倒是能成长。我们的这种做法很花时间，因此在这一点上，很难判断是好还是不好。

以前师父说过，以后每个工地都要有专人来负责，不光是工程上的，还包括金钱方面的。虽然现在时机还不成熟，但是也许将来这种形式比较合理。

川本、高崎、三轮田这些人都已经离开工舍另立了门户。至于他们在这里修得的技术将会对他们有什么影响，我觉得，如果他们进入某个企业或机构，继续从事宫殿建筑方面的工作的话，那还是会很有帮助的。但是如果他们回家继承家业，然后还要自己拼命去找项目的话，还是很难的。师父也一直在考虑另立门户的同门们如何跟鵤工舍形成一个良好的协作关系。

关于教育人这件事情，我不是太担心，只要按照顺序一件一件地做，尽管每个人进步的速度不一样，但最终还是能学成的，当然这还要看你有多大的热情和你有多灵巧。这些细节都多少有点关系，但是只要认真地去做，像磨工具和使用工具这些活计一般人也能做到。但是，干得好与坏、快与慢，就因人而异了。看一个人的工作能力如何，只要看一下他的工具磨得如何以及在现场的行动力，就多少能了解这个人的水平了，但是那也很难断定谁好或谁差、谁有才或谁没有。木匠这个业种很独特，所以很难判断。有的人一声不吭很安静，也有的人吆前喝后很活跃。鹈工舍里各类人都有，所以工舍也因此而存在着吧。

结婚吗？想是想，但是我们的工作很难有机会接触异性啊。偶尔也会去相亲，但都不是太顺利。

至于我们每天的日常生活，我现在已经不跟师弟们一起住宿舍了，自己租了公寓，开始了独立生活。我很少做饭，夏天基本上都是在外边吃，天凉了，有时候也会自己做点。夏天热，食材容易坏，做好了放在那里等晚上回来也坏了，所以夏天都是在外边吃。

我每天差不多五点或六点起床，早的时候五点不到就起了。起来以后，吃点面包，洗衣服，给植物浇浇水，七点半左右出门去工舍。下午工作到六点，然后收拾收拾工具，打扫打扫卫生就离开工舍了，回家的路上吃个晚饭，或者在超市买一些现成的便当带回来吃。如果在外边吃完回家的话，一般是七点半或八点到家。到家后洗洗澡，看看电视，懒散地在榻榻米上休息休息，基本上也就是这样。

积蓄？几乎没有。我用钱的地方很多呐，买相机、买音响，还要买工具。我尤其喜欢买工具，手里的工具虽然从没数过一共有多少，但是相当多，再加上电动的工具，算下来估计有两三百万日元[1]。这些工具基本上都是我自己买的，有些是刚入门的时候跟师父一起去干活时别的工匠师傅给我的，后来就都是自己买的了。

关于鵤工舍的将来？我觉得，进来很多新人虽然不是坏事，但是应该再多培养出几个像大坚、角间那种能力强的人，然后再招收新人，那样的话可能更好吧。因为无论如何新人都不具备能读懂现场空气的能力，甚至在工作中起不到太大的作用。如果工舍自身的基底再坚固一些的话，新人能学到的东西也会更多一些。那样，我们这些师兄干活的时候也能稍稍轻松一些。现在感觉工舍已经快变成鵤

---

[1] 约合十五六万人民币。

工舍学校了，已经不是我理想中的鵤工舍了。如果是别的工舍或作坊，栋梁、师父一般都会到工地上跟徒弟们一起干活，我觉得那样才是自然的状态。

西冈栋梁不是只培养了小川师父一个人吗？但是，现在鵤工舍的做法在我看来已经偏离了传统的师徒传承的轨道。当然了，师父有师父的考虑。我自己只要做好我力所能及的事就行了。

对西冈栋梁的印象？我跟着小川师父去药师寺干活的时候，每天都能见到他。那时候西冈栋梁已经不带工具到现场来了，只在办公室里画画图，指导一下别的在现场干活的工匠，他跟我说了很多话。我因为当时住在师父家里，所以每天跟师父一起上下班，中午跟师父和栋梁三个人一起在办公室里吃饭休息。而其他工匠都是集体吃住在寺庙宿舍里的。我们三个在一起不怎么聊工作上的事情，但有不明白的地方就会请教西冈栋梁，他就会告诉我应该这样或者那样。

他是了不起的人。向他请教关于药师寺和法隆寺建筑上的事，他马上就能回答我的任何问题。他的笔记本上写得密密麻麻的。其实这样一说我也算是他的孙徒弟了，这是我的骄傲，但是我还不及他的足下，还需要不断的努力。[1]

大工 大坚工树

我是昭和四十二年（1967 年）七月二十三日出生的。我是从秩父农业职业高中的林业专业毕业的，上学的时候我是学校棒球队的第二垒手。我们队差一点就有资格参加甲子园全国高中棒球联赛了，但是在县内预选赛的第二场比赛时输了，所以甲子园的全国联赛也没去成。

当初上职业高中选择林业专业其实没有什么特别的理由。我哥哥也是学林业的，父亲就是普通的木匠。哥哥毕业后进了制造精密仪器的公司，成了公司职员。我们林业专业一个班有四十个毕业生，基本上都进了普通的公司，从事跟林业有关工作的大概也就十个人不到。我高中毕业以后先去了东京的一个打着宫殿木匠旗号的建筑公司，因为那个公司在我们学校贴了招募广告。

我一到大城市就犯怵，东京那样的地方对我来说就很

---

[1]　盐野米松采访众徒弟的时间是 1994 年，2016 年中文版出版之际，译者再度了解到每个徒弟的现况，北村现在在竹中工务店负责工具的管理工作。

不习惯。为了去那家公司上班，我走了五趟都还没完全搞清楚哪儿是哪儿。师父说我是坏小子，其实我根本不会跟人打架，不过兜里倒是装着刀片呢。

小时候，我的梦想是当棒球手，虽然没有期待会有伯乐来发现我。职高快毕业的时候，老师问我以后想做什么工作，我想父亲是木匠，我也就干木匠了吧，最终也还真是当了木匠。我的祖父也是宫殿木匠，父亲曾经跟祖父一起做过宫殿木匠，我们家再上一代是和尚，祖父的父亲是和尚。我在东京的建筑公司干了一年零一个月。

我们高中一起毕业进入这个公司的有七八个人。我进去的时候公司已经有三四十个木匠了。我们住在集体宿舍里，两个人一个房间。虽说是学徒，但没怎么干木匠的活。那里倒是也注重基础，开始的时候也是让我们练很多基础，也会做一些大雄宝殿的基础建设，铺设沥青什么的。

但是那个公司主要是用机器来加工的。我家在农村，做木工活的时候很少用机器，我觉得那才是理所当然的。没想到来东京以后发现都是用机器干活，跟我想象的木匠的工作不太一样。但是东京一定有很多跟木匠有关的书籍，于是我就跑到书店去找书。虽然没找到什么好的关于木匠的书，但是找到了一本西冈栋梁写的《斑鸠工匠·三代御用木匠》，因为写的是关于宫殿木匠的，所以就买了。在那之前我完全不知道西冈栋梁的事情。那本书里提到了他的继承人小川三夫。我就想，要不去小川师父那里吧。因为那段时间，小川师父由于西冈栋梁的关系也被媒体介绍了很多，上了很多报纸。碰巧我看到的那一篇正好是关于他们住在药师寺临建的工棚里的，于是我就想："好！我就去找他吧。"药师寺那么有名，怎么都能找到。我先到那里去，一定能见到他。

于是，我辞掉了建筑公司，准备出发去奈良。我还记得那正好是五月黄金周的时间，辞职的当天我把所有行李都寄回了秩父的家里，想只身坐上新干线到奈良去。那时候我都不懂得跟别人问路，也不知道新干线到底怎么坐，所以在东京车站折腾了半天才坐上车。

当时身上也没带什么钱，在京都车站换了车，又在奈良的西京站下了车，趁着天还不黑就找到药师寺去了。原以为那里有临建的工棚会比较好找，谁知道，在药师寺周围找了半天也没找到，天也慢慢地黑下来了，正好药师寺的旁边有一个派出所，我犹豫了半天才走进去，有一个值班的警察在，我就问他："您知道这一带有一个叫小川的吗？"警察立刻就把师父家的地址告诉了我。于是我又找到师父家，但是因为去之前我从没跟师父联系过，所以那天正赶上师父没在家。没办法，我只好跟师母说"那我明天晚上再来吧"，然后就离开了。但是，因为身上没带什么钱，无法去住旅馆，于是就想到了在车站的长椅子上过夜。等到车站的灯完全熄了以后，我就悄悄地去了。但是越睡越冷，到后来睡意也没了，就干脆起来跑到药师寺的周围转悠去了。其实就在几年前我们高中的修学旅行也曾经来过这里，再一次看它，越发觉得真伟大，真漂亮。

虽然师母告诉我，白天师父会在工地上干活，去那里找他更有把握，但是我已经跟师母说了晚上再来，所以白天我就坐在秋篠川的岸边发呆，还溜达着去了唐招提寺。现在想想那时候真是莽撞。终于等到了傍晚，又去了师父家，可是那天师父又有事没在。我又跟师母说："那明天再来。"但是就在我正要离开的时候，师父开着小卡车回来了。正是吃晚饭的时间，天已经完全黑下来了。我跑到师父跟前立正鞠躬地跟他说："请收下我做徒弟吧。""先进家再说吧。"进了家门以后师父说，"等我这边有了工作就能招呼你过来，但是现在你得先回去等着。"然后又说，"今天已经这么晚了，住下明天再走吧。"后来北村就带我去了宿舍，我在那里住了一个晚上。

　　第二天一早，师父又跟我说："既然来了，就跟我们去现场干点什么再走吧。"那天正好是他们搭建脚手架，我就帮忙干了点活。要走的时候，师父说："既然你已经辞了工作，回去也没办法，那就干脆留下吧。"于是当天我就回秩父取行李去了。那时候，工舍里已经有两名师兄，北村师兄和阿研师兄。高崎师兄那时候已经回家了。其他的人，还有田中、三轮田、相川和佐藤。冲永是在我来的一周前回九州去的，因为听他们说一周前他还在呢。还有建部君当时在五条的观音寺干活，川本在名古屋干活。

　　从秩父的家中取了行李以后我又回到了工舍，住进了宿舍。三天后北村师兄要到小豆岛去干活，我就跟着他去了，一起去的还有阿研。

　　我们在小豆岛干了差不多两年，在那里，从做饭开始，北村师兄教我怎么磨工具以及一些基础的活计。我干活用的工具是之前在原来的建筑公司干活的时候买下的。刚开始磨工具的时候，北村师兄只是简单地告诉我怎样磨比较好，其他的也不多说。北村和阿研两位师兄都不太爱说话，我自己本来也不太说话，所以我们干活的时候都是默默地不出声的。

　　那时候还有一个比我早来一个月，中学毕业来的，他现在已经回长野老家了。我们两个人作为新人负责给大家做饭。

其实我们都不太会做饭，经常做的也就是简单的炒青菜和咖喱饭这些。寺庙的院落中有一个存放酱油的仓库，我们就在那里搭建了两间临时的房子，住在那里。我一直都在小豆岛的现场，等到完成了上梁仪式，我才离开那里赶到近铁奈良车站附近的莲长寺，帮忙建造那里的秒见堂。之后又去了大阪的工地帮忙，来来去去一年多以后，我又回到了小豆岛的工地。

来鵤工舍的时候我就下定了决心，如果这里不行的话我就不干木匠了，但也没考虑再到别的地方去，就算是继承不了父业也没办法。当时没想那么多。

我觉得我不会一直在这里。等到有一天能毕业了，能不能毕业我也不知道，我想到那时候我会离开的。我没想过会不会像师父那样也收自己的徒弟，做自己能做的就行了。我希望自己既能画图也能实际建造。

这个正信寺的工程我自己觉得还是挺满意的。师父把这个工程交给我，还给我派了那么多师弟。当初我想，即使只有我一个人我也要把它建好。

刚开始的时候当然很担心，因为完全没有信心。在建造的过程中慢慢地找到了感觉，有了形状，自己也就找到了自信。因为在小豆岛我也是从头到尾都参与了整个建造过程，所以这个工程算是第二次，我自己还是挺满意的。

我都是按照师父教导的做，不太了解社会上的那些事情。社会上所谓的常识也不是太清楚，比如，人来了要上茶、人走了要鞠躬，这些我都不是太了解，只知道工作上的事情，而且我还很认生，见到陌生人都不知道该说什么。

师父经常跟我说："训斥手下的时候就大声地训斥！要说什么就大胆地说！"但我还是说不出口，不是不会发火，但确实没怎么说过师弟们。如果他们做错了，我会告诉他，再错了，我就什么都不说了。

我们的棒球队不是我一个人组织的，因为大家都想打，就凑了一个队，大家还都打得挺开心的。是阿胜去找了社区和体育用品公司的人，我们才开始练习的。

开始的时候，虽然我们九个人的棒球手套凑齐了，但是没有专门的球鞋，有的人还穿着干活用的袜套鞋。球棒是用我们工地上的废材料自己刨的，只有一个是买的。我们就是这样开始练习的。对方球队的人见到我们这副样子都惊呆了，大概是因为我们的装束太奇怪了吧。有人穿着袜套鞋，有人脑袋上系着毛巾。

但最终我们还是胜了。

那场比赛我们跑到那么远的千叶县去了。我们是开着卡车和汽车去的。太有意思了。那场比赛赢了以后，师父就给我们每人做了球衣。

那以后我们又参加了三场比赛，秋天和春天都参加了。但就只有去年夏天的那场我们赢了，其他的都输了。

我还没结婚呢，也没有对象。

前不久在师父家旁边买的地要干什么？还没想好。因为手里的钱没什么用处，原本没想过能从鹎工舍领工资的。师父问我买不买，我就买了。积蓄都没了也无所谓，因为我的钱基本上也都用在买工具上了。最近盂兰盆节放假，我也不打算回家了，跟家里说我还在学徒初期，还在负责做饭呢。我一直跟家里这么说的。但是前不久我父母突然跑来了。之前无论在哪儿干活我都没告诉过他们，但是祖母岁数大了，身体不太好，怕有个万一他们好通知我，于是就把龙之崎正信寺工地的地址和电话告诉父母了。没想到他们真跑来了，吓了我一跳，那天正好赶上师父也在。我母亲问："让你刨木料了吗？"然后师父说："大坚可是这里的栋梁啊。"

这下我父母大吃了一惊。

我的梦想？就是等拿到了二宫金次郎的塑像以后离开这里，干自己想干的。师父开始跟我说最少要学十年，明年我就第九年了，正好吧。没想好是自己干还是回家继承家业，反正先离开再说吧……

觉得师父怎么样？他很了不起。我很庆幸来鵤工舍学徒和工作。[1]

大工 角间信行

我是今年被提拔当上大工的，准确地说是去年年底确定的吧，之前师父从没跟我说过这件事。有一天跟师父出去喝酒，回来的路上，师父突然说："我看你干得很努力，打算给你升一级。"但是在身份明细表贴出来之前大家应该都不知道。其实我心里很高兴，但也有些担心，担心的是我真的能行吗。

我现在每天的津贴是一万日元，之前当引头的时候日津贴是八千元。

---

[1] 大坚现在仍然作为宫殿木匠在工作。

我家里没人是木匠。祖父是裁缝，父亲继承了他的手艺。哥哥大学毕业就当了公司职员。我下边还有两个妹妹，大妹妹已经工作了，小妹妹还在上大学。

我出生在埼玉县的大宫。我是昭和四十三年（1968 年）五月四日出生的。我上的高中虽然是普通高中，但是大多数人都是要考大学的。我当初也是想考大学的，还申请了参加统一高考，因为我的学习成绩还不坏吧。报了名以后，过了年，我去找老师商量报志愿的事情。那时候其实我已经在心里决定去当木匠了。我父亲本想让我报考大学，但他也不反对我去当木匠这件事。

想当木匠的想法大概是从上小学的时候就有了。小学三年级的时候，我们家增建房屋，家里一下子来了好几个木匠干活，我看着他们干活，觉得特别有意思。他们还带我去木材商店看木料。

上高中的时候，我一直是空手道部的。我父亲上大学的时候也练过空手道。我从小就看着父亲练，所以自己也就有了兴趣。

西冈栋梁的事情我很早就知道了。上小学的时候我们的教科书上有一篇西冈栋梁的文章叫《那些支撑着法隆寺的大树们》，那篇文章我是记得的。鵤工舍的事呢，是在我上高三的时候，有一段时间《读卖新闻》的晚刊介绍了好几次小川师傅。文章里说，鵤工舍里有不少年轻人，而且那里还招收徒弟，能学手艺，所以我想去看看。我记得开始我是先给报社打电话询问了联系方法，后来把我的想法跟学校老师说了以后，老师说他的朋友认识西冈栋梁，可以帮忙联系。但是我谢绝了老师的好意，决定自己先去看看，就找到了小川师父这里。去的时候正好是年底，大概是十一月份吧。

之前我先给师父写了封信，但是接到的回复却是"今年暂不招新徒弟了"。我想，写信说不清楚，还是亲自去一趟好，但是真到了他们那里，得到的回复还是"今年不再招新徒弟了"。因为之前刚招了一个，宿舍也满了，加上我一点基础都没有，需要从头学起。师父建议我可以先到别的地方把工具的用法学会，然后再回来。

师父看我挺为难，也就是说很难找到学习使用工具的地方，就给我介绍了东京上野的一个叫翠云堂的地方。于是我就到那里去面试了，一见面我们双方都还比较满意吧。我本来打算就先在翠云堂学徒了，跟师父说："过几年我想再来鵤工舍。"但是师父说："如果你能一直留在我们工舍的话，过几年你就回来，但是如果只是待一段时间的话，我们就不打算再招新人了。"

听他这么一说，我也没去翠云堂，又试着找过不少别的地方。最终还是我父亲经常去的一家烤串店的酒友的姑妈给我介绍了一个，他们从事的是既建民宅又修神社，跟宫殿木匠类似的工作。我决定在这个作坊先干五年，然后再去鵤工舍。我自认为木匠的学徒期应该是以五年计算的，所以跟那个作坊的师父说自己就干五年，他说五年也没关系。

这个作坊里就师父和他弟弟两个人。我觉得每天从自己家往来的话太耽误时间，不利于学徒，就干脆住到他们家里了。五年的时间过得很快，也没觉得有多艰苦，干活的时候很有意思。记得入门第三年还是第四年的时候，正赶上我们那条街上的神社要翻建，我就跟着参与了这个工程。

学徒期间，我只负责打扫我跟师父一起干活的地方和家里的卫生，没管过做饭，都是师母给我们做饭。我每天六点到六点半起床，吃了早饭以后就去工房里干活了。中午有午休，下午三点还可以休息一下，师父上午基本上不休息，只在下午三点休息一下。

夏天天黑得晚，我们能一直干到很晚，有时候七八点钟还不停，直到师父说"今天就到这儿吧"，才结束回家。等到我给自己规定的第五个年头的时候，师父的弟弟说，总这么没完没了地干也不是个事儿，就规定每天一律干到七点就结束。

师父教导我挺严格的，尤其是干活的时候很严格。我经常挨骂，尤其是前三年，总是挨骂。第三年以后才好一些了。到了第五年，我快要离开的那年，我们工房附近的另一个木匠师傅接了一个活，但是他没有时间去，就说让我去干。师父也说让我一个人来完成，从拉墨线到组建安装全都是我一个人。师父可能觉得我已经做得差不多了，故意让我独立来完成这个工程，这就像是一个毕业考试吧。师父对我还是很照顾的，知道我要到这边来，所以特意让我做了那个工程。

我是从什么时候开始能独立地使用工具的？我也记不太清楚了，其实现在也不能说用得有多好。

来鵤工舍以后最开始学的是磨工具。师父让我"照这样磨"，然后告诉了我磨工具的顺序，从口中说出来的就这么一回，但是他会经常过来看看，其余的都是在现场边干边学的。前不久，我跟小川师父联系的时候还聊起，当初我去的时候，小川师父跟我提到了川本。"你看那个川本，他也是开始来的时候被我回绝了，过了三年又来了。"

小川师父自己跟川本说你过三年再来吧，但是当川本去找他的时候，师父把自己曾经说过的话忘了。我正是因为担心这个，所以就一直跟他保持联系，至少每年过年的时候都写一张明信片，特意在上边写上"还有×年"。在第三年还是第四年，夏天，放盂兰盆节假的时候，我回家了，正好接到了师父的电话，说差不多可以来了。但当时我因为跟那边的师父说好了干五年的，所以就跟小川师父说等我干满了五年就过来。

第五年我要走的时候，那边的师父给我买了一套电动工具，崭新的。之前我用的都是师父用过的旧的凿子、刨子和锯，算是借用师父的。师父说那些工具里如果有想带走的也可以带走。在那边干活的时候，我说不要工资，师父说那太好了。所以，我在那里的五年是没有工资的，但是师父每月也会支付给我一点零花钱。第一年是每月一万日元，第二年是两万，第三年三万，第四年四万，第五年五万。因为考虑到要来这里的事，所以那些钱我一直攒着没花，攒了大概有一百万元吧。我觉得那是买工具的费用，还有生活费。我原以为来鵤工舍也是没有收入的。

第五年的新年，我到奈良去给小川师父拜年，并约好四月份过来。到了四月，我打电话联系师父说："我马上就可以过去了。"但是师父又说："你突然说要来，我们这边还没准备好呢。""之前见面的时候是师父让我四月底来的呀。""要不然，你先到栃木的工房去吧，那儿有个叫工藤的，你去了以后问他干点什么也行。"

我这才总算进来了。

工藤是去年独立出去的师兄。他在鹈工舍待了七八年吧。

我原打算在之前干活的作坊工作到四月一号然后离开，但是因为学徒的规矩，徒弟都要有一定的奉公时间，作为对师父的报恩和还礼，所以我就干到四月底才离开。

从那边带过来的工具是之前的师父给我的。看到工藤师兄的工具箱以后我很惊讶，里边有很多工具。他告诉我，工具可以干起活来以后再根据自己的需求慢慢增加，但是我的那套工具一直用了很长的时间。

来到鹈工舍最初的工作是做寺庙里的功德箱。尺寸还是挺大的，估计有四尺 × 三尺那么大。用的材料是榉木，这种木料不太好对付，做起来挺费劲的。做成了以后师父说什么？没说好，也没说不好。

跟我一起进鹈工舍的有哪些人？我是跟笹川、前田、内田和物江同时期进来的。他们是从奈良入门的，而我去了栃木。

刚进来的时候，因为我已经在别的地方学过五年徒了，所以一进来就被指定为"长"了，日津贴是七千八百日元。我原本以为是没有工资的，所以当知道给这么多钱的时候很吃惊。

我在这边干活的时候，小川师父来看过，"你看，我们工舍的孩子们的工具磨得更好吧？不过你是在町屋学的，也没办法。工舍的孩子们更厉害些吧。"

不过，的确像师父说的，这里的徒弟们工具都磨得很棒。我在町屋的时候也没像他们这么认真地磨过工具，老觉得只要能用就行了，要求没那么高。就连凿子，也只在它锛了的时候，才去磨磨，但也只是磨到能用就行了，不会花更多的时间和费很大的力气去磨。刨子好像磨得还多一些，尤其是凿子，磨得很少。

我进鹊工舍以后发现，这里人与人之间的关系还是比较轻松的，没那么严格。大家都很自由。没来之前，我想这里有很多年长的师兄，一定很严格。但实际上气氛完全不一样，我还想，这么轻松的环境能干好活吗？但是后来自己也身在其中了以后就发现，大家干活都很好。

刚进鹊工舍就被派到了栃木的工房，两周以后我就去了奈良。奈良工房开始的时候也就是我和吉田两个人，也没决定谁来做饭，多数时间是两个人一起做吧，做一些炒鸡蛋和炒青菜这些简单的，也做烤鱼。

在奈良我参与了建造山门的工程。在那里，川本说，让你刨刨椽子吧，但是一看我的刨子马上说："你的刨子不行，刨不了。"然后北川也说："你最好先把工具备好，否则不会让你干活的。"那一刻，我有点悔恨。看到川本和北村的工具，感觉跟自己的完全不同。这时候我才觉得必须把工具装备好才能工作。其实我为了日后来鵤工舍，还是做了一些准备的。这时候其他人也都过来看我的工具，因为我比他们年长一些，年轻的徒弟跟我是用敬语说话的，他们看了我的工具什么也没说，但在心里一定觉得我的工具不行。

来到鵤工舍以后发现这里的人每天到很晚还在磨工具，这在我之前的作坊是没有的。如果晚上干得晚了，师父还会说，今天不用磨了，明天再磨。因为我们干活的工地比较远，每天要往返于茨城县和埼玉县大工的师父家。每天干活干到八点，再开车回家，就要九点半或十点了。回来以后吃完饭，就几乎该睡觉了，实在是没时间。所以来到鵤工舍以后觉得作息时间很轻松。这边六点结束工作，我觉得太早了，天还大亮着，不干活也没什么事情可做，就去买买东西，自己做做饭，然后就是磨工具。

来之前攒的钱一直没用过。

来到这里以后，开始的时候一到月底才发现一分钱也没攒，即使想攒钱估计也攒不下，因为几乎都用在吃饭和买工具上了。因为工具跟大家的差距很大，所以没少买工具。

我在这里想实现自己的目标，那就是成为日本最棒的宫殿木匠。我没问师父学徒的年数，关于这些我好像什么都没问过。但是师父好像说过："十年以后，你就可以带师弟了，那时候给你二宫金次郎的塑像。"

现在，师父把西明寺的大雄宝殿的工程委托给我，我要尽全力地完成。当然不只是这些。我觉得鵤工舍很了不起，这么多的年轻人在一起建造这么大的工程，仅仅靠年轻人们去完成。圈外人看我们一定觉得很不可思议，如果我是施主的话我会很担心的。被他们这样想，我们也觉得很懊恼。但是等实际建成了以后，大家都觉得"真了不起啊"。鵤工舍的工作就是了不起。

我觉得鵤工舍的伟大之处就是建筑物的完美程度。不仅表面看上去很棒，还有很多看不到的细节也都做得很精细。那都是用锋利的工具，一遍一遍反复精心地磨刨出来的，每一个步骤都很精细。一起干活的人都是这样的工作态度，所以我们建造出的东西才会那么伟大。

我虽然负责现场的建筑，预算这些工作还是师父来做的。如果有失败的地方会向师父汇报，因为失败的那部分是要追加购买材料的。这如果是在别的地方，估计就不会再让徒弟负责现场的事了，但这个时候所有的责任都是师父承担。这一点我觉得很了不起，鵤工舍很多地方都令我很感动。师父这么信任我们，让我们来负责工程的建设，我们就必须要很好地完成它。这可不是开玩笑的。

在我们的工地上，也并不是所有人都明白自己要建造的这个工程到底是怎么回事，所以我就会跟大家说："这些材料都是用在什么地方的，一定要看清尺寸，弄清楚以后再下手去刨去凿。"

我来了以后，参加过不少工程，但多半都是从中途开始加入的，只有这个工程是第一次从头到尾参与。虽然并不容易，但是我很高兴，能被信任地接手这样一个工程，很有成就感。并不是没有担心，但只要认真负责地干，还是能干好的。

将来的打算？我还没考虑那么多。当然，如果可能的话，我希望能独立地由我一人来指挥着完成一个建筑。最大的问题是有没有人会来请我建。我在之前那个作坊的时候，师父就跟我说过，有很多手艺好的匠人，最终因为没有活干，手艺都荒废了。有的工房很会宣传自己，说自己那里的技术多么好，好的手艺人很多。那样的地方好像很容易接工作。我不想考虑太遥远的事情，只要能让我建造佛堂佛塔就可以。在那之前，我想我还应该学习画图。总之，木匠的工作从一到十都要学会，至少要先学会画图。

结婚？至少要在二十八岁前结婚吧，我现在已经二十六岁了，后年就二十八岁了。将来，也许我不会自己单干，但是这个工作我会一直坚持干下去的。另外，每天干完一天的活，最好不要天天跟大家在一起，我还是想有自己的房子，可是，一个人回家其实也挺寂寞的，所以还是应该有个伴儿。现在虽然还没有，但是应该要找一个伴儿。

谈恋爱的时间？虽说我们几乎没有这个时间，但是努努力的话一定会有的。

星期天干吗？周日休息的时候，我不喜欢光是睡觉，我喜欢一个人去逛寺庙和神社，去看那里的建筑。如果有个女朋友就好了，可以一起去。

你知道我们的棒球队吗？我还是接球手呢。其实我也是被拉进去的，因为大坚兄投球的速度太快了，谁都接不住。我也是最近才适应些了，开始的时候还是挺紧张的。打球的时候有的人不守规矩，居然盗垒。我其实还是比较喜欢棒球的，但是以前从没当过接球手。

我们第一次去比赛的时候都穿着袜套鞋，球棒也是我们自己做的，这些在别人看来应该很滑稽，但我们自己倒没觉得怎么样。本来我们的身份都还是学徒嘛，能打场棒球已经很不容易了。

我觉得鵤工舍很自由，因为所有这些都是我们自己可以决定的，当然，这个也不是那么容易判断和决定的。这也许正是鵤工舍好的地方吧。[1]

引头 松本源九郎

我最近刚买了一辆摩托车，花了七十万日元，加了保险，真不便宜啊，不是二手的，是新车，很快。开始是想买一辆红色跑车的，后来想了想，觉得现在买车还早，而且也危险，等以后有了女朋友再买也不迟，所以就买了这个摩托车。自己也没想清楚就买了。

我是昭和四十四年（1969 年）三月一日出生的。我是

---

[1] 角间目前还继续着宫殿木匠的工作。

和歌山县龙神村人，来鵤工舍已经是第十一个年头了。

我现在的身份是负责教年轻师弟们，其实我自己也干得不好，没什么可教的。但是大家都挺着急想尽快学会，我就起一个指点的作用吧，下来还是得靠他们自己多练习多干，才能掌握。我教他们怎么磨工具，但我自己现在也不是每天都磨工具，倒不是偷懒，只是因为我现在不怎么使用刨子和凿子那些工具了。

上周日我去钓鱼了，跑到吉野一带，开车去的，去了川上村。那里的香鱼多得能用网子捞，开始以为不允许用网捞，只捞了五条。还用了一种连鱼都看不见的鱼线，因为鱼很多，所以特别好钓。其实龙神村是不允许这么干的。

经常跟我一起去钓鱼的是宽二君[1]，还有中泽君，他们的技术都不行，还是我的技术最好。

我每年的五月和九月会回老家帮父母种地。五月插秧，九月收割，平常家里就靠父母、祖母还有姑妈他们照应。

我其实不喜欢干地里的活，但是没办法，因为家里需要帮手。五月回去的时候，我帮他们运运苗、插插秧。干木匠还是干农业，哪个更好，我自己也不知道，也许木匠

---

[1] 宽二君：小川三夫的次子，当时还在上中学一年级。

更适合我吧。

我们干活用的工具我自己是可以做的，即使这样，我也不觉得我已经是一个很好的木匠了。我只能做好我自己的那部分，我不会指挥别人，也不知道该怎么指挥，这方面不太擅长。

在学校上学的时候，我的算数最差了。会做加法，减法也还将就，分数就不太懂了，小数点知道一些。带小数点的乘法，不是太会，也许努力一下还行吧。

结婚？我现在还没有女朋友，以后也许会结婚吧。今年二十五岁了，祖母总是催着我赶紧找，我跟他们说我自己会找的。如果将来回到龙神村老家的话，我也许就不干木匠了，可能会干别的。当然，如果有木匠的工作也许会做，但是我们那里很难说，实在不行就只好干别的吧。我老家那边一共就五千人口。

我父亲从前也是木匠，现在已经不干了。他现在每天就去地里和田埂上除除草。三月份刚做了眼睛的手术，他的眼疾有一段时间了。

家里还有个妹妹，在上高中，明年会决定是直接工作还是考大学。我妹妹比我脑子好些吧，也许，一般吧。我上边还有两个姐姐。一个姐姐已经出嫁了。

每天有多少津贴？我自己也不是太清楚。七千还是七千五百日元？我没算过。这些年我攒了差不多有六百万元[1]吧。

因为很少用，怎么用也不是太清楚，就是最近买了摩托车才花了一些钱。

我刚入门的时候也是从做饭开始的，那时候我最拿手的应该是炒素菜，还有咖喱饭、蔬菜沙拉、土豆沙拉，这些做得比较多。我讨厌鸡肉，虽然也能吃，但是不喜欢。喜欢的是……就不说了吧。

我们每天早上一般是六点起来。困啊，眼睛睁不开啊。起来以后，要先打扫门口的玄关，打扫好了以后就吃早饭了。不做早饭的人负责打扫。七点钟出门去干活，回到宿舍一般是晚上七点。吃过晚饭后，去洗个澡。一周洗一次衣服，一般都是周日洗。昨晚我就洗衣服了，攒了一周的衣服。

冬天我们会穿得比较多，因为干活的时候还是挺冷的。你看我穿了七件，虽然动起来有点不方便，但是还将就吧。

我从没想过去除了鹞工舍以外的地方工作。虽然在这里有时候会被骂，但我也不想离开。因为什么骂我？可能

---

[1] 约合人民币三十二万元。

是因为我老傻傻地待着不知道该干什么，也有的时候是因为我递东西递慢了。现在已经适应了，但也有时候还是不知道为什么挨骂。

我最拿手的是用电刨刨东西。手工工具用得一般，没什么特殊的，跟大家一样。用电刨把木头的表面刨得很光滑这一点我还是有自信的。但是如果用手刨来刨的话，我很难刨得又光又平，我的技术还不够好。

我没觉得当了木匠有什么特别好的地方，只是因为没有其他想干的。从前曾经想过，如果我能考上高中的话就去当邮差。但是我没考上高中，所以也就当不了邮差了。很遗憾，但是也很无奈。

学校通讯录上，我的成绩中一最多了。除了一，还有一个二和一个三，三是音乐。另外，就是技能上我曾经得过一个四。我画画的水平最不行，所以画画是二。有一次收拾东西，我找到了上小学的时候画的画，老师在背面写着：看不明白你画的是什么。所以，画画对于我来说真是个大难题。

但是，我会敲大鼓。我们那里有一种鼓，叫龙神大鼓。全村人都会敲。如果在这里敲的话，一般没人能听出来对错。但是如果在我们村里敲的话，他们马上就能听出来对还是错。有一回在村里，我们很多人一起敲鼓，敲完以后，就有人过来跟我说，你刚才敲错了。

我在老家龙神村没什么朋友。小时候的朋友，有的干了测量的工作，就是测量道路、调查山里有多少棵树这样的工作。三年前，我们办过一次小学同学会，在我们班主任的家里办的，我没穿正装，就穿着普通的衣服去了。我告诉老师我当了宫殿木匠，老师什么话也没说。我的父亲总是会教我一些技术。夏天盂兰盆节回家的时候，他会问我，现在在做什么，我告诉他在做连接柱子的横梁，他就会告诉我："止规[1]一定不能弯啊。"还告诉我接合口的地方该怎么画墨线，方法虽然有很多，但都不简单。同是木匠，每个人画墨线的方法也都会不同。

父亲也给过我一些工具。刨、手斧、枪刨。有的我也在用。北村师兄和师父也都给过我。粗用的凿子和细用的凿子，还有刨子、柳叶刻刀、锯，这些他们也都给过我。对新进来的人，我没怎么给过他们工具，倒是给过他们扫帚。

我自己买的工具差不多有一百五十万日元左右了吧。工具都是我亲自去买，有的是去大阪买的，也有的是在奈

---

[1] 止规：L 型的固定钉。

良买的。我不买太贵的。有些工具，看着挺漂亮，买回来一试根本不行。前些日子，我就买过一把刨子，看着挺好的，买回来一用不好，我就又退给他们了。当然他们二话没说就给我换了。后来再买的时候，我就把刀刃拔下来，仔细检查一下，确认好了以后再买。

将来想做什么？我到现在还没想过将来有没有特别想做的事情。因为我盖房子的技术也不一定行。盖一个车库或者小房子的话可能还勉强。

自己的家？老家有我的房子，所以我不用给自己盖住的房子。

我想一直呆在鹡工舍，但也还不太确定。[1]

引头 千叶学

我出生在岩手县的农村，家里是果农。我是在昭和四十年（1965 年）四月十四日出生的，今年二十九岁。

我记得小的时候，家里有一个木匠的工具箱，听大人

---

[1] 松本回到原籍当起了农民，但有时也做些木匠的工作。

们说，从前我家里也是干木匠工作的。我出生的川崎村只有五千人口，是个偏僻的乡下地方。父亲就是农民，家里有很多苹果树。哥哥会继承家业，他已经结婚了，孩子也有了。

我上的是商业高中，那所学校原本是女校，后来改成商业高中了，现在那里还是分商业科、普通科和家政课。我父母劝我念商科，他们觉得那样的话高中毕业容易找工作。因为商科比较实用，哪怕会打算盘也好，所以就没让我上普通科，而是上了商科。但是，你看我这手，又不擅长算盘，资格考试停在二级就再也上不去了，会计资格也是二级。

我上高中的时候，其实最想去的是建筑科。但是我家附近没有这样的学校，如果上的话就要找可以寄宿的学校，可是我家没这个条件。倒不是说家里多穷，但毕竟有九个孩子，我排行老四，家里一直都不是太宽裕。

我上高中的时候因为是作为跑步特长生推荐入学的，所以免收了学费。其实我上高中的时候一直是在排球队，因为长跑队招不上人来，所以就让一些跑得快的人去了那里，参加一些接力赛什么的。高中的老师在我跑的时候看到了，觉得我跑得很快，就来问我愿意不愿意来，给我免学费。这点的确帮了我们。所以初三的时候，在比较早的时间推荐入学这件事就定下来了。原本我还是想去工业高中的，也为此努力了，但是，自己的成绩实在是太不争气了，周围的人也劝我放弃，所以后来就去了那个商科高中。高中的时候，我一直是长跑队的，参加马拉松、接力赛什么的。我们学校的驿站接力赛还是有传统的。虽然没能参加全国高中驿站接力赛的联赛，但在我们县里排名第三。学校也因此汇集了不少跑步的人才，小一点的比赛基本上都能获胜。

我比较擅长山地马拉松赛，这个跟越野赛还不同，在我们岩手那边还是挺流行的。

从商科高中毕业以后我先进了富士通公司。富士通每年都会从很多高中毕业生中录取新生，至少一个，我们学校只录取了我一人。那时候我的学习成绩还可以，在男生中排在最前边。但是女生还是厉害，男生学不过她们。

在富士通公司的时候工资待遇还是不错的，毕竟是大公司。我辞职的时候工资已经是三十万日元[1]了。当时我所在的是生产半导体零部件的工厂，我们是负责出厂前质量检查的。我算是技术工吧。如果不辞职一直干下去的话，估

---

[1] 约合一万八千元人民币。

计能在我们那个科里做个一官半职。我在富士通干了六年，二十四岁那年离开的。那几年没攒什么钱，挣的钱都给家里了。我辞职的时候，父母是反对的，虽然没表现出他们很看重我的工资，但从他们的表情看还是很失落的样子。

辞职以后，我又进了高等技术专门学校的建筑科，重新上学。这个学校有点像那种针对领着失业保险的人的职业训练机构，一边上学还能一边领着失业保险的钱，时间是两年。领到的失业保险的钱还不低呢，比零花钱多不少。每个月能领到十六七万元。因为富士通的工资很高，而失业保险是原工资的百分之六十左右，所以即使失业了也还是有些收入的。

在技能学校，主要是教怎么用凿子、怎么磨工具这样一些简单的技术，就像是跟着一般的木匠师傅学徒的那种感觉。因为我一直想进建筑科学习，所以等于是重新进学校学习。

进那个技能学校的学生基本上都是没有考上高中的孩子，所以就更显得我的成绩还不错。我的作用就是成天跟那些孩子们发火，跟在这里差不多，因为我是最年长的，在这些孩子们看来，我就像一个大叔一样。

从技能学校毕业以后，我去了宫殿木匠菊池师傅那里，是他给我介绍了奈良的小川师父这里。我自己本来也想如果能有机会在奈良这个古建集中的地方工作就好了。跟小川师父通电话以后，师父说："那现在能来就来吧。"然后我就去了。

刚进鵤工舍的时候我还是二十六岁，但没过多久就是我的二十七岁生日。开始先是到栃木县的工房，因为师父说："你不用参加入舍仪式了，直接去栃木的工房吧，虽然你特地到奈良来了，但是工作的现场是在龙之崎那边，你得马上去那边，所以就直接去栃木吧，不用来奈良了。"

刚入舍的时候，我算是见习生。我以为是没有工资的，但是每天竟然还能领四千五百元的津贴。那时候父母对我基本上已经不抱什么希望了，也不管我了。因为他们知道当木匠是我一直的梦想，所以就不再问了，没有反对，可能是"拿我没办法"的心态吧。

跟我一起入舍的是角间君和前田君。角间君是在别的地方已经学了五年徒以后来的。但是我比大家年长很多。按照规矩，刚入门的新人要负责做饭，所以入门两三天以后，我就跟原田君一起开始做饭了。

我做的菜怎么说呢？因为家里是农民，所以我只会炒青菜。早饭是米饭、纳豆还有酱汤。做酱汤，开始的时候大家一定很不习惯，因为我家里都是用前一天的剩菜来煮汤的，所以我做的酱汤总是变成煮烂菜汤，到现在也是。

我在枥木的工房待了大概两周，就到龙之崎正信寺的工地去了。那里已经有很多人了。川室君、原田君、前田君、内田君、藤田君，各个地方的人都汇集来了，全国各地的口音都有。现在，那时候一起干活的人差不多已经走了一半了。

每天干完活，尤其是刚入舍那会儿，有时会跟师父一起喝酒聊天，然后开玩笑。

我在技能学校上学的时候，最开始的两个月教的就是怎么磨工具，我自认为已经学会了磨工具的技能了。但是刚入舍的时候，小川师父说："给我看看你的工具。"我拿给他看，他说："这可不行。"入门不久，当我看到一年前入门的原田君的工具时，心里就想，自己的工具跟他们的有挺大的差距，我的不合格啊。我来的时候，随身带来的是学校老师不要了的工具。因为在学校的时候，我也是挺努力地磨呀磨的，所以就把它们都装进箱子，挺自信地都带来了。后来，看到其他人的工具，我很难为情，都不好意思再拿出来了。原本觉得自己的工具挺锋利的，但是一看原田君的工具，就没话可说了。真难为情。都不用试试锋利的程度，只要一看他的工具，就知道跟自己的完全不一样。

就是磨工具这一项，我到现在做得还不是太好，连我自己也有点想放弃的意思了。磨是能磨到一定的程度，但是再往前走好像就很难进步了。虽然我也很懊悔，但是……

我比大家晚了差不多八年才开始学习，我尽量不去想自己被耽误了等等这些事，因为一想就很难过，比起年轻的师弟们，我这八年好像过得很没有意义，所以我尽量不去这样想。

我在这里的定位？我觉得我好像是他们的老妈妈一样，经常在他们旁边数落他们。但是大家还挺习惯这种关系，虽然有时候也会面露难色。

我喜欢打篮球，加入了现在干活的当地的社区球队，经常参加他们的练习。但是因为我目前的身份还算是在学徒中，所以不能大声地跟人说我在打篮球。而且，即使去打球了，回来再累也照样得去磨工具。这也算是自己给自己的一个小小的压力吧。每周一和周三是篮球训练的日子。

经常有人说我"你小子无论到哪儿都能马上适应那里的环境"，这大概是因为我家里兄弟姐妹多的缘故吧，在人群当中才觉得踏实。加入篮球队的起因，是我去体育用品店买 T 恤的时候，店里的人问我是不是打篮球的，我回答，打是打，但不是经常打，后来就被他们介绍进了篮球队。上中学的时候倒是打过几年，到了职业训练学校以后，在当地社区的球队打过一段时间。职业训练学校里有不少坏小子，我跟他们几乎不交往。我们这些喜欢运动的，中学打过篮球的孩子们会凑到一起打球玩儿。我们这些一起打球的孩子都在自己的社区比赛中获过胜，所以打得还不错呢。隔了这么久，最近又开始打了。三月份从奈良过来，六月份就开始打了。

至于今后的打算。我父母说了，匠人在同一个地方最多也就干十年，那你就不停地换地方各处走吧。在这里干到十年以后，我就到别的地方去。我刚入舍的时候，小川师父说，最少也要五年，但是我自己觉得至少十年才能学得差不多。

当初在富士通公司的时候，因为我们是两班倒的工作作息，不上班的时候我经常去一家木制品的工房，不是去学徒，只是去那里打扫卫生什么的。我不要工资，跟他们约定只要让我打扫卫生就行。我坚持在那里打扫了很长时间，也许正因为有了那段经历，现在我才有可能还留在这里。我想成为好的匠人，再等十年我也愿意。

我没有打算像小川师父这样自己创立公司，而且我也没有能力和信心做到第一，这话听起来有些自卑，但是经常保持做好第二也不错。虽说第二，我也会尽我最大的努力的。如果有谁想当第一，我就默默地到那里去协助他，这样也挺好的。我打算就照这个方向一直走下去。

我在富士通上班的时候就买下了一块土地。因为土地便宜嘛，有六十坪呢，所以我没什么积蓄了。那时候每月还要给家里十万元。

两个月前我开始练习写大字。师父不喜欢我们学这学那的，但是他会说："至少字要写得差不多吧，你小子的字，太丢脸了。"师父这么一说我就开始练习写大字了。

关于西冈师傅的事情，我只在书本上看到过。前不久终于见到本人了，一时还反应不过来。他给我的感觉是"一个和蔼可亲的老爷爷"。[1]

引头 中泽哲治

我出生于昭和四十三年（1968 年）十一月十一日，在

---

[1] 千叶现在在家具厂工作。

东京出生。

今年二十五岁了。父亲在我还很小的时候就去世了，我连他的相貌都不记得。父亲不是木匠。我上的是普通高中里的定时制[1]，晚间部。白天我在一个意大利餐厅打零工。我的同学们基本上都是高中没考上才来上这个定时制的，至少有一半是这种情况吧，其中也有几位阿姨和几个比我们大一点儿的哥哥。我在高中的时候还曾经是空手道的初段呢。我虽然不是问题少年，但也没太认真学习，一般的学生吧。

至于想当宫殿木匠的契机，是因为读了西冈栋梁写的《那些支撑着法隆寺的大树们》。因为里面写了法隆寺的地址，还写了西冈栋梁也住在那附近，我就给法隆寺打电话问西冈栋梁的地址、电话，还给他写了信。栋梁真给我回了信，我就去见他了。那是上高中四年级的时候，十九岁吧。我记得特别清楚，是八月三十一日，我去了西冈栋梁的家。

我跟他说："我想当宫殿木匠。"

他说："我岁数大了，而且来日无多，不再收徒弟了，我给你介绍小川吧。"

---

[1] 定时制：指利用晚上和农闲期间上学的制度，和它相对应的是全日制。

于是我就给小川师父打了电话。

当时，小川师父正在小豆岛的工地上干活，没在家。他让我先去看看药师寺。我一个人就去了药师寺，正赶上鵤工舍的一个叫相川的师兄在。他对我很好，说："回头我给你介绍小川师父吧。"那天我就在工房里看他们干活，还跟他们一起吃了晚饭。晚上再去师父家的时候，看到里边的灯亮了，知道师父已经回来了，相川就把我介绍给小川师父。第二年，我高中一毕业就来了。相川和三轮田师兄负责带我，跟着他们我学会了做饭和磨工具。

我跟母亲说要去当宫殿木匠，立刻遭到了她的反对。她想让我找更稳定的工作，比如像公务员那样虽然很乏味但是稳定的工作。这附近的一些手艺人也都劝我不要干这个，但是我从入门到现在已经干了七年，从没厌倦过，也从没想过放弃。

我在意大利餐厅打零工的时候，看到过一些跟自己一样的，为了自己的梦想正在奋斗的人。他们都很积极努力，我觉得自己也要努力才行。从那时候开始，我就有了要当一个了不起的宫殿木匠的志向，所以在被问到理想是什么的时候，我就回答要当宫殿木匠。法隆寺顶沿的曲线多漂亮啊，我也想建那样的屋顶。

　　我还不觉得我已经能独当一面了，但是我会坚持下去的。不是都说培养一个好的宫殿木匠需要十年的时间吗？每个人的情况不同，我觉得我可能需要更长的时间吧。

　　你说去外边的公司？我们这里跟别的所谓的公司相比，虽然严格的程度大概相同，但是我们这里待人更亲切。我没去过别的地方，对别的地方不是太了解，总之，师父、师兄都不会没完没了地训徒弟。所以，是不是应该到别的地方去感受一下被说和被骂，然后体无完肤地再回来？也许去过别处以后就更能体会到这里的好处了。但是他们什么都不说，也是一种"严厉"吧。不停地训斥是一种严厉，什么都不说也是一种严厉，形式不同，但都是"严厉"。被说和被训斥似乎还相对轻松一些吧，至少知道自己错在哪里了。我们的工作要经常身体力行地搬运木料，实在是不轻松，但是我觉得这种不轻松很重要。

　　常听说从前学徒，会经常挨师父的锤子和脚踹，我是做好了这些准备来的，但是到现在为止还没挨过一次打骂。虽然这些年在干活的过程中也有过小小的失误。

　　将来我也许会独立出去自己单干，像小川师父那样自己经营和管理。但是，如何用人也是需要本领的。说不定在独立之前发现自己连匠人的素质都还不具备，就更别提什么经营管理了。如果自己不是那块料，踏踏实实地做个手艺人，默默地干活就行了。

我不认为想当工匠的没必要上高中。我觉得高中很有必要，因为我在学校和餐馆里认识了很多有意思的人。高中的相遇在人生中是很重要的。如果没有这些相遇，可能我也不会到这里来。因为那时候大家都在谈论梦想和自己的未来，这些都大大地感染了我。

平时休息的时候，我一般也会到工房来。不干活，做点自己想做的。有时候也跟阿研去钓钓鱼，看看电影什么的。刚来的时候，老想出去玩。哪儿都行，就是想出去转转。几乎每个周末都去京都玩，也很想家。现在这些都无所谓了。

女朋友？我现在还没有。我们这儿的人差不多都没有。

我现在最大的梦想就是尽快地成为一个能独当一面的宫殿木匠，然后离开工舍到别处去一下，去看看，然后再回来继续工作。

这几年工舍里进来的新人不少，什么人都有。有的是从心里想当宫殿木匠的，也有的是来看看宫殿木匠到底是干什么的。但是一进来大家都很用心很努力，渐渐地也分不清谁是真想当宫殿木匠，谁是来看看的了。

对新来的人，如果他们来问我，我就会尽我所知地告诉他们。但也会经常气得不得了，然后骂他们一顿。刚来的时候，他们眼里都看不见活，磨磨蹭蹭，也不知道在干什么。因为大家干活的时候都是小跑着的，只有新来的几个慢慢悠悠地走来走去，我就会气不打一处来。前几天我就因为这个实在忍不住了，把其中的一个骂了一顿。他还有点不乐意，晚上回到宿舍也不跟我说话，只跟阿研说话。阿研脾气好，从不骂他们，所以新人都躲着我。这种时候我就会觉得，我不太适合教别人和带徒弟，所以，一般凡是来问我的我才教。

跟西冈栋梁后来就没怎么见过面了。我觉得他很了不起，是像神一般的存在。去年年底见过一次，跟我第一次见他的时候比起来，我觉得他的眼神变得很柔和了，第一次见他的时候还觉得他很严厉，现在变得很亲切。我是因为看了栋梁的文章才走上了这条道路，也算是孙徒弟，所以我要加倍地努力才行。[1]

---

[1] 中泽现在是一名普通的木匠。

引头 飨场公彦

我是昭和四十五年（1970年）十二月十九日出生的，
滋贺县人。女朋友？有，而且还是在朝着结婚的方向交往。
我们在龙之崎工地干活的时候，下班后几个人去酒馆喝酒，
我是在那里认识我女朋友的，那次之后又见了几次面，就
开始交往了。可能是龙之崎的工程时间比较长的缘故吧，
所以才有机会谈恋爱。只有让自己成为那里的人了，才有
时间考虑这些。

我高中上的是工业高中里边的建筑科。我小的时候就
决定了长大以后要当木匠，可能因为父亲也是木匠的缘故
吧。本来上高中的时候我也可以选别的专业，但最终还是
选了建筑科。

我家有四个兄弟姐妹。我上边有一个哥哥，一个姐姐，
下边还有一个妹妹。哥哥当了公司职员，他自己说他干不
了木匠。

我高中快毕业的时候，有两家工务店的人到我们学校
招人，我就进了其中的一家。特别巧的是，那里正好就是
做宫殿木匠的。我在那里干了三年。

那里跟这里一样是寄宿制的，也是从最基础的端茶倒

水开始。上边有六个师兄，我跟他们一起生活还算不错。但是，那边的师父，我不是太喜欢，成天只想着挣钱。后来，我又从别的地方打听了一下，就认识了原来曾经在鵤工舍干过活的建部君,他也是滋贺县人。他的父亲跟我父亲认识。我想那就去建部君那里吧，但是他说他不想招人，就把我推荐到鵤工舍来了。之前，我既不知道小川师父，也不知道西冈栋梁。

　　来之前我听说这里有很多年轻人。正式进来之前，我跑过来参观了几次。我原来干活的工务店用的都是很大的机器，来了这里才发现，只有很少的机器。我当时还想，这么少的机器能干活吗？因为我很想进来，所以师父面试我的时候，我就问了很多问题。但是师父跟我说"这些不是你操心的事"，脸色也很不好看。我心里一直嘀咕这件事，后来就没再问什么了。

　　我进来已经三年了。我是六月份进来的，量市君是七八月进来的，我们一起去了龙之崎的工地。松永是十一月份来的。那一年一共进来了八个人，也走了几个。很幸运的是，我并不是天天做饭。因为新人比较多，所以每个月我只要做一周就可以了。那一周里我会做两次咖喱饭，因为比较简单嘛。我会在前一天就把它们煮出来，一般做两大锅，可以吃两天，所以做两次的话就可以吃四天了。千叶还教会了我做卤煮[1]，所以卤煮我也做。

在之前的那个工务店干活的时候，我算是学会了磨工具和用工具吧。刚进来这里的时候，我被安排在川本的手下干活，经常挨骂。我拿出工具刚用了一下，被他看见了，他马上说："这是什么呀，你都干了三年了，工具还磨成这样，太差了。"被他这么一说，我也很难为情，带着工具来的时候没觉得怎样。

因为之前的工务店没人要求我必须磨工具，干完活就回宿舍睡觉了。六点钟下班，回到宿舍就七点多了。不像这里，那里晚上没人还会去磨工具，大家都在看电视，即使需要磨工具的话也会在白天磨。来到这里以后发现大家都这么认真地磨工具，比之前的地方要多一倍、三倍的时间用在磨工具上。

其实，我还是作为有经验的人录用的呢。但是小川师父跟我说，就当自己是新人，一切都从头开始就行了。所以，我刚来龙之崎的时候，就跟大坚师兄说"我什么都不会"，但是他说："简单的凿呀刨呀这些应该会吧？"

---

[1]　卤煮：日式卤煮是用调料煮大肠和白萝卜等。

　　在这里，什么活都让我上手。在原来的地方虽然干了三年，但是其中两年基本上只管端茶倒水和打扫卫生，到了第三年才让我用那些余下来的木料刨刨凿凿什么的，或者粉饰一下木材的表面，除此以外，几乎什么都没干过。但是来到这里以后，很快就有机会参与了，师父、师兄给我木料，说"干这个"、"把这个处理一下"。我当时还有点蒙呢，明知不能不做、不能拒绝，但心里又没底气。

　　说实话，起初还是挺紧张的，总担心一不留神锯多了怎么办。我最怕的就是圆锯，一旦锯下去了，就无法挽回了。

　　至于说到哪边更严厉，我觉得还是前边的工务店更严厉。首先上下级的关系就不一样。师父偶尔才会来一下工房，说"把工具给我"，然后比划两下，再说一句"这么干就行了"，有时说几句蛊惑人心的话就走了。即使这样，我们在底下还是觉得应该好好干，也不知道那是一种什么心态。

　　来到鵤工舍以后，发现小川师父什么都不说，想让他多说几句他就是不说。我相信他是在默默地看着我们，但是心里老觉得很不安，有时候真想听他说点什么，可他就是不说，就像什么都没看见似的。

　　我自己其实还什么都不会呢，他却给我定了"引头"这个头衔，还让我带手下。我总觉得这不合适，按照顺序的话，应该是我自己先掌握了以后再教下边的，可我们这儿是自己边学，还要一边教下边的。

刚来的时候，我很震惊，大家在一起的气氛很和谐融洽，因为原来的地方上下级的关系很严格，我们事事都要想在师兄前边，要帮他做好一切准备。中午休息的时候要把所有工具的位置都记牢，师兄一说"把拔钉子的工具拿来！"，"是！"地应声，随后马上就得送到他手上，否则他就要开骂了："你小子干吗呢？！"但是这里就没有这些，自己需要什么工具就自己去准备，上下级的关系也几乎没有。

因为上边的人都不发火，我怎么好意思发火呢？如果我对下边发火的话，估计上边的师兄们该对我发火了。有时候看着底下的人慢慢悠悠地干活我就着急，气得后槽牙发痒。大坚师兄和角间师兄太有耐心了，如果我是他们的话，一定会破口大骂的，但是他们从不生气，也不着急。这是一种力量和气度吧。

在我们这里发过火的可能只有千叶一个人，我也经常被他骂。我的地位应该是在千叶和底下的徒弟们之间，所以一起干活的时候，他会说我，基本上都是说我。但是我倒是喜欢被说，我觉得那样比什么都不说更痛快。

刚进来的时候，我每天的津贴是五千日元。现在是七千五百元。前几天的入舍仪式师父叫我也参加，说实话，我很激动。刚进来的时候都是从"连"开始的，升为引头之前师父什么都没说，过了年，工房的墙上就贴出了新的分配，我自己都不知道自己升为引头了。但是，我知道自己要想成为一个真正的宫殿木匠，还需要很长的时间。开始的时候，我说过，如果我能成为一个宫殿木匠，那我就回家跟父亲一起做。

但是师父说："你小子回家也什么都不会有的。你好好在我们这儿干，我会给你很多机会的。"我很感激师父，也觉得能一直在这儿干也挺好，不打算再到别的地方去修炼了。

今后我会跟着大坚、角间几个师兄，一个一个阶段慢慢地锻炼，成长到也能让师父把现场交给我，我也要成为像大坚他们那样的人。

结婚的时间吗？我想等到那一天，我说的是当了栋梁的那一天，我才结婚呢。我希望她能等着我，当然我不会让她等很久的。我想这个夏天的盂兰盆节带着女朋友回家见见父母。之前我刚跟父亲一说，他马上说："你还是学徒的身份，不要想得那么简单。现在只能想跟木匠有关的事情。"

我今年二十四岁，女朋友二十二岁。我要争取在我二十七八岁的时候有所成就。我们心里都清楚，如果不能成为一个很棒的木匠，那我们今后的生活也无法保障。结婚以后我希望生三四个孩子。我喜欢孩子。如果孩子愿意，我也会让他当木匠的。我觉得我们这个工作比起一般的公司职员要好很多，可以一直做很久，同时建好一个建筑以后很有成就感，多好啊。我觉得我能来这里真的很幸运，在工务店一起干活的朋友们都很羡慕我。

最终的理想？我想还是要有自己的工房。我努力干活，尽可能地成为像师父那样的人。不过，干活的场所，无论是在鵤工舍，还是自己将来的工房，我都要按照自己的方式去做。[1]

长 原田胜

我是昭和四十七年（1972年）五月三日在鹿儿岛出生的。

我父亲也是木匠。我还没想好将来要不要回家跟父亲一起干，也没想好是不是留在鵤工舍，但是我想一直做建造寺庙神社的工作。

---

[1] 飨场现在依然是宫殿木匠。

我上的是我们当地普通的高中，普通科，我的学习成绩不好，在班级里排名都是在倒数五名里边的。我不明白为什么要学习，我觉得玩儿更快乐。我能毕业完全是因为跟老师们的关系还不错。老师说帮他家除草就给我学分，我就去。学校里的各种活动我都积极参加，所以老师们比较照顾我。

我没想过自己将来要当木匠。小时候，我父亲常说让我长大以后去当木匠。一般来说，我肯定会非常抵触，抗拒家长的决定，因为不喜欢被别人决定自己的人生。但是小时候父亲总带着我去他干活的工地，看他们怎么干活，所以上高中的时候，我想来想去好像也没什么特别喜欢的事情，觉得建筑方面的工作也不错。到了上高三的时候，我越来越觉得木匠的工作不错了。

因为之前没太认真地考虑过这个事情，上高中的时候，是考大学还是找工作，各占了一半的心思。我虽然从小一直踢足球，但是体力并不是太好，上了中学以后身体才强壮一些了。跟我同校的学弟现在都有在国家队踢球的呢，现在在国家队踢球的前园跟我就是一个中学的。看到他那样有才能的人，就会感到自己还是跟他不太一样啊。所以，还是选择别的出路吧。不过，前园的确与众不同。

当木匠这件事我并没有跟父母商量过，是跟学校老师商量以后决定的。跟好几个老师商量过，我告诉他们："我想毕业以后去干跟建筑有关的工作，不想学习了。"

其中一个班的体育老师说："你听说过宫殿木匠吗？"我说："听说过，但是不太了解。"

那位老师就说："我帮你问问。"老师夫人的哥哥正好是文化厅的，他帮忙问的结果是，那家工房不需要人，于是就给我推荐了鵤工舍。老师还替我打了电话，我也有小川师父的电话，所以我自己也打了。小川师父说让我先到奈良来。但是当时正赶上台风来了，我说暂时去不了。师父又说，那你可以到东京的工地来看看。我当时也正想去东京呢，所以就去了。看了他们建的建筑，哎呀，他们建的寺庙真了不起啊。那时候正好是放暑假之前。

我住在上野的颐神院，赶上第二天就是上梁仪式。仪式的前夜，小川师父说："走，喝一杯去吧。"我们就一起去喝了酒。不知道为什么感觉特别愉快。第二天我去了奈良，因为师父说："去奈良看看吧。"

我原以为去了奈良，师父会给我看很多有意思的东西。但是到奈良的当天，因为已经是晚上了，所以师父说："你先到宿舍去吧，这边饭做好了叫你。"这一天就这么过去了。

我以为第二天师父可能会让我看看工房什么的，结果，师父却说："你随便吧，没事就回家吧。"那时候，奈良的宿舍什么人也没有，只有师母自己。

我跟师母说："我是从鹿儿岛来的原田，这次是来看看的。"师母说："你不是已经入门了吗？"但其实我当时还没有最后决定呢，可又一想，就这样吧，进来就进来了，所以就这么进了工舍。

我的高中同学里除了我，没有人当木匠。学校教研室的门口贴着一张纸，上面写着每一个毕业生的出路。我的那一栏写着"宫殿木匠 原田"。有一个同学问我："宫殿木匠？哪个大学的？"我跟他说："你看我是上大学的料吗？"他又说："上边不是写着宫殿木匠吗？"我就说："其实就是木匠。""哦，原来是这样啊。"大家对宫殿木匠这个职业还不是太了解，加上鹿儿岛的寺庙又不是太多。

高中三年我没交过女朋友，一直没有。高中一毕业，三月二十六日毕业典礼一结束，我就离开了鹿儿岛。我一鼓作气地想要干出点名堂来。

我刚入门的时候好像有松本师兄在，还有北村师兄。北村师兄一直很关照我，我是他带出来的。

入门以后，做饭做了一年多吧？不，好像是两年。等到前田世贵他们进来以后我才不用做了。我做的饭我自己觉得还不错，大家也觉得不错，但也有人不满意。我常做的菜没有具体的名字，有炒的、烤的和煮的。每天去超市买食材的时候，不是按照想做的菜做，而是图便宜，只要是便宜的就会一下子买很多回来，如果想好了做什么去买食材的话，不一定能赶上便宜的菜。食材买回来先放冰箱里。每天做饭的时候，打开冰箱，看到这些食材然后开始想"好，今天做这个"。所以，我做的菜都叫不上来具体的名称，又像是煮的，又像是烧的，叫什么并不重要，大家饿了，吃什么都香。

我们一起进来的一共四个人，壹岐和川室，这两个人是大学毕业生，现在已经离开了。走之前也没跟我说过，我们关系还不错，所以有些遗憾。但是离开是他们自己决定的，倒是跟我也没关系。

这里的大家都很随和，对人很好。但是，我们的工作需要自己去领悟的部分很多，今后的路还是得自己走。自己想多干就多干，想睡觉也没人管你。说白了，我们是一介白丁，什么都不会，只能积极努力地干活。只要付出努力了，终有一天会成为有用的人吧。因为自己不够好，所以就只能努力干活。我从没想过离开这里，因为离开这里我什么都不是。

我刚进来的时候松本师兄还在，我觉得他很奇特，心想这人真有趣。但就是这个奇特的人，教了我很多东西。我自己其实不是太喜欢问别人，有时候实在不明白的就去问大坚师兄，问完了又后悔，总之，就是不喜欢开口问别人。

我喜欢工具，所以买了很多。买的第一件应该是磨刀石吧。估计我是工舍里买工具买得比较多的人。其实大家也都买，但是大家都买什么我不太清楚，我从不跟大家一起去买。因为如果碰到天然石做的磨刀石或天然木制的木柄，而店里又只有一个的时候，我们就该争了。遇到自己特别喜欢的工具是不会让给别人的，因为工具要用一辈子嘛。所以，为了避免这样的争执，我一般不跟大家一起去。

我磨工具的技术现在还不能说太好，我想磨得更好。

跟西冈师傅没说过话，但是入舍仪式的时候师父带我去过他的家，那时候我刚进来，特别紧张。西冈栋梁跟我说了什么我都不太记得了，但是有一句话我一直记着："你的灵魂就在你手里的工具上，在刃部的前端上。"

我听到他说这个话的时候深深地被震住了。"自己的灵魂在刃部的前端"，也就是说如果不倾尽全力努力认真地去做的话，自己都不好意思。我觉得自己的进步太慢了，总担心自己到底还能不能进步。我从来不跟别人比，因为我觉得我并不比别人笨。但是，这里的大家也很了不起。

我参与建造的现场有三个，还给我们工舍的其他很多工地帮过忙。入舍四年，建造工程上各阶段的活计几乎都参与过了，但是从头到尾连贯地跟下来的还没有。

我的活计好不好？这个我自己不好说。我想只要坚持不懈，就会越做越好吧。最近就觉得干活越来越有意思了。我现在在龙之崎的工地，大坚是我们的栋梁。他负责安排工作内容，实际干活的是我们这些手下。我们什么都得做。"这个我不行"、"那个我不会"，我不那么想。虽然要花费点时间，但是我们有自信把它做好。虽然我们的底气并不足，因为才来了四年嘛，但是如果没有自信的话那就什么都不敢干，也干不好，要自己给自己打气。

对于将来的事情，我还没有考虑过。当然希望自己能早一天成为栋梁，但是前边还有好几层台阶呢。我现在才是"长"，接下来还有"引头"、"大工"好几个阶段呢。我还是有竞争意识的。大家在一起做一件事情，我是不甘于落后的。对于一起进来的人和师兄们也不例外，如果他们超过我了，我会很懊悔。

最让我佩服的人是师父、大坚师兄和角间师兄。对于其他人，我觉得只要努努力还是能赶上他们的。刚来的第一年、第二年，老是争着往前赶，还跟大家发生过争执，埋怨过别人不好。现在这些都没有了，不再用嘴说，而是用实干来一比高低。我们这个比，不是比磨工具，是在真干活上比。干活的时候我是很在意的。

从前我有过很多梦想，现在没什么了。没来这里之前我是充满了梦想的，那时候把它们都写下来就好了。要说现在的梦想是什么，没别的，就是想自己能独立完成一座寺庙的建设。

我也很想像师父那样从设计到施工，什么都行，但是我又不想操心钱的事情。既然当了手艺人，那就彻底像个手艺人也挺好的。当然，我还是想成为栋梁。栋梁到底是什么呢，需要照顾所有人吗，是老大的意思？当老大也不赖啊，有时候看着师父就觉得当老大也挺不错的。

我不想回老家帮忙。虽然父亲希望我回家帮他，但是我跟他说了"我不回去"。有朝一日，即使离开了鵤工舍，也还是会再到别的地方去学习。在我还没成为一个合格的工匠之前，我想一直学习。

前不久师父问我们："有人想去菊池那里学习吗？"我当时举手了。其实我并不太了解菊池师傅的事情，据师父介绍，他是个了不起的木匠，从开始准备木料到上梁只需要三个月的时间，所以我觉得他一定是个很棒的工匠。

去年年底的忘年会？我不太想回忆。

当我从西冈栋梁手中接过他的赠言的时候，我控制不了自己了，哭得一塌糊涂。也没有什么具体的原因，不知道为什么就控制不住地哭起来了，应该是被西冈栋梁感动的，因为他对于我们来说就像神一样的。

松永君的入舍仪式栋梁没来参加，结束后师父让给栋梁打电话汇报一下，师父先说了几句以后，就让我们也来跟栋梁说几句，新入舍的那两个人已经紧张得不行了，我就接过了电话"啊，啊，您好"。师父在旁边说，有什么想问栋梁的就问吧。

于是我就问了："您知道宇宙到底有多大吗？"西冈栋梁说："你不用考虑那些事情，那些都跟你没关系，你只想怎么能把这些技术学到手就行了。其后再去想宇宙的广大，那是大自然的事情。你们也是大自然当中的一员。"栋梁跟我说了很多，很认真。这让我觉得很不好意思，为自己提的问题后悔。但是能跟栋梁说话，我很高兴。

想跟师父说的话？我没有什么特别想跟小川师父说的话。他能来工地看看我们，我就很高兴。我们这里从来没人发火，也从不挨骂，有时候都不知道自己到底在干什么。

这样正常吗？在我们这里，大堅师兄本来就不怎么说话吧，北村师兄也不说话。有时候，自己干活觉得没有自信了，就会跟大家说说。

我觉得我们工舍很了不起，不可思议，因为我们居然能盖起一座寺庙。当然，干活的过程中也有失败的时候，失败了再返工，因为失败是成功的基础，其实失败了反而能学会更多，反倒是一下子就成功了会错过很多经验。这个过程很有意思。我会继续努力，也请您转告小川师父。[1]

长 藤田大

我是昭和四十七年（1972 年）八月二十七日出生的，神户人，入舍刚三年。

高中上的是普通高中，在学校的成绩中等。我的同学在我看来都跟我一样，傻乎乎的。上学的时候我一直在剑道部，还是二段呢。我的性格也没什么特别的，就是一个普通的人，也不是那种调皮捣蛋的。也许别人不这么认为，

---

[1] 原田现为建民宅的木匠。

但是我没觉得自己是坏孩子。我们不是那种瞎胡来的，应该属于健康地干着自己喜欢的事情的人。但是我父亲不这么认为，他是公务员，很严厉。我母亲是保健员，还有一个姐姐。

我曾经的理想是当木匠或者建筑师，因为我对建筑感兴趣，不光是寺庙，我对所有的建筑都感兴趣。当初我是想去上大学的，学建筑。但是建筑系很难考，于是就想到去考理科吧。其实理科也没那么简单，所以最终决定去考文科。又想找找看有没有从文科转到建筑系的，还真被我找到了。但是自己的脑子跟不上，就索性放弃了。正在我不知该如何是好的时候，父亲给了我一本书，叫《向树学习》，正是西冈栋梁的书。那应该是我第一次认真地读书吧，之前都没怎么好好看过书。

看那本书，觉得非常有意思，当时就想我要是也能做那样的事情就好了。后来就给栋梁写信，告诉他："我想学古建。"不久就收到了栋梁的回信："我现在已经不干了。"给我介绍了小川师父。我又给小川师父写了信。

暑假的时候我来奈良参观，看了他们干活以后更觉得了不起了。因为当时正在暑假期间，想先去试几天再说。第一次去的时候是父亲和姐姐跟我一起去的，他们看了以后也觉得很了不起。当时北村师兄正在加工虹梁。看了那个，我觉得太神奇了。

高中一毕业我立刻就来了。那时候奈良工房里有北村师兄、松永师兄和建部师兄。川本已经走了，还有几个新人，所以做饭就是我们几个轮流着干。我最拿手的是咖喱和牛肉烧土豆。没人教过我，是我自己琢磨着做的。

我跟父亲说我要当宫殿木匠，他很担心，觉得我不行。因为我小时候得过哮喘，还经常因此住院，需要常年服药，现在也在服药，所以他很担心我的身体不能适应。

入舍仪式的时候，师父送给我们每人一套工具。当时正赶上工舍最忙的时期，所以我们一入门就开始干活，干了很多工作。我觉得我很幸运。

从入门那年的十月开始，我就跟着松本师兄一起去岐阜给高崎师兄帮忙了，一个月以后，阿胜和阿哲也过来了。

松本师兄是个不可思议的人，一开始就让我吃了一惊。我来的时候是三月二十五日，那天正赶上药师寺三藏院的落成典礼，师父也让我参加了。那天宿舍里没做饭，大家跟师父一起去外边吃。晚上我们出门去吃饭的时候，只有松本师兄一人留在宿舍里，那天我也住在宿舍里了。第二天一早，我起床以后，看到他在吃白开水泡米饭，不是茶泡饭。他只用白开水泡了就吃了，吃完以后，说了一句"老子吃这个就很好了"。我觉得他很神奇，怎么会吃那样的东西呢？但是后来习惯了也就不觉得什么了。

我来了以后先是跟着已经走了的川本师兄一起干活，他负责教我。前三个月一直在做刻工。他总是对我发火。我去现场，什么都还没弄明白，他就骂我。川本是真的爱发火。所以，吃午饭就只有我们两个人的时候，我们完全不说话。我对他产生了恐惧的心理，也不能开玩笑，所以我就干脆不说话。时间一长，身体倒是没觉得怎么样，但精神受不了，太疲惫了。干完活我们从工地开车回宿舍，他开车，我坐旁边。路上，我脑子里想着不能睡、不能睡，但还是不知不觉地就睡着了，接着就会挨他的骂："你小子，干了什么了不起的事吗？不开车，还好意思睡觉吗？"被他一骂，我立刻就醒了。

我想过离开这里，那是入舍一年的时候吧。我真回家了。我喜欢工作，喜欢干活，但是这里的气氛和人际关系，我实在受不了。我反省自己是不是有什么问题。我想了很多，想得很细，我觉得再这样下去我自己也快不行了。父亲有很多朋友，其中有一个是精神科医生。因为我觉得自己很奇怪，所以就去了那个朋友的医院，却受到了他的表扬，才知道原来我并没有什么问题，也没有病，这样一想，就觉得轻松了很多。但还是犹豫是回去呢，还是就这么离开。

我到底想干什么自己也不太清楚，好像头绪很多，还想去做家具的公司。因为那段时间我对做家具也很感兴趣，所以，就想干脆辞掉鹐工舍去干别的算了。在家住了二十几天，小川师父什么都没说。给他打电话，他说你想那么长时间也没用，三天之内赶快决定。结果，我还是回去了。回去以后也苦恼了很久，想了很多。直到去年，我的心绪才开始朝着木匠的方向基本上定下来了。这当中用了差不多三年的时间。

我很少在师父面前说自己的事情，有时候我就想，师父到底是怎么看我的呢？可又一想，这些有什么用呢，还是先做好自己再说吧。

我的工资之前都用在买工具上了。最近手工的工具已经买得差不多了，不想再买那么多了。之前买工具花了很多钱。

我磨工具的技术一般。我觉得量市很棒，一看他的工具就知道，锃光瓦亮。大家下工以后都去磨工具，磨到很晚。我只有想起来了才会去磨，有时看看电视、洗洗澡、看看漫画书，就是没干正经事。

以后？我想在鹐工舍干到三十岁，得到那个二宫金次郎的塑像就离开吧。但也想一直在师父手下干,在鵤工舍干,我觉得也不错。即便是离开这里,我也不想完全离开鵤工舍,因为喜欢这里。虽说是自己干,但还是大家一起干的这种感觉更好。我听说还有木匠工务店和藤田工务店,我也想有机会去那里锻炼一下。

女朋友? 有,是去年认识的,今年五月才开始交往。前些日子我带她见了我父母。父母没什么好脸色,也没有坚决反对,他们让我自己决定。现在结婚还不行,我自己也没有积蓄。没有积蓄我也不觉得怎样,即使现在结了婚其实也没什么,结了婚我也依然可以到处去看,去学习。她说愿意跟着我。

我很笨,要学的东西还很多。之前我一直都在给师兄们帮忙,所以,说是干活,但充其量也就是做做装饰板,都是些不太动脑子的手快的简单活计。师兄们让我做什么,我就做什么,几乎都是打下手。全局的事情还完全不知道。对于自己将来能不能成为一个合格的木匠,能不能独立建造一个寺庙,这些我都不确信,也没顾得上考虑,还需要很多时间吧。

不光我这么想,其他人也都这么认为吧。但是,量市真不简单,刻工的时候他一直在画,用图表纸画尺寸、画线,每晚都在画。看到他那样我就想，自己也该加油，可是自己总做不到。之前我心绪动摇的时候，大家都是很坚定的。我要更加努力才对。

西冈栋梁？他很了不起。我入这行就是因为看了栋梁的书。我来评价像他这样的人是很惭愧的，他的确是伟大的人，我觉得他的面相也很好。我认识的剑道老师也是这样的人，现在已经八十岁了，练习剑道的时候他还是很刚直不屈，但是平时不练的时候他是个连走路都不稳的老人。西冈栋梁从没练过写字，但是他的字很好看。去年的忘年会上，他给我们每个人写了赠言，因为有他这样的人，才会有我们。[1]

长 吉田朋矢

我是昭和四十七年（1972年）七月四日出生的。我是北海道石狩町的人。父亲是开搅拌机的司机，亲戚当中也没有人是木匠。

---

[1] 藤田现仍为宫殿木匠，且他的儿子于2016年入鵤工舍开始学徒。

　　我上学的时候属于比较笨的那种学生，学习成绩基本上是在二左右。老师还算照顾我，没给一。我最拿手的科目应该是美术，都在五左右。我上的高中是普通高中里倒数第二、第三的学校。上学的时候也没怎么好好学习过。我参加了学校的柔道俱乐部，是黑带初段的水平，算是运动员级别吧，其实也不是很强。大家说我的胳膊很强壮，但是我觉得我力气还不够，掰手腕在我们工舍都是倒数第二三名。

　　高中毕业后干了什么？来这里之前，我辗转了很多地方。因为喜欢画画，一开始想去画电影海报。札幌市内有几家电影院，都挂着电影海报，我想那就去画海报吧。找到画海报的工作坊，跟师傅说请他收我为徒。师傅却说："你再好好考虑一下再说吧。"

　　这是十月份的事，到了十二月我又去了，看了看那里的一些海报，我忽然感到，我虽然喜欢画画，但要让我整天待在这么昏暗的小屋里不停地画，而且所谓的工作坊，无非也就是老师傅一个人在公寓楼的一层借了一个房间作为工作室，在那里画画而已。于是我想再找找别的看看。

　　我喜欢大自然，觉得如果能在大自然中工作就好了。我之前读过一本名叫《与木为生》的书，那上边还有相关公司招聘的广告，这个正合我意。于是我就去了群马县一个叫"马天"的建造木屋的公司。那里是预定制的木屋制造厂商，一共就三十几个员工，群马本部有二十几个，其余的人分散在全国各地。刚开始，我参与建造的是三连栋的别墅，建了两个三连栋的，还有一个是四间的，我都是作为助手去帮忙。工作的内容很多，我干的都是一些比较简单的工序。在那里干了一年，我就让自己毕业了。

其中一个最大的理由，是我看了西冈栋梁写的《向树学习》那本书。我很感动，没想到竟然还有人会这么认真地对待树，还有人能建造木结构的建筑。我也想做这样的事，而且，如果要做的话就越快越好，所以我想离开当时的公司。

在《斑鸠工匠·三代御用木匠》一书里边有栋梁的地址，我就给他写了信。我当时就感觉栋梁已经不可能再亲自带徒弟了，就请他帮我介绍他的徒弟。过了两三天，他就回信了，把小川师父的地址告诉了我。我又给小川师父写了信。过了些时候，好像是一个周日，我接到了小川师父的电话，他说："你现在就可以来。"当时已经是下午三点多了，我马上查了时刻表，那边公司的师兄把我送到车站，我就上路了。

见面后小川师父跟我说："我们这里的工作可不简单

啊,你要不要再好好考虑一下?"我当时就决定要来这里了,于是回"马天"公司跟社长请了辞。社长也很赞成。

第二年的四月我就来工舍正式入门了,赶上正信寺这个工程马上就要开工。千叶君是在我前一天进来的。我做饭做了一年吧。我来的那一年进来的人还真不少呢,所以按照先后顺序,新人每人一周轮流着做,没觉得辛苦。一起入舍的有千叶、世贵还有量市,也有一两个中途离开的,一共有四五个人吧。

至于做饭嘛,米饭是用电饭煲,只要一按按键就不用管了对吧。菜嘛,我做的菜还是不错的,什么都能做,做过很多呢。通常是前一天就准备好材料,我做的咖喱虽然也是放买来的咖喱酱块,但是大家还是挺喜欢的,而且还很期待。我会放很多有营养的食材。

至于是不是一辈子都做跟宫殿木匠有关的工作,我也说不好。现在还不想考虑,也没办法考虑,只是漠然地想想而已。我也想过,如果干木匠的话,过几年回北海道老家,去盖民宅也不错。其实我不是太喜欢寺庙,连看都不太喜欢看。

我曾经提出来过从鵤工舍辞职,只有那么一次。那时我想也许还有更适合我的工作,租个房子,一个人生活,然后全国各处走走,于是就辞了鵤工舍,但是把行李先放在舍里了。想到东京去租个房子，因为我的学长在东京，他租的公寓很便宜，是直接跟房东租的。但是我要租的时候，房东却非要通过中介，到了中介那里，人家说不租给没有固定工作的人，所以就没租成。当天又从东京返回舍里了，跟师父说："还是让我接着干吧。"师父说："真拿你没办法。"之后我们都没再提过辞职的事。

什么时候提出的辞职？当时师父并没有阻拦我，只"噢"了这么一句。那还是在入门的第一年，我还在做饭的时期呢。从东京回来以后又跟从前一样接着干。

现在？我觉得我们的工作很有意思。

第一次参加的工作？我第一次参加实地现场的工作时，也不知道自己具体的工作是什么，看着大家干的，琢磨琢磨自己该干的，看着模型，想象着最终要建成这样的建筑，但是我还不太会安排工作的顺序。

休息日干什么？我喜欢骑着摩托车出去走走，要不就是去工地看看，或者看看书。前些天我去牧场骑马了。暑假的时候我打算休息几天，想去环北海道骑行。

我现在没有女朋友。以前倒是交往过。

我也想将来自己能独立做事。我来到鵤工舍很享受这种当宫殿木匠的感觉，也很想看到自己参与建造的作品。

但是现在想想觉得之前的那份木屋的工作也不错。虽然手艺上的进步还很慢，但是现在工作越来越有意思，越来越愉快了。[1]

连 前田世贵

我是昭和四十九年（1974 年）二月二十七日出生的。我是奈良县田原本町人。我家里虽然不是木匠，但是干室内装修的，包括室内设计、壁纸以及窗帘。

高中我选择去上建筑科是因为想当木匠。我从小就想当木匠。不只是木匠，只要跟手艺有关的都行，比如陶艺师也行。

最后确定了当木匠是因为看了介绍西冈栋梁的电视片。我觉得宫殿木匠很好。

本来初中一毕业我就不想上高中，想立刻就去学徒。苦恼了很久，父母一定要我去读了高中再去。我是觉得初中毕业去更好，但最终还是服从父母去读了高中。

---

[1] 吉田现为普通公司职员。

144

我家里是四兄弟，我排行老三。老大大学毕业，现在是公司职员，老二从中专毕业以后接了家里的班，最小的弟弟还在念高中，打算考大学。我们四兄弟中初中一毕业就想立刻去当匠人的只有我一个人。

因为当时上高中还是比较普遍，中学毕业就找工作的人基本上没有。我学习成绩不是太好，就这样上高中的话也没意思，那还不如早一点去学点手艺呢。我说自己成绩不好，但也不是特别差。

高中进了建筑科以后，学会了画图纸和做模型，因为觉得这些以后当木匠的时候会有用。当时是这样想的，但现在看来其实也没什么用。

高中的时候我是登山部的，准确地说是被登山部的人骗进去的。全国联赛的时候我们学校在我们县获得了团体冠军。说是爬山，其实就像是跑步一样，每次出行还要画气象图和查阅关于那座山的知识。我们学校的学生脑子都笨，但是身体都很健壮。如果比体力的话我们应该是第一的。

但是我的体力不是那时候练出来的，是来到这儿以后。师父总说我瘦得跟豆芽菜似的，我就拼命锻炼身体。

以前我只知道西冈栋梁，不知道鵤工舍。问了很多人，才知道了小川师父。然后我在电话簿上查了鵤工舍的电话，但我不擅长打电话，觉得实际见面说比较好，就找到他家去了。先是在法隆寺周围找，因为听说他们的工房就在那附近，就在那附近找，但是没找到，就在法隆寺前边的公共电话亭给师父打了电话。

当时接电话的是量市，他告诉我："他现在没在，晚上回来。"我就先回家了，晚上又打电话还是说没在。过了几天，才终于联系上了，我跟他说希望能让我看看他们的工房。我去参观的那天，北村师兄在，还有原田师兄、松本师兄，另外还有现在已经离开了的壹岐，当时也在。我去的时候是二月，高三那年。进工舍倒是也没什么担心。

最初是在奈良的工房干活。宿舍重新建好以后，跟我同期进来的新人就一起住进了新的宿舍。现在，跟我同期进来的几乎都不在了。枥木工舍那边，千叶和吉田也同时入舍了。

因为我们一起进来的人多，所以做饭这件事就是新人轮流着干。大家的水平都差不多，都不太好，反正就是炒来炒去的。炒青菜最多吧，看起来好像种类不少，但是换汤不换药，也就是里边蔬菜的种类换换而已。不是炒豆芽菜，就是炒圆白菜。

我还特地买了做菜的书，但应该也没什么改善，经常因为"酱汤太淡了"或者"太浓了"这些小事争吵。原田师兄从来不会提这方面的问题，菜做好了以后，他自己会调味，撒点七味辣椒粉、胡椒粉呀什么的……

我自从入舍以来还从没想过要离开的事。当然也有过苦恼，也跟周围的人商量过。所谓的苦恼也就是"这样下去我能成为合格的木匠吗？"、"我不敢一对一地面对师父"这样的问题。

在奈良干活的那两周里，我每天的工作就是磨工具。松本师兄告诉了我磨工具的技巧，我刚来的时候他特别认真地告诉我，磨的时候用的是磨刀石的哪个部位，要从头到尾，还有力气怎么用，这些他都告诉了我。

松本师兄？我觉得他很了不起，特别率直，虽然我无法用语言来说明他的性格。现在，我磨工具的功夫比刚来的时候有了不小的进步，每天晚上还跟新来的人一起磨。

将来的打算？如果我真的成了一名合格的木匠，也许会考虑独立出去自己单干。但这只是个愿望而已，也想能有机会到别的地方去干干，不要一直在我师父的手下。我不想建民宅，如果可以的话想一直都做宫殿木匠。师父说了，十年可以练成一个合格的工匠，我觉得也是这样的。

刚来的时候真是什么都不会，一年前开始感觉工作有意思了。

我的工具？现在我手里的工具还不太全，有时候也想买喜欢的衣服，不怎么买 CD 这些东西，因为我有不少 CD，只是没时间听。

周日休息的时候我一般会出去转转，看看电影，有时跟大坚师兄去看看工具。

要问我们工舍谁的工具磨得最好？我觉得大家都不错，大坚师兄那自然不用说，是最好的。原田师兄也不错，量市也好。大家都挺好的。

高中毕业后，我就没怎么跟高中或中学的同学见过面，就是过年回家的时候偶尔跟大家见见。我跟他们说我干宫殿木匠，他们都觉得不可思议，问我能挣多少钱，听说几乎没有休息日，就劝我赶紧辞掉这样的地方。

我现在的工资是每月十三万日元,每天的津贴是六千日元。

我现在跟量市一个房间。我们偶尔也会聊一些工作上的事情，但基本上都是无聊的话题，比如每天都干了什么。

和师父的儿子住一起感觉有什么不同？ 刚开始的时候，觉得有点别扭。量市可能也有点别扭吧？但也未必，他就是那样的性格，不是太在意。

竞争心？估计大家在心里都有些竞争的心理。

我还没有女朋友，但是我希望在三十岁之前结婚。

如果有一天自己独立了，我还是想留在奈良。等到有一天自己成熟了，最先想做的就是建一座塔。

我从小练过书法，中学的时候是五段，高中时换老师，把我弄到成人部去了。现在我有时在宿舍里还会写。原田师兄最热心于写大字了。千叶师兄也比较喜欢，他现在还去外边学习呢。从我们这里下坡过去就有一家书法教室，他好像就去那里学习呢。但是这种学习，我觉得不行，因为充其量就是看着范本照着写，进步慢。

怎么对别人说我的工作？最初我不好意思说自己是宫殿木匠，因为才刚刚开始，我只说是干木匠的。问得多了，我再说是盖寺庙的宫殿木匠。

我以我现在的工作为荣。[1]

连 小川量市

我是昭和五十一年（1976年）三月七日在奈良出生的，

---

[1] 前田日后与小川三夫的女儿结婚，作为鵤工舍奈良工房的责任人，也作为小川的接班人，担负起了鵤工舍下一个时代的传承。

小川量市

小川三夫与儿子小川量市

小川三夫的长子。

我从一入门就到龙之崎这里来了，到今年的七月份整整两年了。我的高中同学们应该是今年三月份就毕业了吧，他们也都该工作了。因为我一直在这边，所以跟从前的朋友只有在过年的时候回奈良才见得到。

常有人说我从初中开始就是不良少年，但我觉得我不是，只是走了跟一般人不一样的路而已。因为我没怎么打架斗殴，如果非要说我干了什么坏事的话，那也许就是抽过大麻这件事。我退学的原因也不是别的，是因为上学没意思。

我本来想从初中一出来就去当木匠的。后来去西冈栋梁家说起这件事的时候，栋梁让我还是先去上高中。那时候，我也没有什么想去的地方，与其去不想上的高中，还不如早点去当木匠。但是，毕竟年龄还小，还想再多玩玩，但是当木匠的确是我从小的梦想。刚上初中的时候，我就想，如果有一天我当木匠的话，我就跟着大竖哥。

你问我从什么时候开始混的？那叫混吗？上初三的时候，也许更早吧，我父母经常被请到学校去。一般都是我母亲去，父亲有时候也一起去。

吸大麻？那是很偶然的，因为吸了以后觉得很舒服。

后遗症？后遗症当然还是有的，戒了以后很难受。吸的时候漏到身上，还把胸前烧伤了，挺严重的。伤疤现在已经不太明显了。

我母亲一直都想让我上高中。我退学是因为学校实在太无聊，即便是吸了大麻也觉得无聊。我常常一个人坐在公园的椅子上发呆，越想越觉得无聊。那时候，正好父亲说要去龙之崎，问我去不去，我就跟着去了，也没想那么多。

来的时候我只带了被子和一些简单的东西，衬衫和一些换洗的衣服。把耳环也摘了，半年前开始就没再染头发。

师父对于我的变化怎么说？师父说我一下子变成了好孩子有点不适应。不过现在只要是回奈良还会跟从前一起玩儿的朋友们见面，我不觉得我们有什么变化。

我的手腕变粗了不少。我进来以后一年多的时间一直负责整理木材，因为整理木料和搬运木料都需要力气，再加上晚上还要磨工具，所以我的胳膊粗了很多，我自己能感觉得到。

我很喜欢这里的工作，但是我不喜欢周围的人用特别认真的眼神看我。作为师父的儿子是什么感受？平时我不怎么意识到这件事，我觉得大家也都没意识，因为从来没人娇惯我。

今后的事情，我还没想过，父亲的事情也没想过，有时候觉得想多了是个负担。我跟大家一样，想走也可以走。但是我觉得我应该不会走，不过也没想太认真地干。

大家都说我磨工具磨得好，我只不过就是磨得平整而已，磨得让自己满意，能接受而已。到底好不好我自己也不是很清楚，因为也没特别努力，也没特别认真，只想着尽可能地磨得平整。用了大概一年的时间练这个吧。

刚入门的时候，我也跟大家一样从做饭开始。我常做的是咖喱和炒青菜，做了差不多一年吧。

我们大家是吃住都在一起的。现在在这个工地，我跟前田世贵一个房间，其他人是一人一间。怎么住不是大坚哥决定的。

一个人一间还是两个人一间其实都无所谓。我们都不需要太大的地方，现在这个空间，有一半就已经足够了。平常在房间里聊什么？不说什么，偶尔聊聊工作吧，但是好像很少说话。

我从小时候就习惯了家里住着很多人，大家都是一起吃一起住的。北村师兄从我一出生就在，大坚哥也是从小就带着我玩儿的。现在我跟着他们一起干活，觉得很不可思议。

我入舍的时候没有举行入舍仪式，带着行李就来工地了，因为都是我认识的人。这次来是向他们学习干活来了，这一点跟从前不一样了。

家里人？放假回家的时候跟我母亲也不怎么说话，刚一见面的时候可能会兴奋一下。

我做膝盖手术的时候？我妈没来看我，只打了个电话。因为她是护士，我做手术下半身麻醉，跟她说了以后，她告诉我怎么做能舒服一些、缓解一些。

我也听说师父好像想让我去别的地方再学学，但是从师父口中说出来只有过一次。我一直都是在自家的工舍学徒的，跟着的人也都是北村师兄和坚哥，他们都是我从小就熟知的人。虽然我们都对师父是我父亲这件事没有意识，但是我也想出去看看，让完全不认识的人带一带，跟着别人学一学。

我自己还不想当师父，至少现在还不想，也许将来会想，但是愿望不是太强烈。来我们这里学徒的人和我的心态可能不太一样。也许是我对自己要求不够严，对待工作的态度也不如他们，所以我想出去一下，让自己的心态也变得跟他们一样。

到外边去的心情是又期待又不安。我虽然知道石本兄，但是这次去可是跟他学徒去的。

将来是不是继承鵤工舍还不知道。我刚开始走上这条路，还想不了太远的事。我才到最下边的"连"，还在见习中呢。[1]

连 柴田玲

我是昭和四十五年（1970年）二月十七日在大阪出生的。我家在大阪，父亲是木匠。我是从京都产业大学经营学科毕业的。

我一个大学毕业生为什么到这里来了，对于这个问题很多人都很好奇，就连我自己也不是太清楚。我是属于看哪儿都觉得好的那种人。中学毕业考高中的时候，我很想去工业高中或者美术高中，但是老师说："你还是不要去那些专业高中，去普通高中然后考大学吧，考大阪大学的工学部。"

那里到底怎样其实我也不知道，反正只要是跟技术有

---

[1] 量市作为小川三夫的接班人，现为鵤工舍的总掌门人。

关的就应该还不错吧，于是就决定去普通高中。现在想想完全是随波逐流，并没有经过认真考虑的。当时虽然决定了去考大学，但其实我数学根本不行，最后只好放弃了工学部，选择了文科。

我父亲就是中学毕业的，所以希望我能上大学。大学快毕业的时候，我突然特别想当木匠，契机就是那本《向树学习》。我是在学校的图书馆看到的，当时在心里有了"啊！"的感觉。后来我就找到栋梁的家去了，大概是十月还是十一月的时候，当时西冈栋梁生病住院了，我没见到他。栋梁的家人把小川师父家的地址给了我，我就找到了小川师父家。师父让我自己先好好想想，再跟家长商量一下。第二年的三月我又去了一次。真正入门是在大学毕业那一年的七月八号。

我觉得说服父亲不是件容易的事，想尝试着跟他沟通。在沟通的阶段，我觉得我应该先跟他说明我为什么要做出这样的选择，这是第一步，但还是没能说通 。

我三月份去见小川师父的时候还在苦恼中呢。说是苦恼，其实是懒得下结论了。我想把下结论这件事拖一段时间再说。上大学的时候，我属于比较内向的人，朋友也很少。

大学期间我一直在一个意大利面馆打工，朋友也都是在那里打工时认识的人。那时候我一个人在京都租公寓生活，打工的钱几乎就交了房租，所以饭馆的工作对解决吃饭问题起了很大的作用。大学毕业以后到找到工作之前，我都一直去那里打工，也一直犹豫不决。

我没有特别大的愿望，比如"我一定要成为什么样的人"的那种愿望我都没有。第一份正式的工作就是在鵤工舍。五月初，我还陷于到底该怎么办的苦恼中时，接到了小川师父的电话。他问我在干什么。我觉得这样的人能亲自给我打电话，太让我受宠若惊了。本来我觉得这个世界上不会有人把我捡走，所以我当时特别感动。师父跟我说："你苦恼犹豫也没用啊，什么都不做的话才会后悔一辈子呢。先干着看看又如何呢？"

我当时正处在不知所措的时候，被师父这么一说，也觉得反正这么苦恼着也没用，不如先做点什么，行动起来再说，就想干脆去师父那里吧。

但是又一想，自己的体力能行吗？如果干木匠的工作那就得增强点体力，于是从五月到七月，我就回家帮父亲干活去了。那两个月我都没跟父亲说我要去鵤工舍的事。我想无论是去鵤工舍还是哪里，都需要体力，先把体力练好再说。倒是父亲闷声闷气地跟我说："你是不是该去买工具了？"我父亲干木匠，一直是以承包的形式接活干的，他没想过自己的继承人问题，他本来以为我是要跟他一起干，所以需要买工具。我觉得有点不妙，需要赶紧告诉他实情，就小心翼翼地跟他说："我打算去小川师父那里学徒。"这话说过以后很长一段时间，他都对我爱搭不理的，我也觉得没办法……

我刚入舍的时候是在奈良工房。七月八日进来的，正式进来之前的两周，师父让我去看了看他们正在建造的茨城县龙之崎正信寺的工地。盂兰盆节放假的时候我回奈良，师父让我先留在奈良工作，一直到第二年的三月，我都在奈良干活。

刚一进来的工作就是做饭。我虽然在意大利面馆打过工，但是从来没掌过勺。我不讨厌做饭，但是讨厌收拾。

我一直跟原田君还有前田君在一起干活。我们一起建了光莲寺，后来中泽进来了。

松本师兄和阿胜教给我们一些干活的技能，主要就是如何磨工具，也没具体告诉我们应该怎么做，就是到了晚上磨工具的时候简单地告诉我们一下，也不是特别坚定的那种，只是说"我觉得应该是这样"，所以那种感觉很奇怪。

干活的时候身体还是挺吃力的。我几乎每天做完"家务"

就睡觉了，要不身体吃不消。来之前，师父告诉我会很辛苦，我也有思想准备，但是真正开始干活以后，才发现要搬运这么大这么重的木料，实在是有点受不了。我的身体还没适应这样的活计，体重也没增加。

作为宫殿木匠今后的出路？我还没想好，其他人应该也都没想好吧。既然选择了做木匠，那以后再想这个也不迟。

虽然我这么不争气，但是师父还是留下了我，我们这里就是这样，没那么严格。也许我的比喻不恰当，我觉得这里就像是一个温水缸，不冷不热，是温的。如果你自己的意志不坚定，是很难坚持下去的，从这一点上看，也可以说是很严格的。我可能正被一张意志软弱的网罩着。

就像现在最流行的所谓"精神控制"的说法，这里边当然有个人的因素，但是一进来你就会被一种"我们建造的东西真了不起，真伟大"的精神所控制。

梦想？我想先找一个能相互理解的伴侣。那时候自己在做什么我现在还想不好。梦想还在中立的位置，没固定呢。[1]

---

[1] 柴田日后离开鹈工舍，开始了世界放浪之旅，后来消息不详。

连 松永尚也

我是昭和四十七年（1972年）九月十日出生在群马县高崎市的。我在栃木的工房里是年龄最小的。

刚来的时候我的体重只有四十八公斤，现在长了不少，有六十公斤了吧，但通常都是在五十五公斤上下浮动，那也差不多长了十公斤。我吃得多，胳膊也这么粗了。

我入舍的时间是平成四年（1992年）十一月二十九日。那年的八月二十九日，我父亲去世，之前我一直晃荡着，什么工作都没做。父亲突然离世，家里的情况发生了变化。那段时间我一直帮家里做事。父亲生前是个木匠，自己是老板，所有的事情都攥在他一人手里，于是我就把一些事情分给大家，整理父亲留下的事物用了一段时间。接下来，我想自己也该找个正经的工作了。但是找了很多，也问了不少，大家都说，如果想当木匠的话还是去鵤工舍比较好，就经人介绍进来了。

我原本想进大学的工业系学习电器或电子方面的。我父亲常说我不是干木匠的料，我上边还有一个姐姐，他说我姐姐是这块料，我好像有一种被他们忽略的感觉。

大家都说我很仔细。如果是我想做的事我会很认真地做的，但是如果有一次觉得自己不行了的话，我就会受不了了，没信心了。我的血型是 AB 型，性格中就好像有两个人同时在我身上一样。比如，我想要做一个好看的东西，于是把工具都摆放整齐，然后踏踏实实地开始做，这时候一般都能做得不错。但是如果着急，东拼西凑，匆匆忙忙地做起来的话，一般都以失败告终。

父亲是怎么死的？有人说我父亲是过劳死。他生前是公司的老板，自己一个人撑着公司，同时还要照顾几个员工。

我想找工作的时候最先是跟我祖母说了。祖母喜欢政治，她的朋友里有众议院议员，就是那个议员给我介绍了鵤工舍，他是我们群马当地的人。经他介绍以后，我就跟这里联系了，师父让我过来看看再说。我是在栃木面试的，当时栃木这边没什么具体的工作，如果想看他们的工作就要去龙之崎现场。对于我来说，光看了工房里摆着的他们做的五重塔模型就已经觉得很了不起了。我当时就想，如果要磨练自己的本领的话，就在这里学习。因为我家虽然也是干木匠的，但是看到我家里的木匠工作，我觉得那样是不行的。这里做的东西，表面连一点凿子和刨子用过的痕迹都没有，太完美了。我想，如果能做出这样的东西，我一定要在这里学徒。但是去面试的时候我觉得自己进来的可能性很小，因为招人都愿意要年龄小的，中学毕业，最大也不能超过高中毕业，因为再大了以后身体就不柔软了。可是我那时已经二十岁了，即使请师父收我估计也不大可能，所以面试完我就先回家了。到家以后给师父打电话，很担心地问："能收我吗？"没想到师父却说："随时都可以来。"

等到下一个周日我真去了，去的是奈良工房。

之前我并不知道小川师父。西冈栋梁的事情是在上小学的时候道德课的课本中学到过，所以我是知道的。能成为这么伟大的人的孙徒弟，是我做梦也没想到的。因为我父亲也喜欢古建，所以西冈栋梁复原药师寺西塔的时候，他提到过。我一直觉得他是云上的人，高不可攀。

去的时候带了什么工具？我就带了被子和一些换洗衣服等身边的物品，然后还有一把父亲的大徒弟交给我的祖传锤子，虽然不算是直接从父亲那里继承的，父亲的大徒弟让我带着，除此之外，还带了我父亲用过的封钉器。

奈良工房那时候很忙，所以人很多，角间、原田、藤田、壹岐都在，还有物江也在，不记得佐古是不是也在。我在奈良的工房干到第二年的五月。我一直负责做饭，刚开始的时候只会做炒青菜和麻婆豆腐这些简单的。后来师兄们开始埋怨我，说我不下工夫，不认真，大家累了一天，为什么不做点好的，你自己不想吃好的吗？但是大家这么说我，我还觉得挺好。

那时候是干完活回来以后再做饭，所以只能做一些省时间的，经常是手忙脚乱的。虽然大家也会帮我，他们会帮我打扫卫生。

我自己能不能继续坚持下去？我还真担心过一次。那是今年刚过完年回来以后不久，有一天半夜里突然难受，再也睡不着了，然后就开始吐，那时候我就想："是不是我的身体到了极限了呢？"

每天早上四点钟起床，给大家做便当带到工地上吃，然后再做早饭，晚上十点干完活回来，再做饭，吃饭。夜里十二点左右还要准备第二天的便当和早饭的材料，准备完了以后，还要想，是磨工具还是去洗澡，只能选择干一样。每天几乎都是一点半睡觉，然后早上四点半又起了，只能睡三个小时。

但是我也没想过要离开。因为我离开这里也没别的地方可去，而且，我出来的时候家里的人都跟我说："你要好好干啊。"

如果因为鹈工舍太辛苦，我辞了回家的话，家里人也不会用好脸色迎接我的，说不定他们还不让我进家门呢。

我刚进来的时候，师父告诉我，要想学成一个合格的宫殿木匠至少要十年，那还得是在你不笨的前提下。将来的事情？我还没考虑过呢。跟别人比我觉得自己特别慢。不管怎么说，我要先学到能独立建造一个东西了以后再考虑去向。

磨工具？是大家教我的，一点点地。

刚来的时候师父告诉我："干活的时候，你要先学着去找自己该干的就可以了。如果你将来想当栋梁的话，那你还要明白大家都在干什么。"

现在我多多少少已经开始慢慢地明白了，这就是我自己成长的那部分。

虽然我知道角间师兄和大坚师兄都是很了不起的人，但是毕竟师父也不在现场，所有的全都交给自己的徒弟们，如果是我作为施主的话，我会很担心的。我想施主会不会每天给师父打电话呢，一定会很不安地询问："这些徒弟没问题吧？进展顺利吗？"

但是，我们的工程既没拖延，也没失败，质量很高，完好地建造出来了。我看过其他鵤工舍建过的建筑，奈良的庆田寺、誓兴寺、光德寺，每一个都完美无瑕。

我们的工地上不是经常堆着很多梁柱吗？大坚师兄曾经说过："处理这些梁的时候，如果每一根都差五厘的话，最终就会差五分。那时候再修改的话就太费工夫了，所以我们必须严谨再严谨。"

听他这么一说，你就会觉得虽说都是大自然给予的天然材料，但也不能随随便便地处理。如果是建民宅的话，从横梁往上还有三四层，即使每根差五厘，最终也就是一两分的差距。像龙之崎正信寺这么大的建筑，如果每根差五厘，最终差五分的话，那整个建筑就要出问题了，所以我们必须严谨地对待。

是的，我们说话的时候，都是以一分、一尺这种尺贯法为单位的。之前，我们家的木匠们在聊天的时候也是说这些单位，但我当时完全没有感觉，还想，这样的计量单位我能记住吗？但是最近，我已习惯了，一分一厘这样的单位我能理解了，倒是把厘米给忘了。入舍一年半吧，最近才终于理解这些木匠的单位了。前几天我想做一个相框，想量一下尺寸，但手边只有一般常规的厘米尺，我反而不习惯了。当时就想："啊！原来我已经快把厘米这个单位忘了。"

我们这些新人刚来不久，很多东西都不懂，但是师父对我们很好，从不限制，能干多少就干多少，干什么都可以。这要是在别的企业或公司的话，大家都会追求利益，不可能让我们这么随意，有时候我也不太理解师父追求的到底是什么。因为这种做法师父是吃亏的，我们是拿着钱在学技术。

晚上我一般都会去磨工具，为了第二天用。在角间师兄和飨场师兄看来，我的工具根本不能用。所以，干活的时候，只要他们一提醒，我马上就去纠正工具。如果早上他们说我的工具不行，那我马上就去改，这在别的地方应该也是不允许的，因为工具是在干活之前就要准备好的，但是在我们这里是没有关系的。

我手里的工具攒得差不多了，但是干活的时候也有要借的。我现在的工资是每月十万日元[1]，除了饭费还剩八万元。但是我进来的时候是没打算领工资的。

我的业余爱好是钓鱼。在龙之崎工地干活的时候，我每天早晚都去，开工前和下工后。我的体力比以前好了一些，这边干活的时间比较规律，每天早晨八点开工，下午六点下工，通常都是十二点睡觉，所以还是挺轻松的。有时间

---

[1] 约合人民币六千元。

的时候我也会去修理修理自己的工具。

结婚的事？我也想过。我想在自己的老家当木匠，所以还是希望在老家找一个媳妇。我是在群马县大自然当中长大的，所以，我想在自己熟悉的环境中买木头，建自己的房子。从这里毕业以后回老家，我想我可能还是建民宅。即使有宫殿木匠的技术，估计这辈子是不是有机会建一个寺庙都不好说。所以，我想回家之前应该学习建一个民宅。当然了，如果有机会的话，什么样的建筑我都想尝试一下，无论是寺庙还是城楼。

我的梦想？如果能实现的话，我想在家乡为当地的人建造他们住的房子。还有就是能继续钓鱼。我父亲就是忙碌了一生，一旦自己当了栋梁，就不可能再有闲暇的时间了。父亲经常夜里睡着觉，突然就爬起来去画图纸。我自己是不是也会变成那样呢？其实，我想过的生活是远离人群，远离社会，一个人静静地钓鱼。那就最好了。

小川师父？师父对于我来说，是半个云上的人。我跟他接触的机会很少，他曾经说过："如果想问工作上的事情，就把我灌醉。"偶尔他喝多了，还真的会说一些，但是平常都是说："自己想去！"

西冈栋梁对于我来说，那完全就是云彩上的人了。去年年底不是跟他见面了吗？不是做了自我介绍了吗？那时候我紧张得胃疼得都不行了。

回老家的时候，去了高中的母校，我跟大家说我在鵤工舍工作。正好被几个女孩子听到了，她们都"啊"地尖叫起来，她们好像都知道西冈栋梁。开始我跟她们说我在当木匠，几乎没人理我，当我一说"是在跟西冈栋梁有关系地方学徒"以后，她们脸上的表情立刻就变了。

来到这里以后，我的想法发生了一些变化。从前，对于电视和音响这些东西我总是喜欢追求新的、时尚的，因为新的东西性能都好，所以我觉得工具也一定是越新就越好，但是来到这里以后我的这种想法改变了。刨子是要经过长时间的使用，才会越来越好用。凿子也是一样，别人的东西再好也不如自己用出来的，如果不是被自己的手用熟了的，一定不好用。但是让工具顺应你的手，这个过程可能会很长。

我没有选择升大学，而是当了宫殿木匠，我觉得精神上很轻松没压力。在这个时代就像做梦一样。我晃晃荡荡不务正业的那两年，如果练练磨工具这些基础技能的话，也许会比现在的自己进步更快更多。真是不可思议，我有时还会这样想。也说不定以后我还去上大学呢。所以一切都不要太着急，走着看就好。[1]

连 大桥诚

我是昭和四十七年（1972年）一月二日出生，去年九月入舍的。我来的时候二十一岁。

我是京都人。父亲从前也是木匠，现在经营一个公司承包工程，自己当老板。

我高中上的是普通高中，不是太好的那种。初中也没好好学习，进了学校橄榄球队，学习成绩几乎是倒数的。

我们的球队不是太厉害，因为球员的身材都比较小，虽然大家很有热情，但是毕竟身材小就很吃亏，遇到高大的对手，我们就不行了。我在球队的位置是前锋。

上学的时候，我的数学还不错。只有数学成绩能到五，其他的几乎都是一。因为我一直打橄榄球，所以老师还是让我毕业了。

高中毕业以后，我去上了中专。我本来想高中一毕业

---

[1] 松永现仍在鵤工舍继续从事宫殿木匠的工作。

就去当木匠，但父亲说上完中专也可以去当，所以我就去了大阪建筑中专学校，在那里学了画图纸等等。

从中专毕业以后，因为我一直对宫殿木匠感兴趣，我想如果做木匠的话还是做宫殿木匠更好，就去跟学校的老师商量。老师说："你小子到中专干什么来了？毕业了总得去当个监工头吧！"

被老师这么一说了以后，我还真去了一家建筑公司当了监工头。说是监工头，因为我刚去，也就是在监工头的下边帮忙而已。我的具体工作就是，把施工图纸做出来，然后去跟手艺人们沟通。这个工作干了大概一年吧。

正好那段时间，西冈栋梁上了报纸。小时候我去过几次法隆寺，看了报道，又重新勾起了我的兴趣，就又去了一次法隆寺，我想我还是要当宫殿木匠。

怎么辞掉建筑公司的？还是挺为难的，老板也是一个很了不起的人，对我也很好，很照顾我，当时我就已经拿到二十几万日元的工资了。现在在这里我的日津贴是五千元。

但我无论如何都想当宫殿木匠。离开建筑公司以后，我直接就找到西冈栋梁的家里去了。没有人介绍，我就这么直接找去了。因为书上写着他的家就在法隆寺附近，我在周围转了一圈以后发现了写着"西冈"的门牌，正是他家。

栋梁正好在家，他让我进了门，坐下聊了聊，当时聊的什么都忘了，因为特别紧张。

他告诉我他已经不再做宫殿木匠了，就把小川师父介绍给我了。过了几天，我给小川师父打了电话，就到奈良来了。对鵤工舍的第一感觉就是这里很像一个公司，跟我想象的不太一样，并不是我想来的地方，所以没有马上来。接着又去找了很多地方，在我们中专教历史的老师还给我介绍了一个，那里也是像公司一样的地方，我想反正都差不多，就索性进了那家公司，干了半年就辞职了。

辞掉以后又到鵤工舍去了一趟，师父让我来龙之崎工地看看，看了以后我就留下了。奈良的工房，我只是最开始的时候去过那么一次，后来也没在那里干过活。我是走了很大的弯路才到这里的。

我们这里不是谁来命令谁做什么，也没人骂你，大家都不说话。所以，也没有人教给你怎么干活。

晚上大家都很认真地磨工具，我也跟着一起磨，的确是很锋利了，但是到底磨到什么程度算是合格，自己也不是太清楚。问他们，大家也都像朋友那样随便地说说而已。

将来我还是希望能成为宫殿木匠。因为我喜欢寺庙，喜欢佛教的教义，但是内心也有些恐惧，因为真的不知道自己该干什么。在这里，时间过得很缓慢。我总是在担心自己做得是不是正确，一直都在犹豫。

但是大人们总是说，忍耐、忍耐，一定会有好事的，这里是有名的工舍，将来一定会有前途的。但是现在的自己，心里其实很不踏实，也顾不上考虑这些。有名没名对于我来说都无所谓，我想快点成为一名合格的宫殿木匠。

但是说实话，来到这里以后，让我特别感慨的是，这里的徒弟们也是一些不太成熟的普通人，他们怎么能建成这么了不起的寺庙呢？如果我自己是施主的话，一定不愿意。真是不可思议，他们真能建起来啊，简直无法想象。师父也真敢把这么大的工程交给他们，这是多大的忍耐和信任啊。但这也许就是鵤工舍的做法吧。我还不是太理解。

我自己有一个女朋友，是大阪人。我们已经交往四年了。她比我大两岁，说等着我。但每次见面都觉得彼此又老了一点，真不知道该怎么办。

这种时间的流逝很不可思议，我也想像大家一样，不在意时间的存在，慢慢地磨着工具，学着徒，修着行。但是有了女朋友就不是那么简单的事情了，她会等得很辛苦。我在跟自己斗争，因为自己的手艺还不够好，我想变得更好。师父说成为一个合格的工匠需要十年，那时候我就三十二岁，她已经三十四了。在这之前我又没有资本结婚，真不知道该怎么办。我问过师父，如果自己努力的话，是不是可以早一点出徒，师父说我们的工作跟别的不一样，需要时间的磨练。

师父在书里写过，捡起路边的稻草，边走边琢磨怎么能把工具磨得更好。我也经常那样做，走在街上，虽然什么都不拿，但是手在不停地比划磨工具的动作。跟女朋友约会的时候也这样，所以经常被她骂："去咖啡馆的时候就别再磨了！"

但我还是进步很慢。这里的做法跟别处不一样。我常想，不能总这么没完没了地磨工具吧。我的人生这么短暂，怎么能在这么漫长的磨工具中度过呢？实际上，我来了以后已经有不少人离开了，原因大多也是因为这个。

我磨工具的速度明显比别人慢很多。自己不满意，怎么磨都找不到感觉。因为从来没人告诉我应该怎样磨。在现场，我也不知道自己到底该干什么，也许是我依赖性太强了吧，不知道如何是好。这里没人大声地训斥你，也没人骂你，但是我找不到方向。我很苦恼，这样下去行吗？

如果自己一直是在这样的心情下干活的话，干什么都干不好。我觉得自己的性格变得越来越坏，我不喜欢这种感觉。

但是，如果离开这里又哪儿都去不了，不知道自己是干什么来了，真难受。希望自己能尽快逃出这个黑暗的境地。我现在正处在黑暗的境地，完全看不到前方的道路。以后是不是能看见呢？[1]

连 花谷太树

我是昭和五十四年（1979 年）一月十八日出生的。我是北九州市小仓区人，我家离小仓车站一公里左右。父亲是普通的公司职员。我上边有一个哥哥，他很优秀，还在上高中。

我小学四年级的时候就决定不上高中了。我想当木匠，因为我喜欢家的感觉，所以想盖房子。原来我想的是当一个建民宅的木匠。来这儿是因为，虽说理想是盖房子，但是我更想盖大的，像寺庙、神社那样的房子，所以就想到了当宫殿木匠。

我家里没有任何跟木匠沾边儿的关系，倒是祖父喜欢

---

[1] 大桥现为建民宅的木匠。

动手，经常会利用周末修修补补家里的各处，或者做一个佛龛什么的，他的手很巧。

上学的时候，我学习成绩特别差，几乎都是一，好像国语是二，满分可是五啊。每次考试的时候，我也会想，想了以后写答案，如果答案是画圈或者打叉的话还好办一些。上初中一年级的时候，英语考试我还考过九十七分呢，特别简单。初三的时候我就不想上学，想去工作了。

初一的时候，我参加过乒乓球俱乐部。我在我们队里是第二名，水平还不错呢。我也喜欢踢足球，初二的时候在足球队踢了两个月，但很快就离开了，因为我跑的速度不够快，总跟不上，还总是气喘吁吁的。

上初一时老师叫我家长，一年里被叫了八次吧。到了初三才好些了，一次都没有过。叫家长都是因为打架，跟别的学校的人打架。外校的老师让我们学校的老师把我父母请去了，父母跟他们道歉。每次家长参观日的时候，我也是看到父母都在跟老师鞠躬道歉。老师做家庭访问的时候也是。

后来发展到，有一次老师没在教室，周围也没人巡逻，我们几个就开始抽大麻，被发现了以后又请了家长。那一次我父亲揍了我，之前他们不知道我在学校抽大麻。

大麻比兴奋剂还不好，兴奋剂是一时的，大麻不是。我就看过有个孩子毒瘾上来无法呼吸，大叫"我要抽，我要抽"，然后手也抖，嘴角流着口水。我自己可不想变成那样。

（手里拿着照片）这是我们中学时最要好的七个人。这三个都没上高中。这家伙当了鸢工[1]，他父亲也是鸢工。还有这家伙的父亲也是木匠，他现在是在自己家里当实习木匠。他本来也叫我去的，他父亲也说："太树，如果想当木匠，来我这儿吧。"另外的四个人都上了高中，是别的学校，他们脑子好。我小学的时候是跟这家伙一起的，这家伙小学在别的学校，但是中学我们又在一起了。这家伙上的是初中高中一贯制的学校，他脑子好。这家伙是我们的头儿。

其实我们这个小团伙还有不少伙伴。我们不上学，到处玩儿。去打游戏，钱就是家里给的买面包的钱。但是我们从不干地痞流氓的那一套。有时候也会小小地威胁一下别的同学，比如也会命令他们"给点钱！"之类的，但不会是"借点钱"，因为我们是没有"借"这一说的。

有时也会直接跟朋友要。如果在小仓车站附近看到别的学校的高中生，我们就会说："嘿！你们几个，过来一下！"

---

[1]　鸢工：高空作业的工人。

一般情况下他们不敢对我们伸手，敢伸手的就要挨揍了。我们一般都是三个人一起，如果是一个人的话，他们是不会给的，对，肯定不会给的。每天玩得再晚还是会回家的，也有时晚上出去玩儿，玩到早晨困了就回家了，一直都是这样的生活状态，常常连续几周。当然现在要想过那样的生活也还是可以的，只是一点都不想了。

十二月份的时候，我基本上已经决定了要去工作。我想去朋友的父亲那里。我父亲说："你再好好考虑一下吧。"我就说："好吧。"那时候家里常常收到很多来信，可能是我父亲在帮我联系吧。有做扇子的，有做雕刻的，但那些我都不太喜欢，我还是想当木匠，而那些都跟木匠没关系。还有寿司店的呢，我更不喜欢了。心里只有宫殿木匠，因为我知道，宫殿木匠是木匠中的最高级别。虽然不是太了解，但我还是想就去做这个。后来我跟父亲去见了小川师父，然后又去福冈见了鹈工舍的冲永师兄，跟他聊了很多，还让他给我们看了工具。因为他是专门做模型的，所以他的刨子特别小，能托在手掌上。但是我不想做模型，我想做大的真正的建筑。冲永师兄说："只要你喜欢木头就一定能坚持。"

今后的事情不好说，但是现在我还能坚持。师父说的十年我也还不是太理解，也没准会走别的路，也没太考虑。

我现在每天拿着五千日元的津贴，因为我是来学徒的，还什么都不会，主要负责打扫，然后师兄们有需要帮忙的，我就一直给他们帮忙。其实我干的活不值这五千元，我没干什么。

工作上的事，师兄才只教了怎么磨工具。阿胜教我多一些。昨天我看别人刻木眼的时候，看着倒是挺容易，但是自己一上手就完全不行了。

磨工具？也是这样，我还只能找准中间部位，角度总是圆的。最近终于能磨出角度来了。对准后部的时候自己没有觉察到，一直不明白为什么自己的跟别人的颜色这么不一样。

来这里以后我的胳膊变粗了，身高也长了不少，大概是因为生活规律，每天按时吃饭，我最多的时候吃过三大碗饭。但是到了夏天就不行了，只能吃一半吧。虽然肚子也饿，但就是吃不下去，不知道是不是天气热的原因。

前不久我突然回趟家的事？也不能算是突然吧，我告诉师父了。我干的活简直太蠢了，那阵子一直让我贴铁板，我有点受不了了。我就跟师父说了，师父说："你说的我不明白，你回奈良来一趟吧。"于是我就去了奈良。

师父说："为什么要回家？"

我说："我不想干了。"

师父说："今天你就住这儿，明天回九州，想清楚了再回来。"他没阻止我。第二天我就回家了。

回去之前我给父母打了电话，所以到家以后他们什么都没说，也没问工作上的事。在家待了一周，每天睡到中午，起来以后就坐着电车到学校附近，等着从高中放学回来的同学，跟他们聊会儿天或者去唱卡拉 OK。见的就是照片上的这个、这个和这个。他们还在高中继续上学，所以见面也容易。我还跑去找那个也在当木匠的同学，他外出干活了，所以没见到。他母亲出来跟我说了会儿话，"太树，你怎么回来了？""我不想干了。""那你想去哪儿呢？""先晃荡着，慢慢再找。""哪儿有合适的啊？""来您这儿吧。""我们这儿倒是没事，但是不能坚持的话可不行啊。"我犹豫了一会，回答"可能能坚持吧"。

所以虽然回来了，但是我并不想回家，就想干脆去那里算了。

过了几天，我脑子里总是想起在鹈工舍的事情，也没心思玩儿了，干什么都没心思。虽然回家了，但是完全感觉不到舒心。

父亲说："差不多得决定要干吗了吧，总这么晃荡着也不是事儿。如果想工作的话就再好好找找。"

于是我就想，要不再试一下吧，因为我已经习惯了鵤工舍的环境，就跟父亲说："那我还是回鵤工舍吧。"父亲说了句"是吗？"，作为家长，他们是希望把我存放在师父这里的。他们觉得，以往我对什么事情都没有耐性，从没有坚持过。至少能一起建完这个寺庙也是好的，我是从立柱阶段进来的，如果能一直坚持到最后完成就好了，反正也没有别的事情可做。

当时我有四条路可选：一个是去朋友家当木匠，一个是回鵤工舍，一个是混，还有就是再考高中。高中我肯定进不去。即使考也就是百分之一的可能性，也不是完全没有可能。申请书做点假应该还是可以的吧？不行吗？

我一说要回鵤工舍，父亲就把车票钱给了我，三万五千日元呢，回来的路费差不多三万元，又让我带了九州的特产明太子。

又回到工地的时候，阿诚最先看到我，吃了一惊。我到的时候已经是下午五点半了，大家还在干活。我想加入，看了看又没有适合自己干的，就一个人回到这个房间里，坐在床上发呆。阿诚回来准备晚饭。我走了以后，就变成阿诚做饭了。我跟阿诚说了句："我回来了。"阿诚说："从今天起做饭这事开始还给你小子哈。"随后我也跟大家说：
"又要给大家添麻烦了。"我来到这里以后学会跟人打招呼，
讲礼貌了。之前都是敷衍的，打招呼也是很随便的，早上
打招呼的时候，充其量也就是"早！"，从没说过完整的"您
早上好！"，跟长辈、跟老师也从没用过敬语。

那天晚上我跟大家一起吃了饭，第二天又恢复了跟从
前一样的生活。

今天是六月八日吧，我回来也快两个月了，看这个出
面日记本就知道。这次是从四月二十一日开始记的，以前
我都不知道必须要记这个，就去买了一个笔记本。这个是
工作记录，把每天干的内容写下来，都是用汉字写的，都
是问别人。比如，"安装"的"安"我会写，但是"整理用
料"的"整"字我就不会写了。今天星期几啊？周五？昨
天的忘了写了。这上边记录的这个"搬顶板"的活儿很艰
苦，你去堆料的工房一看就知道了，一大堆的木料堆在那儿，
我们搬了差不多整整一个多星期，五、六、七、八，十天吧。

前不久父亲来了一趟，去东京出差顺路来看看。我们
一起去吃了烤肉。他问我："能坚持下去吗？"我说："还
不好说。"

如果我说没问题，万一半途又不行了呢，虽然现在我

还没有要走的意思。

昨天我用角凿凿了两个木穴，是师兄让我干的，这是第一次用凿子凿东西。开始的时候不会，凿不好，凿着凿着找到感觉了，慢慢地一下一下地就凿出来了，看上去还不错。我想大家最开始也都是这么过来的吧。

一起进来的人？有一个住了一个月就走了，苦恼了半天，最后说"做饭的事就拜托了啊"，就走了。

我刚来的时候因为体力不够，所以特别吃力，比现在吃力多了。现在已经习惯很多了，但有时候还是觉得受不了，不过已经比开始的时候好多了。

你看那个人，他的体重差不多有一百公斤，我才四十五公斤。这个差距，他一次能搬很多木料，几乎是别人的一倍，其实那样更吃力。他不喜欢被同年龄的人说教，但是在这里年龄没关系，早来的就能早出来。

我也有自己努力奋斗的目标。藤田师兄、阿胜师兄都是我的目标，因为阿胜也是九州人。前些天我买了两块磨刀石，还买了工具，我也会像阿胜那样每天晚上去磨工具。前不久我刨了桔木[1]的表皮，用的是电刨，特别重。大家一

---

[1]　桔木：支撑房檐的梁。

起合作完成的。我现在对这个工作开始有兴趣了。无论今后怎样，现在我还是想再努努力。[1]

连 清水秀康

我是昭和四十八年（1973年）六月三十日出生的。神户人。我是刚进来的，到大后天才满一个月，身体好像刚刚开始适应。每天睡眠的时间只有六个小时，以前，早晨从没有这么早起来过。刚开始的时候特别难受，最近才适应了，也能自然醒了。

我在来这里之前对宫殿木匠的工作理解得不是太多。来了以后，我在现场也不知道自己到底该干什么，所以总是发呆。师兄们让我干什么我就干什么，我希望他们能告诉我。

年纪？前不久刚过了二十一岁生日。我的高中就是普通的高中。在学校的时候练过拳击，最好成绩是参加全国

---

[1] 花谷离开鵤工舍后失去联系，前不久小川收到他发自监狱的信。至于为何入狱，他没写，小川也没问。信上说等他出狱后会再来鵤工舍当徒弟。小川说，那就等他出来吧。

联赛进入了半决赛，我想，在比赛中取得了好成绩，就能上个大学吧？结果在比赛中受了伤，上大学的梦想也就破灭了。

高中毕业以后我去了跟建筑有关的中专。其实选择学建筑也没有什么特别的理由，只是觉得建筑还比较有意思吧。总之，先进去，能顺利地毕业就行。

父亲的职业？书法家，跟木匠没关系，我家里的人都跟木匠没关系。

我上的中专是两年制的。第二年的六月，我偶然在电视上看到一个节目，是关于建造一个京都的数寄屋[1]的内容。我看了那个节目以后就想，这个工作不错啊，于是就给NHK节目组打电话，问了那家建筑公司的地址和电话，并给他们写了信。他们回复我说，他们在全国各地施工干活，没时间教我干，如果真想干这个的话就先到木匠的工房去当学徒，然后再来。当时我还在学校呢，他们让我去木匠工房当学徒，我也不知道该怎么办。就这么犹豫的时候，一个建筑公司把我招了进去，我想那就先在这个公司了解一下建筑是怎么一回事也好。

---

[1] 数寄屋：日本传统建筑中的茶室，用以举办咏和歌、茶道、花道等活动。

我并不是讨厌学习。毕业前，我们要设计一个建筑作为毕业作品，就像写毕业论文一样的。我过于投入地做这个了，所以毕业考试也没考好。老师说只要把毕业设计做好了也是一样的，所以我就特别努力地做了设计。但是我的考试成绩实在太差了，所以没拿到毕业证书。

从学校出来以后我就去了京都，因为招我的建筑公司在京都，住在公司的宿舍。因为要开始一个人生活了，所以来之前我还在家里练习了做菜。做菜很有意思，我突然觉得自己很喜欢做菜，于是临时调转方向，决定不去建筑公司，改去餐厅学徒了。原来打算去日餐馆或者法餐馆，但是给我介绍工作的人帮我找了一个做西餐的餐馆。这个人是我父亲的学弟，他是在酒店的餐馆里干过的。最后他给我介绍了高尔夫球场里的餐厅，里边有十来个人吧。其实我更想学习用菜刀处理鲜鱼的日餐，但是据说高中毕业后再学日餐就太晚了。

进那家餐馆的第二天，我被分配到做乌冬面的部门。我原以为是从切菜这些最底层的工作开始做起的，但是一上来他们就让我做三明治，还居然就直接给客人端上去了。我原来想的是先打好基础，再进一步学习，没想到一上来就直接让我做。这里的主餐是乌冬面,也有一些其他的小食。

乌冬面一天能卖六十多份。

有一天，我休息在家看电视，电视上在播放一个关于宫殿木匠的节目，我看了以后一惊，意识到这才是我真正想干的呀。

为了不让自己日后后悔，我想还是去干这个，就跟父亲商量了一下，他说帮我打听一下，后来他通过熟人找到药师寺，那里的人介绍了小川师父。我和父亲就去跟他见面了。

我进来以后才发现，原来电视上介绍的就是这里。小川师父让我写一篇作文，题目是"为什么要当宫殿木匠"，然后再决定。那时候我还没离开高尔夫球场的餐厅呢，去鵤工舍的那天，餐厅还打来电话找我，说是有生日派对宴。最终，我在餐厅干了三个月就辞了，然后就到这里来了。

来的第一天师兄跟我说"走吧，你来一下"，然后我被带到外边买了工作服，接着就去了现场。当时他们正在搬运铁管子。天特别热，那天真把我累死了。

我来了以后就开始负责做饭了。刚开始的一周，中泽一直帮我。每天早上是最艰难的，五点或五点半就要起来了，真困啊，然后要给大家做早餐，还要准备大家带到工地去的便当。早餐的内容就是装完便当以后剩下的，再做个酱汤就可以了。有时大家也会帮我一起做。通常吃完早餐，洗好碗，收拾停当，我们就出门去工地了，大概七点吧。

上午干到十二点，吃午饭，稍稍休息一下，一点又开始接着干，到六点结束。回到宿舍以后又开始准备晚饭。吃过晚饭就是磨工具，要干的事情太多，总是感觉忙不过来，但我是一直坚持磨工具的。如果把做饭的时间也用在磨工具上，那我的工具一定磨得更好。

烦恼？我现在还没有什么烦恼。我来到这里以后才知道，我们这个工作不是一直固定在一处，而是要到处去的。现在在这里也是很偶然的，如果下一个活儿来了，那马上就要去那里了，很少一直停留在一个地方。这个是我没想到的，我以为会一直在一个地方呢。

我才来一个月。会不会一直在这里？我也说不好，师父说要干十年，我觉得太长了。师父让我先干三个月以后再说，我会干三个月的，因为好不容易成了宫殿木匠的徒弟。[1]

大工 冲永考一

除了小川以外，我算是鵤工舍里岁数最大的人了。我

---

[1]　清水离开鵤工舍后下落不明。

是昭和二十四年（1949 年）出生的。我一直在这里（福冈）做学术模型 。我既没建过塔，也没盖过大雄宝殿。我工作时基本上都是一个人，也没有徒弟，在鵤工舍里是属于特立独行的另类吧。

高中的时候，我上的是升学率比较高的学校，而且还是晋级班的。放学后的补习班每天也要上到六点。

但是我没有考上大学，因为成绩不是太好。所以那时候我就决定了，如果考不上大学的话我就去当木匠，所以高中毕业以后我就一边打工一边寻找木匠的工作。但不是太容易，哪儿都找不到。最后找到了我之前跟的师傅的工房，在那里干了五年。我家不是做木匠的，算是农业吧。祖父是箍桶匠，祖父的祖父是木匠，所以我那时干活用的就是祖父的工具。

我从小就喜欢做东西。中学的时候就做过药师寺三重塔的模型。初二时开始做，中途休息了一段时间，初三春假的时候又继续做。这不算是学校的作业，只是我自己想做。现在那些东西还在我父母家放着。我们教科书的后边有一个小小的断面图，上边有所有木结构以及部件的名称和说明，我就用那个当了设计图纸。再加上美术书上有图片，上边写着图片是放大了多少倍的，缩小的尺寸也写着。虽然塔的角落以及细部看不太清楚，但是能从图片和断面图大概判断得出来。我觉得做得不错，估计现在都未必做得出来了。

工具用的都是做箍桶匠的祖父的，也有学校的。木头用的是楠木，买回来一寸厚的板子。没有机器，我就用锯一点点地锯，用手切。每锯一下，木头就会散发出来很好闻的味道。那个感觉特别好，会变得很忘我。

后来我有机会到药师寺去干活的时候，对比了一下，跟实物还真的很像呢。我在模型的前边放了松树，一下子也显得特别雄伟，跟实景简直一模一样。上高中的时候我还做过多宝塔。

都说我手巧，其实我觉得主要就是注意力集中，要有一直不停地往上搭建的集中力才行，凡事不能着急。一般脑子好的人，都会迅速地赶着做，不愿意慢慢地踏实地做。因为我脑子不好，所以我要一个一个地做。这时候我不会想太多，会一边做一边猜想它完成的时候到底会是什么样子，"猜着做"。也算是我的兴趣吧。如果一下子就想到了完成时的样子，中间的步骤就变得不那么重要了，也不会愿意一个一个地去组装那些小木块的部件了。看小孩子就知道，脑子好的孩子一般都讨厌繁琐的事情。教他的时候，刚教到一半他就会说"噢！我懂了，我懂了"，你想仔细地讲整个过程，他会很不耐烦地说"这里不用说了，你就直接说结果吧"，对中间的过程和形成的原因，都不感兴趣。

我最初学徒地方的师父是个非常认真严谨的人，他对我很严格，现在的我就是他栽培的，我学徒的过程几乎是一对一的。但是我在第五个年头将要出徒的时候离开了那里，因为那五年我没拿过一分钱，当然这是一开始就说好的。但是我想去考驾照，没钱不行，所以我就去做了一份送早报的工作。

有一天早上是我休息的日子，没起床在睡懒觉。七点多，师父已经去了干活的地方。我赶紧起来去吃早饭，到了餐厅，师母说："吃什么饭啊，还不赶紧去干活！"被她这样一说，我觉得很无聊，而且很生气，就回家了。

后来师父来找我赔礼道歉，让我回去，被我拒绝了。我的性格就是比较倔，决定了的事情绝不想再回头，这件事情到现在还不舒服呢。我知道自己也有责任，那我也不愿低头。如果低头让步了，就是背叛自己，违背了自己的人生哲学。我知道这多少是因为自卑心理，但就是改不了。

所以，我也不能用别人。我不喜欢用别人，任何事情都自己一人干，所以我做不了大事，不是能引导别人的那种人。工作的顺序安排这些都不是我能考虑的，我关心最多的就是工具。我想我一生都不会放下工具的，如果放下了工具就不是木匠了。我喜欢工具，喜欢摆弄这些木头。我除了做模型以外，就建过自己的家和我哥哥的家。

去西冈栋梁那里的原因是，我读了药师寺的高田好胤住持的书。那时候药师寺正要建造金殿，我自己也非常想参与。于是我就给药师寺写信，随后就进了承接这个工程的池田建设公司。不是作为匠人，而是作为见习生。工资，因为这之前我也一直没拿过，就说"算了，不要也行"。但是公司说那不行，工资还是要支付的。当时给了多少，我都忘了，好像是四千日元一天吧。因为在之前的师父那里，我干得很辛苦很努力，所以来到药师寺以后干什么都觉得不难也不辛苦。

我一去就遇到了小川师父。对于我们这些从外部来想跟西冈栋梁学技术的人来说，小川师父就好像是我们的师兄一样的。因为当时有很多人前来，想跟栋梁一起工作，想看看他的工作。

到了药师寺以后最令我吃惊的，是建寺庙需要画原寸图。一般的民家是不需要画原寸图纸的，只用板子和尺杖[1]，把那些扭曲的树木矫正一下，组建安装就可以了。我原以为建造寺庙也一样呢，还担心自己的脑子能不能记住全部的尺寸。如果画原寸图就放心了。只要把原寸图放好样了，做出版型，按照版型建造就可以。同时只要把工具用好了，那就想建什么样式的建筑都没有问题。我是这么理解的。最后就是看你能不能按照目的来加工木料。

所以鵤工舍的年轻人能独立建造起一座寺庙也是这个道理。按照师父说的，认真地好好磨工具，用好工具，就可以了。不要自以为是，好像理解了，学会了，那是不行的。自以为是的后果就是你手里的活很有可能是扭曲的、变形的，因为你是按照自己理解的去建造的。所以，手艺人聚在一起干活的时候，表面看起来是挺整齐的，但是如果每个手艺人手艺都特别好的话是很要命的。再如果都是很有个性的人，就更难管理了。因为大家都有自己的想法，都想按照自己的想法做，那么在中途最关键的步骤就有可能出乱子。所以，让你干什么你就踏踏实实地干什么，让自己尽量单纯地去接受命令。这一点我觉得鵤工舍的做法是很好的，容易管理和支配，没有投机取巧的机会。当一个年

---

[1]　尺杖：画建筑图时使用的大尺寸的专业尺。

轻人还什么都不会的时候，一下子被放在工地现场，自己边看边学习，同时按照师父或者师兄的指示认真地完成交给他们的工作，这本身就是很好的学习过程。其实如果是水平相当的匠人们汇聚在一起的话，反而不那么容易管理，所以鵤工舍的徒弟们一旦自己的能力提高了，最好选择离开。

但是这种做法对于小川师父来说太不容易了，总是处在从头教起的状态中，太麻烦了。如果用的都是有经验的已经习惯了的人，那能省不少事。但是这些人要付高额的工资，工资低了是没人来的，没人的话自己的技术又无法传承下去，真是不容易啊，我可做不到。

我刚到药师寺的时候，西冈栋梁跟我说："先给我看看你的工具。"看了我的工具，他拿着曲尺笔画着说："这可不行。"他说我的工具的台面不平。如果这时候我只说一句"啊？是吗？"，也就算了。可是我说了自己的看法："我就是这样学习过来的。"西冈栋梁听了以后有点不高兴地说："别顶撞我！"一般情况下，建民宅的木匠师傅只教要点。我原以为工具的台架如果很平整的话，那么在最需要用力气的时候，这个台架会先出去了，我自己以为这样可以提高工作的速度。但是听了栋梁的话，感觉自己理解错了。

栋梁的观点是，台架需要很平整，否则的话刨出来的东西就不会直。刨出来的东西是诚实的，如果台架是弯的，那么刨出来的木头就是弯的。如果是很长的树材还好说，但如果很短的话，台架不直刨出来的就会弯了，那就变成反材了。事实正如栋梁所说。所以我很庆幸自己有机会跟他一起工作了一段时间。如果不去药师寺的话，我连最基本的都不知道，也不可能改掉自己的毛病，因为我一直觉得自己是对的，这些道理也不可能渗透进自己的身体里。

建完了药师寺的金殿，我随池田建设公司一起去了东京，正式进鹞工舍是在东京的那个工作干完以后。小川师父说他要创立公司，希望我一起来。那之后，我就一直专门做模型了。做的第一个模型？法轮寺的三重塔。后来还有药师寺的钟楼，法隆寺的五重塔，正信寺的大雄宝殿和七重塔，还有一些小的部件。

每做一个模型，差不多需要花费一到两年的时间。我不太清楚具体的费用，但是我知道不便宜，甚至都能建一个民宅了。为什么这么小的东西会这么贵？很遗憾，确实很贵。做这个的时候，我几乎连个踏实的觉都睡不了。学术模型不光是形状和外观要很像，材料是按照十分之一或者二十分之一的比例进行缩小的。要花很多的时间才能完成。刚开始做的时候，我都是从前一天晚上十点开始到第二天早上三点或五点，然后睡到九十点，起来再接着做，连吃饭的时间都觉得浪费。从开始做到最后完成，每一个部件是不是配得上，是不是安得上，都很担心。但是，我从一开始做这个到现在还从来没失败过呢。这个甚至比真的还要难做，因为做工太细致了。

做模型所需要的所有工具也都是我自己做。因为太小了没有卖的，从这么小的刨子，到跟斜脊相对应的东西，都是自己做。如果自己做不了那就别做这行了。我能自己动手做工具，这也是多亏了以前的师父，一分钱也没给过我，给我用的工具也是最小限度的，只有一个刨子、粗磨石、细磨石和三个凿子，还有一把锯，那是一个怎么弯都不会折的锯，其他的就什么都没了。但是我想学雕刻，又没钱买刻刀，然后我就用旧的锉刀做了一个，如果不自己做的话我就没有工具了。直到现在，我也是把简单的工具买回来，再按照自己的需求进行加工，如果需要做瓦，就做做瓦的工具。市面上找不到那么合适的工具。如果那时候师父把工具都给齐了，可能我也不会自己做了。他还是从前时代的老的做法，工具都要自己动手来做。

木匠口诀中的话不只适用于建造真正的寺社，也适用于我做的模型。大到佛堂佛塔，小到模型上的每一根材料，无论树材有多大的癖性，我们都要用啊。梁也是一样。如果用机器来处理的话，不好的木头、弯曲的木头都不能用。但如果是用手来做的话，那些不太好的、弯曲的树材也都是可以处理的。

做模型，从头到尾我一个人都能完成。从画图到拉墨线、备料、构建到完成，全都是我一个人，这个过程很有意思。从一开始做了，连睡觉都可以减少。对于我来说，如果能一直做的话，再没有比这个更有意思的事情了。虽然是很孤独的世界。

我在这个二楼干活，你上去看了就知道了，上边是堆积如山的材料，我现在正在做第二个法隆寺的五重塔。

今后还能做多少个我不知道，但我想干到六十五岁。还有二十年吧，不知道还能做几个。每一个都要花两到三年的时间，这样计算的话，十年做三个，比实际建造一个实物还要花时间。

我不在乎自己的名字是不是被记得，我能挣多少钱，这些都无所谓。我只在乎我做的模型在哪里放着。人，不需要留名，只要把这些建筑留下就好了。一生那么短，将来我不在了，如果有人看到这些模型说"原来还有人做这个"，我就很知足了。我活这么大，没做过什么伟大的事情。

如果有一天自己离开了这个世界，我做的东西还在。

建造佛塔佛堂的时候，需要很多不同业种的匠人一起来完成。他们会小心翼翼地维护我做的模型，把它放在佛堂里边，遇到火灾的话，只要整个建筑没烧尽，它还是会保留下来的。实物的佛塔佛堂如果没有人去维修的话，它就会变形。

我干不了的他们能干，他们做不了的我可以，就当是一种自我满足吧。

有时候我也会对未来有憧憬，也想建一次真正的佛塔或佛殿，这辈子一次就可以。说是建一个实物，其实就是想把我做的这些当中的某一个放大而已。但是，那要用很多的匠人才可以，我一个人是不可能的，我又没有徒弟。

现在我在做的这个法隆寺五重塔的零部件有多少个？大概有一万个吧？没认真数过，差不多这么多吧。光这些瓦和椽子就有多少？圆瓦就有上千块吧？平瓦也有上千块，椽子得有八百根？还有装饰板，屋顶的材料，这些都是以千为单位计算的，斗拱也要七八百个，尽管它们是实物的二十分之一，但内容跟实物完全一样。

我为什么选择做了专业学术模型的制作者呢？这也是机缘巧合吧。我认识了小川师父，他对我很肯定。在跟他见面之前我是有一些基础的，当时是已经出了徒的。我离开鵤工舍要回老家福冈的时候，手里拿着小川师父做的木盒子，有点嘲讽地跟他说："我回家就做这种用胶来粘的小东西吧。"因为我心想这种东西不用胶也能做成，就跟他说："做这种东西的话，不用胶也能做出来。"

后来我问西冈栋梁，他说胶的工作是最高级的工作。我问他怎么是最高级的工作呢，他说："如果每一个角度不是严丝合缝地粘在一起的话，是粘不严的。"因为如果用钉子钉，那是勉强地把它们钉在一起的，而胶，是需要每一个角度和面都要完全合得上才能粘得牢靠。用刨子和凿子处理表面，如果不平整也是粘不牢的。

我的脑子里没有钉子的概念，我觉得要想不让它们分开一定需要什么特殊的工艺，如果是用胶的话很快就会开了。因为我是这么想的，所以才那么轻率地说出口。

"那你就做这个吧。"小川师父给了我一个做模型的工作，这也许就算是一个契机吧。

有没有自己想做的模型？自从当了模型师以后，药师寺的三重塔我还没做过呢。我是从药师寺开始入这行的，也应该结束在药师寺上。我打算把它作为最后的工作留着。[1]

大工 川本敏春

我是昭和二十九年（1954年）三月十八日出生的。广岛人。

当木匠的愿望是在中学的时候萌发的。考高中的时候，我想考稍微难一点的公立高中，如果考不上就直接去当木匠，但是没想到居然考上了。不过即使考上了我也没心思学习，天天吊儿郎当的，每天都想着退学，好歹毕了业。

从高中的普通科毕业以后，我去职业训练学校的建筑科学了一年。父母没有反对，他们的教育方针就是只要喜欢就可以去做。去职业训练学校是因为从那里毕业以后，可以去考二级建筑师的资格。当年我没考过，第二年又考了一次才考过了。虽然考过了二级建筑师的资格，但是我并没有想靠这个吃饭。我还是喜欢木匠，上小学的时候我就帮别人做过鸽子窝。

---

[1] 冲永在学术模型领域相当有名，被称为"名匠"。但目前他已经停止了制作。

木匠实习的地方是训练学校给我介绍的。虽说是去了，但一个星期后我就辞掉了。后来，亲戚又给我介绍了一个地方，我在那里学了三年。没人规定我要学几年，是我给自己规定了三年。但是，在那里干到第二年的时候，那家公司开始转做临时建筑了，我觉得那不是我想干的，本想马上辞掉离开的，但是毕竟他们对我还是有恩吧，所以我还是干满了三年。在那里干活的时候我是有工资的，从一开始就有，管吃管住一天好像是一千五百日元吧。我觉得这个待遇还不错，但是后来他们做的临时建筑这个产业不是我喜欢的。师父倒是很好的人。

接下来的工作还是训练学校的朋友帮我找的，是一家建民宅的建筑公司。到那儿去了以后，等于我又要从头开始学徒，因为我会干的还是有限。建民宅的工作从没被要求过磨工具，但是由于都是建那种传统的日本式房屋，所以我的很多传统工具的用法就是在那里学会的，比如手斧和刨子等。这个在我日后的工作中起到了很大的作用。在那里我也干了三年。

在那里工作期间，我读到了一本书叫《斑鸠工匠·三代御用木匠》。我很惊喜，"原来这个世界上居然还有这样的人"。我按捺不住激动的心情，就想去找西冈栋梁，恨不得马上就离开原来的地方投奔他。那边的师父也很理解我，但是他说："你连一个完整的房子都还没建过呢，这边正好有一个要建的房子，你不妨先干一个完整的工程再去。室内的一些装饰你可以不干，那些将来也有机会干的。"于是我就建了一个大约三十坪还是四十坪的房子，算是毕业考试吧。建得还不错，得到了师父的肯定。

建完这个房子，我就离开了那里，去找西冈栋梁了。书里并没有写他的电话号码，我想反正先到奈良找找再说，就开着车去了，找了一大圈也没找到他的家。我想到了去查查电话簿，也许能找到他的电话，就进了电话亭查找他的电话，那时候正好是冬天，天短，傍晚很早天就黑下来了。我在电话簿上找到了他的电话，大概已经是晚上八点半左右了吧。打电话给他的时候他很生气，可能是觉得这么晚了还打电话，但还是让我第二天到药师寺来一趟。第二天我赶到药师寺工程办公室的时候，栋梁跟小川师父都在，"你就是昨天打电话的那个？"又把我训了一顿。

那时候他们刚建完药师寺的西塔，"小川那里现在也没有工作，我们目前都不需要人手"。他还说如果想进池田建设公司的话可以帮我介绍，我虽然不知道那个池田建设到底是个什么样的公司，但是本能地马上就拒绝了他的好意。

这时候小川师父说："等到了四月份，我再跟你联系吧。"

于是我就先离开了那里，因为还有三个多月的时间，我想那就干脆帮家里改造一下房屋，就回了老家，还立刻预定了木料和其他材料。正当那些材料第二天就要运到的时候，我接到了小川师父的电话。"你能来吗？"他说有一个做西塔大门的工作。那时候如果我马上就赶过去的话，如今可能会发生很大的变化，但是因为我心里惦记着家里改造的事情，所以就告诉他，我这边还有些要处理的事，所以还是等到四月份再去吧。我就这样错过第一次机会。等到四月份我去的时候，他们说要等到八月份了。

于是，就这样一次次地，大概又等了两年。去了多少次都是这样的情形，不是"目前没有工作"，就是"这次人够了，不需要了"。这当口，正赶上我第二个师父的兄弟那里干活缺人手，我就跑去给他帮忙了。那时候小川师父正在着手建造东京的安稳寺和郡山的持佛堂，他说："开建之前，你过来看看吧。"那时我内心已经有一半要放弃宫殿的建造了，他特意给我打了电话，让我很感动。

我觉得他很了不起，在我看来已经是很伟大的人了。虽然我们年龄相差也就六七岁，但是他的手艺实在是太好了。当然，我们不是一个业种的，与那时比，我觉得现在的他更了不起了，还是能感到这六岁的差距。虽然他对人从没有傲慢的姿态，但是从我这儿看来就是伟人了。之前我去见他们的时候，曾经恳请过"请让我留下，让我干什么都行，我可以分文不要，脏活累活什么都能干"，但他们还是说"不要"。

现在我自己到了这个位置，回想起来，如果身边放一个什么都不会的没用的人确实是挺麻烦的。虽然在别处也学徒了六年，但是跟他们这行还是毫无关系的，不过是能用几样工具而已。

当时我跟小川师父说希望能做他的徒弟，他说不收你这个徒弟，因为徒弟的话要照顾一辈子。我第一次去找他们的时候已经二十五岁了，真正进鵤工舍的时候是二十七岁。

我是真喜欢这个工作。那时候结婚这些事情也从来都没想过。药师寺的大雄宝殿建成的时候，我受到了很大的震撼。没想到这个时代还有这样伟大的工匠，这么专门的业种。之前我还以为宫殿木匠这个行业已经不存在了呢。

那时候工舍里有规定，年满三十岁就要离开宿舍，自己租房子住。我住到三十岁，然后就离开了宿舍。那时候跟我在一起住宿舍的有三轮田和相川。北村因为东京的工程还没结束，所以一直留在那边。

虽然我之前是学建民宅的，对工具什么的也有一些了解，但是当我第一次看小川师父用的凿子时，那个震惊还是很大的。这种感觉还是第一次，原来工具要磨成那样才可以。我也就开始拼命地磨工具了，但是花了不少时间和精力。之前我都是自己判断磨的程度，差不多就好的感觉，但在这里是根本不合格的，大家都在拼命地磨。

我在宿舍住了两年，干的第一个工作就是持佛堂，是从屋顶的木构框架开始的。这个干完了以后，我又去了位于山田的杵筑神社，在那里建了水房和拜殿。接着，就修了西冈栋梁的家以及会客室。这几个工程都是我领头干的。

说到底，我是幸运的，也许是时间点好吧。师父对我很好，很信任。如果我能干到五的程度，他就会给我六或者七的工作；当我完成了六或者七，他又给我八或九。他是这样给我安排工作的。

现在我明白了，刚入行的年轻人，只有让他多干才能成长。如果很好地完成了师父交给的任务，那么这个工作就算是记住了，也就了解工作是怎么回事了。

所以我觉得作为师父，如果没有胸怀是不行的。如果他让你画图，即使你完全不懂，你也会拼命地学习。

建造宫殿所用的树材都是巨大的，这个也跟我们建民宅不同，开始还是很震撼的。真正做起来就知道，往木料上弹墨线的时候是没那么简单的，要慢慢才能适应。习惯了以后当然也会出错，这个就像开车一样。我就失败过一次。那次我把山门的材料锯短了，所以这个材料就不能用了。通常情况下如果是匠人的失误，材料费是要由匠人来承担的，但是这个损失工舍替我承担了，而且师父连一句也没骂我，但其实这比狠狠地骂一顿还让人难受。这会让造成失误的当事人更难堪、更自责。这个做法让我很吃惊，但是人在这样的环境下会进步得更快。

我从宿舍出来以后自己租了一个小公寓，就在药师寺的附近。我把行李放下以后就去了名古屋的工地，还在名古屋结了婚。

岁数也到了该结婚的年龄，周围的人开始着急，还相了几回亲，找过不少。但是没有一位女性会因为我是宫殿木匠而觉得了不起。

我们常常被说成是鵤工舍的毕业生。我们自己完全没有这个概念，因为出来的时候并不是"好，我已经都掌握了"、"完全没问题了"的状态。

干完现在大阪的这个工程，我打算回广岛老家。有时候也想自己成立一个公司，叫什么名字不重要，我觉得如果能跟一些志同道合的同仁们一起工作还是很重要的，毕竟我自己也四十岁了，慢慢地开始感觉到有些力不从心了。干我们这行的，一个人什么都做不了，但是用别的匠人又不放心。所以我也想自己培养一些人，带带徒弟，然后跟鵤工舍保持来来往往的关系就最好了。[1]

鹈饲圣（入门八年）

我是昭和六十二年（1987 年）十二月二十八日出生的。我是东京人。父母生了我们姐弟三人。我有一个姐姐和一个弟弟。父亲是内科大夫，母亲从前是护士，结婚生子后就成了专职主妇。我觉得我想当木匠的基因应该是来自我的外祖父。外祖父曾经是盖民宅的木匠。

我是二十二岁那年进入鵤工舍开始学徒的。之前我是看了一本叫《栋梁》的书，就是小川师父写的。

高中我上的是私立高中的普通科。说实话，我的学习成绩不是太好，排名经常是倒数的。我喜欢的科目是物理

---

[1] 川本继续从事宫殿木匠的工作。

和体育。我最擅长跑步了，尤其是长跑，高中一直都是长跑俱乐部的，我们经常参加驿站接力赛，最好的成绩曾经是东京都的第三名呢。大学四年级的时候我还参加过檀香山的国际马拉松，四小时二十分跑完了全程。

对于做木匠这件事，其实我并不觉得我的手很灵巧，我也不觉得我有这方面的素质。

我决定要来入门学徒了以后，先往工舍打了电话，然后又去栃木的工房参观。之后我又参加了入舍体验，大概一周的时间吧，在埼玉县的天岑寺那里干了一个礼拜的活，算是体验了一下宫殿木匠的活计。一周的体验结束以后，师父说现在太忙，过一段时间给我电话，我就回家去等了。但是过了很长时间都没来电话，我就直接往工舍打电话询问，在电话里得到了师父的批准，就算是入门了。

刚入门的时候也是从做饭和打扫卫生做起的。我不是太会做饭，入门前也没好好学过。但是自从开始负责做饭以后，我喜欢上了做饭，尤其喜欢为大家做便当。通常，我做日餐的时候比较多。我没问过大家我做的饭好吃不好吃，所以我也不知道大家的感受。除了做饭以外，我更多的时候是整理工房里的木材，有时也会做一些简单的加工，比如刷涂料等很基础的工作。刚入门的两个月，去山里割了两个月的草。

刚开始学徒的时候，我一直跟着木嵜师兄一起干活。虽然他平时都心平气和的，但严厉起来也是挺严厉的。

真正开始使用自己的工具干活是在入门的一年以后。那也是我参与的第一个工程，是建慈愿寺的钟楼。那个工程的现场栋梁就是木嵜师兄。干活的过程中有过很多有趣的事，我记得最清楚的一件事就是，有一次，我要辅助木嵜师兄按住材料，让它们保持不动，但是一阵困意袭来，我居然闭上眼睛打起盹来了。虽然是很短的一瞬，当我猛地惊醒过来的时候，睁眼一看，木嵜师兄也正昏昏欲睡呢，那个情景，我们俩都不约而同地笑了。

这些年下来，我还没怎么感觉到作为一个女性在干活中有什么不便。因为出工地现场的时候，如果没有单间师父也不会让我去。因为在我们的寮舍里，每个人的空间都是有隔断的，女生的空间还有门和锁呢。虽然有门，但顶棚都是开放的，声音什么的完全都听得见，所以总感觉即使在自己的空间里，周围的人也都在很小心地尽量不出声音地做事。没想过要离开这里，但有时会想休息一下。

自己感觉到自己的进步大概是入门的第四个年头吧，包括现在也是。第一次完成了一整根圆柱的处理全过程，很自然地就露出了笑脸。我感觉那种喜悦是发自内心的。

对于我来说，小川栋梁、量市师父的存在是非常特别的。我能感受得到他们的高大和力量。他们都曾经跟我说过很多话，我记忆最深的是栋梁的，"要有一颗替别人着想的心"。量市师父在我还没正式入门之前就说过，"别想着要战胜男人，那样想的话自己一定会被累趴下"。这些话我都牢牢地记着。

将来我是想结婚的。我想我的另一半也应该是手艺人。我的父母非常支持我。我的朋友们都很羡慕我所做的工作是自己最喜欢的事，也都很支持我。他们觉得我的工作是跟他们完全不同的世界。

当初我入门的时候曾经给自己定下过目标，那就是将来能成为一名女栋梁。但是现在这个目标对于我来说已经没那么重要了，因为我的工作很愉快，很满足。我觉得这就足够了。我没给自己规定过学徒的年限，我想做到让自己满意，在满意之前我都会留在这里。将来离开这里以后，我还是希望能从事跟这个有关的工作，如果不行就去做跟体育有关的工作（笑）。

（英珂：小川栋梁夸你现在手上的功夫已经很厉害了。）

栋梁说过这样的话？太让我吃惊了。不过太高兴了。我觉得自己手上的功夫还差得很远呢。但是在我心里始终有一股劲儿，就是一定要干得漂亮，要干好手里的每一个活。

我还不是太确定自己是不是一名合格的宫殿木匠，但是我特别感谢给我们这个机会的施主和寺院的住持。我为自己的工作骄傲。

当我正在考虑入门开始这个工作的时候，有人曾经告诫过我："这个工作，技术是无限的，既没有界限，也没有终点。"这句话一直在我心里，是一股力量一直指引着我精进再精进，完善再完善。我就是在这个力量下面对每天的工作的。同时，每天都会有不同的、各种各样的思考。思考这些问题对于我来说都是很愉快的过程。特别是在工房或者现场干活的时候，无论是加工木料，还是组装木料，每一天的景色变化，都让我觉得愉悦和舒服。

最初在工地上为大家做饭的时候，根本没有时间和心境去感受周边的一切变化，每天都在疲于奔命，紧张得不行。但是当一个建筑建好以后，当它呈现在我们面前的时候，之前所有的那些小事情就会一下子风吹云散，也才会第一次体会这种"完成"的感动。这是我学徒这些年感触最深的。

今后，我还将继续精进奋发地过好每一天。[1]

---

[1] 本文是译者于 2016 年回访鵤工舍时，对鹈饲圣的采访。

鹈饲圣

三 西冈常一寄语孙徒弟们

西冈常一寄语孙徒弟们

平成五年（1993年）十二月二十六日，鵤工舍年轻的徒弟们干完了活，换了衣服，都集中到了位于法隆寺不远的料亭"富里"。在全国各地干活的人这一天也都赶回来了，为的是鵤工舍一年一度的"忘年会"。小川到住在附近的西冈栋梁的家里去接他了。今年的忘年会有点特殊的意义，一来是为了庆祝西冈栋梁身体恢复得不错，二来是为了祝贺他今年获得了文部省颁发给他的"文化功劳者"的称号。

这两个是今年忘年会的主题。其实前年栋梁就获得了文化功劳奖，只是由于他的身体一直不太好，所以祝贺的仪式就一再推迟，一直延迟到了今天。今天的祝贺仪式，小川同时也邀请了栋梁的夫人、儿子、女儿和孙子们。西冈栋梁拄着手杖来了。最近，他的腿不太听使唤了。但是，他依然像出席重要场合那样，衣着笔挺又洒落，戴着贝雷帽，西装上身，皮鞋磨得很亮。

开场是在二楼的大宴会厅，西冈栋梁夫妇坐在上座，正对着他们的左侧是鵤工舍的徒弟们。以小川为首，北村、大坚和角间坐在第一排。右侧是栋梁的家人们，长男太郎、次郎贤二以及他们的家人，女儿还有孙子们并排而坐。

以这种形式让西冈栋梁以及他的家人跟鵤工舍的徒弟们见面，这还是第一次。徒弟中有不少是因为看了栋梁的书才立志来当宫殿木匠的。对于他们来说，西冈栋梁是写在教科书里的人物，是云彩上边的人。

小川的用意，是想在西冈栋梁身体尚可的状态下，让徒弟们见见他，所以才特别安排了这次忘年会。而西冈栋梁本人，也想对自己这些孙子辈的徒弟们说几句话，他的儿子们对继承了自己父亲的衣钵，对父亲一直敬仰的人，也想说几句感谢的话。就这样，由西冈、小川以及徒弟们连起来的这个三代同堂的场面，看起来很有"宫殿木匠一族"的气势。

我很想把这个情景跟大家介绍一下，这样更有助于理解西冈栋梁对于年轻人的想法，以及年轻人对于西冈栋梁的仰慕程度，还有他是怎样看待儿子们没有继承他的手艺，又是怎么看待鵤工舍的存在的。

忘年会以小川的寒暄作为开始。

"今天，在座的是栋梁以及栋梁的儿子和家人们，还有鵤工舍的孙子辈的徒弟们。今天这样的会面还是第一次，当然也是为了祝贺栋梁获得文化功劳奖，包括这些年来获得的众多的奖，正好又赶上年底的忘年会，因此，今天能举办这个会我很高兴。栋梁有很多朋友和故知，他们经常说要为栋梁举办庆祝会，但是作为弟子和家人还没给他举办这样的会，实在太不应该了。拖着这么长时间才举办，实在太抱歉了。我们都不属于脑袋特别灵活好用的人，这些事情有时候考虑得不够周全。西冈栋梁的家庭在旁人看来是很幸福的家庭，而鵤工舍也是这样一个大家庭。大家都还很年轻，也都很努力。

"今天是十二月二十六日，栋梁生于明治四十一年（1908年）九月四日，到今天为止已经过了三万七百九十四天，这三万七百九十四天里的每一天他都过得充实、紧张和用功，才迎来了今天这样的日子，也才有了今天的西冈栋梁。所以，我们要以栋梁为自己的榜样，不急不躁，让每一天

1993 年 12 月 26 日，鹈工舍忘年会

西冈常一与小川量市在忘年会上

都过得不懒惰，精进自己的技艺。今后也请栋梁多多地指导和鞭挞。"

小川讲完，接着是西冈栋梁讲话。他的腿不好，所以他就坐在原地，声音洪亮有力。鹈工舍年轻的徒弟们都挺直了腰身，以正座的姿势恭听。

"大家晚上好。这里边有不少人是第一次看见我这张脸吧。听说今天鹈工舍的徒弟们来了二十一人，能聚集二十一个人，有这二十一个人的力量，无论多大的建筑都能完成了。希望你们努力进取，不要畏惧任何的困难，把全部的精力都放在工作上，我是这样认为的。

"另外，虽然我常常被别人称作'名人'，但是'名人'也有各种各样的，有'切手乱服和落钉'这种稀里马虎的名人，当然也有真正的名人。希望你们朝着真正的名人的方向精进努力。我的话有点短，就说这些吧。"

西冈栋梁在讲话中提到的"切手乱服和落钉"，是在木匠当中流传着的用来比喻稀里马虎的木匠的用语。这句话说的是"用刃器就会把手拉了，衣服也穿不正，钉子到处乱丢"，满处瞎溜达，把最重要的规尺到处乱放，这样的人在木匠中被称为"迷糊匠"，也算是一句警句吧。

西冈师傅讲完话之后，鹈工舍年轻的徒弟们，从北村开始按顺序一个一个地从姓名、出生地到入舍的年数等都做了自我介绍。这些徒弟中，有些是第一次见栋梁，也有几个是先来找他，又被他介绍到小川那里去的，这样的孩子他都还有记忆。徒弟们站起来大声地做着自我介绍，西冈栋梁边点头边认真地听着。

二十一个人的自我介绍结束以后，栋梁的次子西冈贤二作为西冈家族的代表站起身来喊了干杯的倡号。贤二住在法隆寺西里附近，在制药公司工作。

"我是西冈家的次子贤二，我就出生在奈良的法隆寺。今天当着各位，恕我不敬，由我来喊干杯的倡号了，还请多多关照。

"在这么多美味佳肴的面前，讲很长的话实在是不合适，但我只想借这个场合说一句对大家感谢的话，看到大家对待我的父亲这般敬仰，而作为没有继承他的事业的我的哥哥以及我，他仅有的两个儿子，我们表示非常的惭愧，父亲是因为你们大家才有了今天的成就。作为他的儿子，我们今天是怀着很复杂和难受的心情来出席这个宴会的。我们没能实现的志愿，却被出生和成长在完全不同的家庭和地域下的你们来继承，把这种建筑技术作为终身的志愿来继承，而这本应该是我们来继承的，但是被我们放弃的，却由小川师傅以及鵤工舍的你们大家继承下来，我们深感汗颜，同时在内心，又常常怀着感激的心情。

"今天还专门举办了这么隆重的庆祝会和忘年会，感激的心情无法用语言表达。再说下去的话，眼泪就快要下来了，单纯又好哭是我的特性。说了这么多，还是请大家举起杯，让我们干杯！祝愿鵤工舍二十一名舍员越发地磨练技能，也祝大家身体健康，同时也祝福我们自己的父亲西冈常一健康长寿。祝福我们的母亲、兄弟以及家族所有的人更繁荣，干杯！"

贤二和长子太郎的年龄，应该正好跟鵤工舍这些年轻徒弟们的父母的年龄差不多。这些徒弟们自己最清楚入鵤工舍的门是多么的艰难，这样一个伟大的手艺，西冈栋梁的儿子们反而都没有继承，徒弟们一定非常地好奇。因为栋梁在他自己的书里也写到过没有让孩子们继承自己衣钵的理由，小川师傅的书里也提到过这些。而我在对栋梁的夫人以及儿子们的采访中也提及了这样的问题，在这里挑一些主要的内容记述一下。

西冈栋梁的家代代都是法隆寺的专职木匠，从他祖父那一代起就担任着栋梁的重任。但是他们的生活并不轻松，所以从小祖父就教导西冈"寺庙里没有活计的时候，要自己耕田种地"、"再穷也绝对不可以去建民宅"、"不能被金钱追着跑,那样人会变得急躁,急躁了手上的活计就会变得粗糙了"。因此,为了吃饭,西冈家有一片祖上传下来的农田。夫人会帮忙种地,孩子们也会帮忙。那个时代不可能有像现在这样的建造大型建筑的机会,他们每天的工作也只是修缮寺庙里的破损和制作一些寺庙里的杂器。赶上机会好的时候,就是寺庙的解体大维修。日本全国的寺庙,包括法隆寺,在那个时代都维持得很艰难。工匠们几乎没有活干。即便如此,寺庙专职木匠的这个"业"在那时也是以家族为单位传承的。

而西冈栋梁在孩子们正处于成长期的时候偏偏染上了肺结核,还把自己的妻子也传染上了。他的人生处在九死一生的窘境,但依然坚守着祖父的教诲,不建民宅,让自己始终保持宫殿木匠的姿态。可想而知,他们当时的生活状态是多么艰难。为了糊口,他们曾经卖掉了一部分祖辈传下来的山地,这些艰苦的生活经历孩子们是清楚的。也正是因为清楚这些苦难,孩子们最终没有选择继承自己父亲的手艺。栋梁自己更是深知这些苦难,他没有理由勉强孩子们继承自己的手艺,因为那个时代是宫殿木匠很难继续他们的工作的时代。小川三夫找上门来想要学徒的时候,刚好是一个艰难的时代即将结束，一个新的时代正要开始的时候。小川第一次造访西冈栋梁的时候，西冈栋梁还在为法隆寺的厨房做锅盖，让他等到自己有活计的时候才能收他为徒。回头看那个时代，再看看如今这么多的年轻人竞相要当宫殿木匠，西冈栋梁的内心一定充满了莫大的不可思议。

太郎和贤二因为自己没有继承父业，看到父亲独自一人面对那些学者和专家们，却又不能相助的时候，一直在内心深深地懊悔和痛苦。也因为这个，所以今天贤二要特别发言讲讲自己的心得。太郎和二郎在那天的宴会上，一直在往鵤工舍年轻的徒弟们的酒杯里边倒啤酒边说着感谢的话。

晚饭后，为了给大家助兴，原田胜唱起了家乡的小调《鹿儿岛小原节》，还边唱边跳的。松本源九郎也敲起了家乡的龙神太鼓。年轻人们都唱了歌。作为还礼，贤二和西冈家的孙子们也都唱了歌。最后，鵤工舍的徒弟们集体合唱了木遣号子。

西冈栋梁一辈子滴酒不沾。他说，喝酒会让人忘乎所以，所以坚决不喝。这天的宴会，他也只喝了茶水和果汁。他用慈爱的眼神看着这些年轻的孙徒弟们，每当他们唱罢了一首歌，他就放下筷子，用力地鼓掌。宴会告一段落的时候，长子太郎起身要讲几句话。

"今天这个专为父亲举办的庆祝会，小川兄要求我们全家都出席，我们就这么毫不客气地参加了。我对大家充满了内疚的心情，非常感谢他给了我们这么一个可以让我们解释的机会。总之，今天非常地感谢。

"对于我们来说，从前的父亲简直就像魔鬼一样可怕，像雷电一样恐怖。这样的父亲，如今能被他的徒弟以及你们这些年轻的孙徒弟如此这般地敬仰，真让我们感激不尽。现在的父亲，已经非如从前，变成了一个好好爷爷，虽然有时候偶尔还会露出严厉的一面。如果他再早一些变成这样的好爷爷，可能我们的选择还会有所不同。真的很感谢大家，我唱一首歌来表达我的谢意吧。"

随后，他唱了一首《昴宿星团》。太郎在讲话中说的那个如炸雷般的父亲也面露微笑地看着他。曾经被称为"法隆寺的魔鬼"的西冈栋梁，在外，被外人恐惧；在家，他也一定保持着他的姿态。但是那样的姿势如今已经荡然无存。这一年，西冈常一，八十一岁。他的弟子小川三夫，四十五岁。

太郎唱完，西冈又接过麦克风做了最后的总结发言：

"我来说几句感谢的话。感谢今天这个特别为我所设的宴会。鵤工舍的你们大家，请一定要以大度的胸怀对待你们的工作。我给你们唱一首《男人的歌》吧。"

等西冈栋梁唱完以后，小川宣布，西冈栋梁为每一位孙徒弟都准备了题词。为了这一天，栋梁一点点地积累着，已经写了一些日子了。他拿起写着题词的纸说："大家，我给你们念念。'营造伽蓝要选四神相应的地相'，'堂塔的占地要以塔的高度为准'，这些希望你们都要牢牢记住。"

一张一张纸上写的都是法隆寺木匠代代相传的工匠口诀。被小川点了名字的徒弟站起来，一个一个毕恭毕敬地走到西冈栋梁的面前，从栋梁手里双手接过来。以这样具体的形式给徒弟们留下点什么，在西冈栋梁来说还是第一次。他也许已经意识到了这可能是自己最后一次见到这些孩子们，所以，他跟每一个徒弟都认真地说了话："大堅，拜托了哈，代理栋梁责任重大啊！""源九郎，你父亲怎么样？"源九郎的父亲曾经在西冈栋梁的手下做过副栋梁，一起建造了药师寺，也算是一位名工匠。

"塔的高度就是伽蓝的占地面积，牢牢给我记住啊。"

就这样，鵤工舍的年轻徒弟们一个一个地跟西冈栋梁面对面地交谈，接过栋梁手写的法隆寺宫殿木匠的口诀，这些文字正是作为法隆寺宫殿木匠的西冈常一领会最深的，"树之生命"，"树之心"，他希望年轻的徒弟们能很好地活用这些口诀。

开启新的旅程

平成六年（1994年）十月十三日，鹈工舍的徒弟们全体都集中在茨城县龙之崎正信寺的宿舍。正信寺的工程进展接近尾声，已经开始铺设顶瓦了。春天还堆积如山的木料、柱子、梁和枕，如今都已经组建到这座建筑的身上了。

角间带着自己的手下从栃木的工房赶来支援了，小川也从奈良赶来了。

正信寺的竣工已经指日可待，新的工程即将开始，舍里需要重新安排人员的调配，小川正是为了这个才把徒弟们招呼到一起的。五点钟，所有人都放下手上的活计。

小川量市和前田世贵在清理现场。

宿舍里，千叶学和藤田大等几个人在整理自己用过的房间。

厨房里，花谷太树和新人谷口信幸正在为一会儿将要举行的小聚餐忙碌着。角间带着几个人，在把几台洗衣机中的一台、一台冰箱和三张床，往从栃木开过来的卡车上装。

原田胜去寿司店取预定的寿司，顺便再买些下酒小菜。

全都停当了以后，大家在食堂的餐桌旁落座。小川站起来，宣布了正信寺的进展状况，同时也宣布了接下来几个人的去路安排。

新的大工程是即将建造埼玉县东松山市的西明寺。这个工程将由角间担任栋梁，备料以及所有的事物都将由他来负责。宿舍已经在新工地的附近搭建好了。

从还在收尾阶段的正信寺离开，千叶学、藤田大和大桥诚将一同前往西明寺。前田世贵则将跟随北村智则一起前往奈良的素盏鸣神社，那里的工程不大，可以看见最初到最后一步的工程，并从中学习一下。

松本源九郎从鵤工舍毕业，将去岐阜县的高崎那里帮忙。小川量市为了学习民宅的建筑，将去石本那里学徒三年。

小川还介绍了新入舍的谷口信幸，介绍了他过去的职业经历，并说："这是新来的谷口。他将去西明寺给角间帮忙。"小川只宣布了这些。新人的过去、学历、家庭、出身等等，在他看来都跟学徒没有关系，所以一概不作为介绍内容。

谷口是一个高中留级，最终退学的孩子。他不喜欢学习，

上：搬运大柱，只有近距离地接触树木才能体会它的重量

下：大梁安好后，才第一次感受到自己工作的重要性

也不愿意跟比自己小的同学一起学习，所以就干脆退学了。退学后，因为没有特别的目标，就去建筑工地干了临时工作，在工地一起干活的年长同事介绍给他看了关于小川三夫的《树之生命木之心》（地卷）。在那本书里，他知道了有一个叫鵤工舍的地方，于是九月份申请来面谈，不久就进来了。

小川宣布完这个新的编制，大家一起用啤酒干杯。小川又向大家询问了一些关于正信寺的事。

"谁都没想到吧，那么一大堆木料能变成这么了不起的一个建筑。只要干，最终还是能完成的吧，是不是？这个建筑真不错，很厚重。这可是你们自己建造的啊。"

大家的心里也是同样的感受。是啊，从栃木来支援的人也为这个建筑出了不少力。正信寺刚开始建的时候有不少人还是刚入门的呢。

"这是大坚完成的工作。"

被小川这样一说了以后，大坚露出很不好意思的表情。

小川一边喝着啤酒，一边跟大家说明为什么要让自己的儿子小川量市去学建民宅。还说了他的打算，凡是愿意一直留在鵤工舍的人都要去别的工房深造，然后再回来。

这么多人在一起干了相当长一段时间的活了，而且没几天就又要各奔东西，大家本应该说着一些留恋的话、不舍的话以及干活中一些回忆的话，但是这样的场面完全没有。他们喝着啤酒，吃着寿司，开着玩笑。交谈中大家还说道，这下棒球队的主力们都将移师埼玉县了。

最后，小川喊了一句："来！一等奖一万元！"这是鹪工舍惯例的掰手腕比赛，按照抽签来决定比赛对象。今年春天刚入门的花谷，这个九月刚来的谷口，大家公认最强的大坚，甚至连小川也都伸出了手。大家都对自己的手有信心。

几个回合下来，小川量市击败了大坚，千叶学击败了小川三夫，最后由量市跟千叶学决赛对抗。量市胜了。这个谁都没想到。

高中都没毕业，曾经沉浸于吸大麻和混日子的量市，自从离开了不正经的生活，被小川交给大坚管理了以后，两年的时间，磨出的工具令人刮目相看。如今，就要开始新的征程了，又在出征前的掰手腕比赛中获胜。奖金发完之后，六点钟开始的小聚餐也就结束了。

被小川安排了新的编制的徒弟们，明天就将收拾好自己的行囊和工具踏上新的征途。

剩下的人明天还要继续完成这里余下的活计。去西明寺的人，当晚就收拾了自己的东西和工具奔向新的现场。

花谷和谷口在为大家善后。

量市和前田也在把在这里一直用的工具往工具箱里装。

人，是要一边干活一边成长的，那样才能变得强大。小川三夫一直跟徒弟们强调的是：一个人进步的基础首先是"无垢和素直"，要让自己永远回归于"崭新"的心境下。刚刚入门的新人们，正在学着一个台阶一个台阶地往上攀登。那天在正信寺的聚餐就是这样的感觉。

四 访谈收录

对谈：造物和育人

糸井重里[1]　小川三夫

工作是最好的休息

糸井：小川师傅，休息的时候一般干什么呢？

小川：完完全全在奈良家中待着的时候大概一年中也就两天，新年那天是强迫着自己必须在家。还有就是前一天喝多了，第二天头晕脑涨地睡觉，可能会在家。新年待在家里有点是被迫的，所以那一天就感觉特别长。一般新年

---

[1]　糸井重里：日本著名广告人、作家、词作家。

的第二天我就赶紧去工地了，干活的时候心情是最放松的。

糸井：噢，干活的时候心情是放松的。那你没有"想休息"的欲望吗？

小川：没有啊。干活的时候是最舒服的时候，是精神最愉快的时候。

糸井：我估计谁都想在你这样的状态下干活吧。你当初选择工作的时候，有没有想过"这是最好的工作"这样的问题？

小川：当初我高中修学旅行去奈良，当看到法隆寺一千三百年的五重塔的时候，脑子里就想："匠人们是怎么搬运木料来建造出这么好看的塔呢？顶部的相轮又是怎么安上去的呢？"我脑子里想这些问题的时候都会特别愉快。

糸井：那个心情一直都有吗？

小川：是啊。所以高中一毕业我就去找西冈栋梁了。但是当时没有立刻入门，那反倒很好。终于能入门是在三年之后的第四年的春天了。如果很顺利地就入门的话，可能就不会这么珍惜了。

糸井：我觉得就连从小就想当职业棒球选手的球员们有一天梦想成真了，也是会有休息日的。所以，像小川师傅这样，觉得工作最放松的人还真少见。

小川：不一定啊。我们鵤工舍的徒弟们每天都要干到十二点才睡呢。每天都得催他们，"十二点了，快睡觉！"

糸井：我也很喜欢工作，我的员工们也经常工作到深夜，但是我渐渐地开始觉得也应该好好地享受休息日才对。我很想改善的环境是"什么都不干的时间"和"很痛苦，但还在盲目地干着的时间"。听了你的话，感觉休息其实已经包含在工作中了。

小川：是的。

糸井：我是不是也可以做到呢？

厌倦的事情不可能做好

小川：有人说"法隆寺耸立了一千三百年，你们也要建造能耸立一千三百年以上的建筑"，我觉得不是这样。一千三百年前的匠人们一定也没想到自己建造的这个建筑能保存一千三百年，是偶然维持了这么久。技术很重要，但是，只要能把树木从山里砍下来、运下来，就一定能建造出这样的建筑。既然有能砍树和运树的技术，也一定有建造的技术。

我们不能保证我们的建筑能保持一千三百年，因为树材以及很多的东西都不同了。我们现在打地基都是用水泥了，建造法隆寺的时代是没有水泥的。但它的地基做得非常棒，刨开表土一米左右就能露出坚硬的地基，西冈栋梁曾经说过"法隆寺的地基坚硬得都无法下镐"。

糸井：法隆寺是在很优越的环境下，在强有力的山边建造的。

小川：都说"日本宫殿木匠的技术是因为从中国大陆来了工匠以后才有的"，的确，制造瓦的技术一定是从中国大陆传过来的，但是我们的建筑跟中国式建筑有很大差别。

大陆雨水很少，所以房檐都很短。但是，日本是个多雨的国家，湿气也重。因此，为了改善这些地域性的差别，先代们想到了把基座抬高，房檐加深加长，这些可都不是大陆的技法。那个时期的日本工匠，懂得建造符合日本风土的建筑，他们一定有很高超的工艺技能。他们对大陆的技术不是囫囵吞枣，而是将它们消化了以后，再有效地运用到日本的建筑上。日本人自己常说我们是像猴子一样模仿，但是，就古代建筑而言，我们的先代确实是在学习的基础上，再创造出了自己独特的文化，所以才了不起啊。

我猜想，当时日本的建筑技术也是很了得的。这种符合日本风土的建筑是在几十年间一气呵成地建成的，我觉得这是日本人很了不起的地方，因为是按照日本的方式建造的，它才有可能保存到了今天。

糸井：从前的日本人真了不起。

小川：因为这样的建筑，我想当时他们也是第一次建造，也没有任何经验，但是却建得如此雄伟。

糸井：当我听到"只要心里想着能做，就一定能做成"这句话时，再联想到你看到法隆寺时震惊的情景，似乎一下子理解了很多。埃及的金字塔虽然是用石头建造的，但当我第一次看到它的时候，所受到的震撼估计不亚于小川师傅看到法隆寺时的感觉。之前我们在学校受到的教育和宣传都是说，金字塔是由可怜的奴隶们建造出来的，我们只有这些信息而已。但是到了现场一看，那完全是工匠们用心建造出来的，完全不是被奴役着和被强迫着建造出来的。如果在被迫的环境下建造的话，不可能建成那样的。是不是这样？

小川：是的。不情愿地干就不可能干好，也不可能干到最后。奈良这个古都就是这样建起来的。

糸井：有些看上去很难看的东西，说不定真是在很不情愿的环境下建出来的。但是，美丽的东西，一定是大家齐心合力、心情愉快才能完成的。一想到这样的境地，当我站在金字塔面前的时候，我的眼泪不自觉地夺眶而出。现在又听了你的话，我又想去看看法隆寺了。

小川：是啊，如果是不情愿地干的话，一定会投机取巧、偷工减料。法隆寺的工匠们因为不是这样的心态，才会建得让它保持这么久。我自己现在也做这个，所以那种心情是可以理解的。刚开始的时候，也许是出于权力的压迫或者其他原因的被迫，但是在建造的过程中，当它们一点点地有了形状，直到最终完成，这个过程中所受的所有苦难都会忘掉，最终都变成了美好的回忆。这就是干我们这行的人的心态，尽管这个过程中会遇到很多事情。

糸井：而且这些都不可能一个人来完成，这一点也是很了不起的。

小川：所以，任性的人干不了建筑。陶艺家们如果遇到自己不满意的，可以不出作品，可以不做。但是，建筑，一旦接了订单，不管好坏，你都要把它呈现出来。因此，任性是行不通的。而且这个又不是一个人能完成的，必须借助别人的力量一起来完成。

需要付出全部的精力来建造

小川：我们是站在建造方的立场的。

有西冈栋梁，有我，我向栋梁学习了技术，然后又传给自己的徒弟，有人管这个叫传承。但是在我跟栋梁看来，并没感觉到这是在传承传统。我们一起建造了药师寺的塔，建造了法轮寺的塔，如今，我带着徒弟们也在建造各种各样的寺庙。我们只是把自己建造的东西留下而已，并不是留下了所谓的技术。但是只要把建筑留下了，那么它本身就能去传达信息。如果有人非要管这个叫传承的话也没办法，但是这跟用教科书或者记录的形式来传达是完全两回事。我经常跟徒弟们说："要做你自己认为不假不伪的东西，并为此付出你所有的精力和努力"。每天的工作要用尽所有的精力去完成，这个精力，即使你还不成熟也没有关系，无论你多不成熟，或者还什么都不懂，那也没有关系，只要你付出的是那个时刻最真实的自己，尽管不成熟，但是只要它是真的，是你竭尽全力做的，那在几百年以后，当有人对这个建筑进行解体维修的时候，他们会说："原来平成年间的工匠是这样做的。"他们会解读你的建筑，一定有人能读懂和理解你的建筑。所以，我们要竭尽全力地做，有没有假，有没有伪，它都会体现在建筑里边。

　　一千三百年前的建筑，也正是这样被西冈栋梁那一代工匠们进行解体大维修的。在建造法隆寺的时代，没有留下任何关于建造者或者设计者的资料。但是，实际解体的时候，栋梁做到了能与一千三百年前的工匠们对话。正因为这样，在昭和年间，西冈栋梁带领其他匠人完成了对它的复原。我因为跟着栋梁经历了这些，所以就立志，我的建筑绝不掺假，绝不虚伪，要把那样的建筑留给后世。

　　关于育人

　　小川："有技术"和"培养人"完全是两回事。前来要求入门学徒的徒弟们基本上都是跟这个工作毫不沾边的人，他们什么都不会，开口就说"我想当宫殿木匠"。但是，开始的时候能让他们干什么呢，他们什么也不会吧，所以让他们从做饭开始，为大家做饭和打扫卫生这些他们是可以做的。在这个过程中，你能看出哪个孩子会安排时间和做事的顺序，以及有没有为他人着想的爱心。心里想着"今天我要给大家做这个饭"的时候，他是会考虑顺序去安排的，打扫卫生也是一样，特别能看出一个人的性格。这样经过一年以后，大概就能基本了解这个孩子的这里需要改改，那个孩子的那里有点问题。在一起工作生活的好处就是能帮他们把这些不好的地方改过来，如果不在一起的话是做不到的。虽然大家吃住完全在一起的这种方式让他们觉得会有不舒服的地方，但是我也不容易啊。

糸井：指导的一方真不容易啊，简直难以想象。

小川：但是这个的确很重要啊。大家在一起生活的话，你会自然而然地产生一种"原来大家都这么努力啊"的想法。看到师兄们刨下来的刨花那么美，自己也会向往，也想刨出那样的刨花。当意识到徒弟们有了这样的想法，就把刨子递给他，让他"刨刨看"。那时候他们都会特别地高兴，不停地刨啊刨，把板子刨得很薄了还在刨。那晚，他磨工具的技术可能就会上一个大的台阶。

糸井：那一天会发生很大的改变。

小川：会改变。但是如果一上来你就告诉他"刨子这么用，凿子这么使"的话，他们会非常地痛苦，因为他们还什么都不懂呢。在他们"想刨，想刨，想刨"的情绪高涨之前，不会给他们这个机会的。如果那么顺利地就告诉他，那么很多事情就看不到了，也发现不了了。

糸井：这门技术做到最后，肯定能掌握吗？

小川：是的。当然也根据个人自身的努力。不爱说话、什么都不问、磨磨蹭蹭，这些都没有关系，我的做法就是给他们时间，会等他们。在一般的公司里，这里教一点，那里教一点，技能会一点点地增长吧，在我们这里什么都不教。但是在经过七八年以后，你会渐渐地觉得"原来这样也行啊"、"原来是这样做啊"，这时候，你可能一下子就开了十个窍，甚至一百个，从那个时候开始你一下子就成长了。被教给了很多的孩子，和什么都没教的孩子，在第十年左右的时候基本上都差不多，但是从那儿开始再往后就要看个人的素质了。

糸井：那个时候带来的喜悦，对于您也不一样吧。

小川：是的。我们工匠就是这样，会在一个瞬间发生质的变化和飞跃。他本人也会变得自信满满，颜面生辉，我们从旁边看着都能感受得到。"那小子最近不得了啊"，大家心里都会明白他的进步。

糸井：小川师傅不光是建造建筑，还树人，所以你们的建筑才会与众不同。

小川：所以，虽然我们工舍的徒弟们都很与众不同，但凡是委托我们建造寺庙的施主最终都很满意。

糸井：是啊，之前我也去参观过你们的现场，看到了住持师父们高兴的笑容，看上去他们都已经被你们的建筑迷倒了。

小川：哈哈。把他们弄醉也是我们手艺的一个方面。不能光想着挣钱的事，要让住持满意，让檀家满意，也是我们的工作。为了做到这个，我们必须对他们负责，不假不伪，真心实意地竭尽全力。

糸井：那么用力，不会突然啪地倒下吗?

小川：嗯，不会的，我们很柔软的。干活的时候没那么僵硬。

糸井：这是我想知道的，到底是什么能让你们做到这样呢?

小川：说到底还是因为喜欢吧。没人是在不情愿地干活的，大家都很开心，觉得有意思，都是怀着一颗"好玩儿"的心在干活。

糸井：徒弟们也是怀着这样的心情吗?

小川：我从来不会对他们"这样干，那样干"地发号施令。他们都是发自内心的喜爱在干的。

糸井：这样的做法也能适用于一般的公司吗?

小川：我觉得可以。但是师父需要有忍耐力，这个就很难做到了。师父和徒弟都需要忍耐，这股忍耐力最终会爆发到工作中去，所以说工作其实就是放松。但是，如果一个企业也这样做的话，估计那个企业很快就要倒闭了（笑）。所以我去演讲的时候都会说，希望你们自己想出自己的办法。我觉得，在学校里教得再多，工作上的事情也不会有人教给你的。它需要一起吃饭、一起呼吸同一个空间的空气、拥有同一个目标，才能体会这样的意思。

（本访谈节选自糸井日刊，基于 2002 年 5 月 28 日及 2005 年 4 月 25 日的两次对谈）

对谈：采写的醍醐味

盐野米松 糸井重里

具体的经验很吸引人

糸井：读《树之生命木之心》，根据不同的阅读角度，有些会让人感受到里边有很多不如尽人意的地方，看上去很像是大人们在说教，但是年轻人还真能看得进去，同时还能产生共鸣。我年轻的时候，凡是稍有"不正"的东西我都无法单纯地接纳，都会被我否定掉，也因此错过了很多有意义的事情。最近，这本书让人深刻地体会到"心"的存在，书中提到的思考问题的方法，也受到了很多年轻人的青睐，这让我很感动，感觉当今的世界还是有光明的。

这本书的文库本的解说、内容以及盐野先生这种"采写"的记录形式，都让读者感到非常亲切。您的这种"采写"的形式，是在全部都采访完了以后，再一次地重新梳理和排列吧，那个痕迹还是很浓厚的。您的工作是要帮助您的采访对象整理他大脑里的东西，就如同先用自己的脚走完了所有的路程，再回过头来制作地图一样。这可不是轻松的工作啊。

盐野：如果是一般的单纯的采访工作的话，可能很快就结束了。我用的是最愚钝的办法，时间也是以几年为单位的，花费的功夫也非同寻常。但这真是一个"舍不得交给别人"的有趣的工作，当然估计也没人愿意做这么耗时又耗力的工作。

糸井：我从前也曾经用过类似盐野先生的手法写过《成才》（矢泽永吉，角川文库），我能体会那种采写的快感，的确有意思。

盐野："采写"的方法，跟写小说不同，更多的是起到了"编辑"的作用。我觉得这个工作很像园丁，首先是要听进去，然后再修修剪剪，整齐梳理。我一般会花很长的时间用在听上，比如西冈栋梁的故事，从那本《向树学习》，到这本《树之生命木之心》用了十年的时间。时间一长，我闭眼都能写出他说话的那个口气，跟他的关系熟到了可以问一些通常不能问的话题，西冈栋梁自己说话的口气和谈话的内容也会逐渐地发生变化。这就是"采写"过程的有趣之处。

糸井：在这个过程中，您也感受着时间的变化。而且，采写不像一般采访，它不是把采访的题目写在纸上，而是要随机应变地提问，所以才更有意思。如果是一个人自己写文章的话，作者能预想到接下来要说的内容。但是采写，就如同抛球接球一样的，内容完全看你抛什么样的球。有时会得到预想外的回答，也会激发被采访人展开他的另一面。

盐野：为采写所准备的提问一般也就是薄薄的一张纸。

糸井：盐野先生，您的这种采写的方法好像在哪里有传授吧？

盐野：是的。每年夏天，有一个采写夏令营。从全国招募一百名高中生，我给这个活动取名为"采写甲子园"。我会在那里教孩子们如何做采写，比如我会告诉他们："采访的时候，你跟采访对象讲的话大概是一半一半，如果不让对方了解你，对方也不会对你开口讲话。因此，需要做功课，准备问题。"

糸井：这个真长知识，的确是这样。其他的还教什么呢？

盐野：去见人，跟他谈话。这个说起来简单，但真做起来没那么容易。如果去倒是去了，杂谈了一通回来了，等于白去，没达到采访的目的。所以，还是要问到点子上。只有让被采访人的人生越详细才会越有意思。

比如有个师傅的工作是采集树种的，高中生去采访他，他就说："种杉树的时候，爷爷会爬到母树的身上，采集很多的种子，再把那些种子撒下去育苗。"然后高中生就说："哦，是吗？"这样一回答，对话就停在那里无法继续了。如果你接着问："种子是什么形状的？多少公分？怎么能爬到树上去？用什么来盛那些树种？什么季节？怎么挑选树？没掉下来过吗？"我就告诉他们，一定要把细节问得越具体越好。问的过程中你就会发现自己是多么的无知，连怎么爬树以及树种的采集是不是可以裸着手做都不知道。因此，孩子们去见了老人以后，都带着惊喜兴高采烈地回来了。

糸井：盐野先生，您在采访现场把自己放在什么位置上呢？

　　盐野：采写的时候，基本上是以说话人的语言就可以成立了。因此，自己就不存在了。他们的回答中已经包含了我的提问，就像一面镜子一样，我已经渗透到他们的回答中去了，所以我就不会刻意地出现了。

　　糸井：根据采访的对象不同，谈话的内容也不同。您自己的位置是在跟采访对象交流，还是一种"目睹"的状态呢？我很好奇。

　　盐野：这真的很有意思。我要把自己的问题抹掉。成书的时候，即便在形式上体现出来，也不过十分之一而已。但其实所有的谈话是只有我们两人共有的，有很多话题甚至是连他的夫人和孩子们都不知道的，本人也早就忘了，经过我的提问才又想起来的。一经提问，才想起来的深藏在记忆深处的故事，所以，这就很容易让人对采写的工作着迷。刚开始采访的时候，我们双方就像是在往一个大水池子里扔小石头子，你一下我一下的。到了最后的时候，会有种"现在可以扔大木头了吧？看看对方是什么感觉"的感觉。虽然不会伺机寻找，但也会像说相声那样需要把握时机。在那个场合，找机会找话题让对方说出心里话。

　　糸井：靠着一点点的线索摸爬攀登，那种采写的感觉似乎有点像攀岩。等我把身体锻炼好，很想尝试着做一下。

　　盐野：攀岩。这个比喻很有意思。采写的时候真是这样，如果对方什么都不回答了，那也真是没办法了，但只要还有一个小拇指的希望，那就绝不会放弃。

　　糸井：也就是说，在毫无办法的时候，也要找方法？

　　盐野：是啊，我的采访一般都是没有什么资料的采访，所以一般都是从出生日期开始问起。

　　糸井：是啊，盐野先生采访的对象很多都是没有什么身份和地位的人。

　　盐野：我去的地方经常是"有什么好采访的"那种普通人的地方。如果是自己有能力写东西的人，他们也可以自己写写自己的工作，但是我见到的这些人基本上都是被别人以文字的形式记录或者报道的，所以他们自己什么资料都没有。你问他："你的生日真的是出生的时间吗？""户籍上是这么写的，但是我比户籍上的生日早出生了一个月。我父亲偷懒没去给我上户口。"

　　糸井：那是不是一种"只要找到一个线头，拆起来就很方便了"的感觉？

　　盐野：是的。如果我是一个侦探，估计调查起案件来一定很棒。

糸井：(笑)但是犯罪的真正原因会不会调查不清楚啊？

盐野：也是哈，光对这个人的人生发生兴趣了。

糸井："到底杀没杀人已经不重要了，我只想知道你这个人到底是怎么回事。"

盐野：但是说不定可以从其他的角度来调查，有可能还隐藏着什么，有的问两三遍了，还会继续问。

糸井：有时候跟上了些年纪的人说话，说着说着会有"又回到那儿去了"这种感觉吧。那种感觉习惯了还是挺有意思的，来回转着说。但有时候也会说出来一些之前没说过的小细节，这些还是挺惊喜的。

假的是真的，真的是假的

糸井：你虽然经常采访那些无名的人，但是像西冈栋梁这样，在你的记录下慢慢地变成了名人的也有，在这个过程中，你是怎么感受到这种变化的呢？

盐野："让他们变得有名了，不是件好事。"有时候会有这种想法。比如小川三夫师傅，本来挺安静地干着自己的本职工作，出名以后，到处都来邀请他去演讲，电视台也经常来打搅，徒弟们受到很大的困扰。但是我自己觉得，这样也没什么不好。

糸井：事在人为，还是完全看自己的选择。自己跟对方因为这样的关系有了这样的结果，也许是"抬高"，也许是"入泥塘"，杂志上经常会看到这样的争执。

盐野：我采访的人当中，因为我的关系上了电视，后来觉得自己很了不起的人还是有的。说句不好听的，那也只能说是他的素质决定的。当中也有的人会越来越放光芒。

糸井：人都是活在被他人影响的环境下，这种说法就好像是在恋爱中那样，"你因为跟我谈恋爱了，所以你不能恨我"。

盐野：有的人会说"那是我一不留神说出来的仇恨和不满，希望你不要把它们公布出去"，一般那样的时候，我就把"仇恨"留在录音带里，不放出去了。

糸井：盐野先生整理的这些谈话录，在这些内容中，您没有把受访者"不希望刊登的内容"登出来，这一点我很欣赏，对我很合适，可以一直阅读很久。关于这一点，您也是有所考虑的吧？

盐野：是的。首先，我的采访不是去伤害人家的，我不会刊登他不希望刊登的内容。但是相反地，如果他说的话是从书里边学来的，或者是从电视上学来的二次信息，我也不会用的，会全部剔掉。

糸井：也就是说借来的东西全部不要。

盐野：这个很快就会被发现。因为那是他煞费苦心学来的，可是我不会用，他会觉得很遗憾。比如说，采访打铁匠的时候，他会用"像梅子干一样的颜色"、"好像落日般的色彩"、"如同剥了薄薄的一层橘子皮以后的颜色"，这些比喻是用在当他看到火焰的这些颜色，就可以判断温度的高低上。其实这种语言很美。但是，他为了接受采访，特地去学习了表达，一定要说"大概七百八十五度左右"、"达到变化点的温度"。我会在内心说："请你不要给我用这种书本上的学术式表达好不好？"而实际上，我会换种方法再问他："达到变化点的温度以后会发生什么情况呢？"他就会回答"原本很硬的铁会变得像蜡烛一样柔软"、"打起来的话就会出来形状了"，这些才是他最真实的语言，我想听到的是这样的表达。

糸井："达到七百八十五度左右"这种无聊的表达，还真是有啊。其实，往往我们希望获得的，是个人的经历、主观、感情、含义这些混淆在一起的语言，那才有意思呢。

盐野：几乎没有客观的事实。学生们说："同一个老人，高中生去采访的内容和我去采访的内容，会完全不一样。"

我说，我肯定不会像你们那样问问题。因为我的脑子里装着很多很多的知识，如果对方说一件事，我一下子就能从那里明白很多。可是你们呢，因为脑子里没有足够的知识，所以，对方说一件事你们还是什么都不明白。但是，你们因为没有储备的知识，你们的提问就会很质朴，回答给你们的也会很质朴。如果你们采访的老爷爷十年后还健在的话，希望你们再去采访一次，他一定会告诉你不同的内容。人会根据对手不同，说话的内容也有所不同。

被采访的人，当提到过去的事情的时候，有的人还会流眼泪。我也是很容易被感染，马上会掉眼泪的，那就一边掉着眼泪一边接着提问。因为没有旁人，所以就会毫无顾虑地哭起来。

糸井：是啊，如果没有这种资源上的共鸣，采写的工作也不可能做好。如果把对方跟自己分得很清楚，那这个谈话很快就谈不下去了。正所谓，真的是假的，假的是真的。

盐野：采写的工作有一个最大的缺点，那就是我们谈话的内容"很难判断是真还是假"。

糸井：所以，你要拥有"假想的事实"这样的信心才行。否则，你是无法进行这个采写游戏的。

盐野：是的。所以，采写就是"有一个老爷爷，他跟我说了这样的话"这样的一本书，谈话的人是确实存在的，他讲了这样的故事，他的故事很有意思。我觉得这就是很有趣的事。

糸井：这是如今的社会很缺乏的一部分。大家都在积累客观的事实，希望自己成为专家，那样的话，就会出现"七百八十五度左右"那样的表达了。盐野先生的采写录里几乎没有这样的表达，听到的都是被采访人自己的语言，所以具有很强的说服力，容易懂，能深入人心。今后也很期待您的采写录。

（本采访收录于 2005 年 4 月 22 日）

该访谈节选自ほぼ日刊イトイ新闻。

该作品为 1993 年 12 月至 1994 年 12 月由草思社刊载部分及 2001 年 5 月由新潮 OH! 文库刊载的三册合并而成。

译者后记

二十几年前，因为盐野米松和《留住手艺》的机缘，结识了大木匠小川三夫。他的"鵤工舍宫殿木匠集团"又正好在我位于栃木县盐谷小镇的住所附近，开车不到五分钟就可以抵达他的工房，因此这二十年来我跟他以及他的徒弟们有了很多的接触和交往。我们都喜欢喝一口小酒。要么在我家，要么在他的工房，我们常常把酒闲谈，聊他的工程、他的人生，也聊他对师徒制度、对当今的学校教育、对所谓的社会一般价值观念的看法，等等。

2004 年，我还在央视十套的《人物》栏目做导演。我们的制片人赵淑静提议做一期电视版的《留住手艺》。我们在全国各地寻找和挖掘到了不少尚存的传统手工艺匠人，有些去了实地拍摄，也有些被请到了演播室。连续三天的录制简直就是传统手艺的大会师。我从日本请来了盐野米松和小川三夫。那是小川三夫第一次出现在中国的电视媒体上。为了配合他那部分的内容，我们特地去日本拍了一个关于他和他徒弟们的短纪录片。现在那个纪录片在网上还能找到。在他作为栋梁独立完成的第一个建筑——奈良法轮寺的三重塔前，他告诉我："塔建好的当天，我的女儿降生，这么美妙的事情人生中能有几回呢？"在栃木的工房，我采访他的儿子量市，那是量市入门的第十一个年头，他说："我已经有十一年没管他叫过父亲了。"因为，从他入门的那一天起，他们就开始了一种既是父子又是师徒的关系，而师徒关系在父子之上。所以，量市自入门就一直喊他"亲方（Oyakata）"、"栋梁（Toryo）"。现在，量市自己也成了"亲方"，鵤工舍已经圆满地完成了两代人的衔接和技术的传承。

1993年《树之生命木之心》初版的时候，量市还是一个刚入门不久的新徒弟，现在的他已经接替小川三夫成为鵤工舍的代表，且是手下有几十个徒弟的"亲方"。

2004年的那次中国行，我带小川三夫去了天坛。在这个世界上唯一的一座圆形木结构建筑的前边，他伫立了很久，仔仔细细地看了它的剖面模型，发自内心地感叹道："真了不起，这个技术真了不起。"

北野武（前排左二）、小川三夫（前排左三）及众徒弟

　　著名的艺人、电影导演北野武是小川三夫的挚友。他们因为同年出生，所以人生的经历也相仿。在跟小川一起同游奈良的法隆寺的时候，他曾经深有感触地说过这样的话："栋梁，如今我也混到可以跟像你这样的人一起了，这也算是事业有成了吧，太不可思议了。"当然，这是北野武谦虚的表达。

　　是啊，他们都曾经有过不思学业、顽皮捣蛋的少年时代，以及为了一个自己热爱的目标而不惜代价的青年时期。北野武高中毕业后考上了大学，但不足两年就退学回家了。而小川是对大学毫无兴趣，高中毕业就立志去当宫殿木匠。这在 1960 年代，无疑是另类中的另类。正如小川的父亲对他说的那样："你身处在一个顺流而下的河流中，但是你却选择了逆流而上。"他为了入宫殿大木匠西冈常一的门，有三年的时间都是在各处学徒，打基础。而北野武为了成为漫才艺人，在漫才剧场当了好几年的电梯工。如今，他们的结果与他们的身份一起得到了社会上的认可，成了著名的公众人物。但是如果稍稍琢磨一下他们到达这个结果的过程，也许还会得到更多的人生启发。

　　近年来，小川每年有将近一半的时间是被各处邀请去演讲。像丰田汽车那样的大企业，会请他去给领导层的干部们讲讲如何用人。学校的校长、教务主任级别的会请他去讲讲如何教育和培养人。他演讲的内容都是他自身的经历，也是他亲自干出来的经验，所以是有说服力的。

几年前，正赶上我在东京，就去能容纳上千人的读卖大厅听了一场他的演讲。上台前，他往自己的后脖子上贴了一块清凉镇痛的药贴，说这样能给自己壮胆儿。这是一个已经六十几岁的，在旁人看来已经功成名就了的大木匠的真实状态，骨子里还是一个不善言表，拿着刨子、凿子比拿着麦克风更舒服的匠人。秉性就是秉性，这跟年龄和经历都没关系。他把自己近五十年的宫殿木匠生涯在一个多小时的演讲中，以真真切切的字句，时而还夹杂着幽默的语言，讲得淋漓尽致，生动而有感染力，精彩到会无数次地被听众的掌声打断。他没有讲稿，演讲的时候眼睛一直看着台下的听众。

《树之生命木之心》从1993年初版到一而再地重版，已经经久不衰地在书店最好的位置上坐镇了二十余年。2013年，日本最大的商社"伊藤忠商事"的董事长，也是曾于2010年至2012年出任过日本驻华大使的丹羽宇一郎先生曾为这本书写过如此的荐言："《树之生命木之心》是所有作为经营管理者的必读之书。"

我同样期待着这本书也能带给我们中国的企业管理者、学校管理者们用以借鉴的智慧和经验。

本书书名"树之生命木之心"中的"木",在日语中指的其实是有生命的"树",西冈栋梁说过:"树的生命有两个。一个是它们生长在山林中的寿命,还有一个,就是当它们被用于建筑上的耐用年数。"同样地,一本书也有两个生命,一个是文字组成的书本身,还有一个是书在读者心中发酵的余味。

漫漫人生路,什么是最好的开始和最完美的结束,哪里是真正的起跑线,哪里又是骄傲的成就点,这本书或许能带给我们一些思考。

英珂

2016 年早春于北京

附　录

鹬工舍参与的部分工程

茨城县 正信寺山参门

徳島県 城満寺本堂

埼玉県 天岑寺八角円堂

埼玉县 长久寺本堂

千叶县 日本寺书院库里

千叶县 日本寺药师堂

茨城县　正信寺御本堂

鹈工舍成立近四十年，完成寺庙工程近两百个，遍布日本各地。